本书属于国家社会科学基金项目（07BZX052）

当代中国公益伦理

彭柏林 卢先明 李 彬 等著

PUBLIC WELFARE ETHICS
OF MODERN CHINA

人民出版社

目　录

绪　　论

当代中国公益伦理研究，顾名思义，就是立足当代中国的现实，特别是当代中国公益事业发展的客观需要研究公益伦理问题。近些年来，以胡锦涛为总书记的党中央领导集体，先后提出了"以人为本"、"科学发展观"和"构建社会主义和谐社会"的思想。而关爱贫困群体和弱势群体是贯穿在这些思想中的中心主题之一。与之相适应，当代中国公益伦理就成了一个迫切需要加以系统、深入研究的现实课题。

一、公益的起源与发展

公益概念甚为宽泛，但在本书中主要限于以救助社会弱势群体为宗旨，具有非政府性、非营利性、非强制性、社会性等特征的社会活动（关于这一点，笔者将在第一章详细阐述）。公益作为人类历史发展的一个特殊方面，其起源和发展必然受到一定社会的经济、政治和伦理等因素的制约，与人类社会的整体发展相适应。

（一）公益的起源

1. 公益起源的经济原因分析

公益，作为一种民间的社会救助的制度化形式，起源于民间古老的互助传统。在生产力极其低下的原始社会，人类为了繁衍生息，过着共同劳动、相依为命的群体生活，其中蕴涵着公益行为产生的萌芽。在原始群体部落及氏族中，扶老携幼、照顾病残以及人们之间的相互救济，作为一种世代承袭的习俗，逐渐演化为普遍性的救助行为而带有社会公益的性质。[①]

---

① 参见张彦、陈红霞：《社会保障概论》，南京大学出版社 1999 年版，第 24 页。

作为社会公益起源因素的经济原因在于社会开始出现了私有制并出现了独立的经济单位——家庭。其中，生产资料的不同占有决定了不同的生活资料来源，也决定了不同的发展状况；而对生产力的不同使用则是造成社会经济地位产生差异的直接原因。有的家庭生产力富裕，有的家庭生产力短缺，有的家庭和个体具有较高的科学文化水平，有的个体则只接受了较低水平的教育，等等。所有这些都是造成贫富差别的因素。

贫富差别是一种客观的社会现象，因为造成贫富差别的原因是多方面的，既有历史的原因，也有现实的原因；既有自然的原因，也有社会的原因。以贫困人口为例，有的是因为父辈十分贫困，有的是因为天灾人祸，有的是因为家中有残疾或疾患人口，有的可能是因为失业或生产、投资的失败，有的还可能是由于不良嗜好或犯罪行为，等等。所有这些因素，不论是在过去，还是在现代，甚至是将来，都是不可避免地会存在的。因此，贫富差别现象不仅在过去的时代是必然的，而且在现代，甚至将来都是一种具有必然性的现象。

对于公益事业而言，共同贫困的社会或时代只会有个别的偶然的公益活动，而不可能有广泛的公益事业，因为社会成员都需要帮助，而社会成员几乎均不具备援助他人的能力。在我国的计划经济时代，不是不需要公益事业，而是具有公益性质的事业完全由政府包办，带有强烈的政治道德意义。人们对计划经济下的贫穷有着合乎当时政治原因的理解，有着"一大二公"的经济体制和共同贫穷的社会背景。共同富裕的时代或高级的共产主义社会也不需要公益事业，因为人们都有足够的能力来解决自己的困难。而在存有贫富差别的社会或时代下，一方面存在着需要他人援助的弱者或不幸者，一方面也具有了有能力援助他人的群体和具体途径，在双方的共同推动及仁爱道德的感召下，公益事业就产生了。

2. 公益起源的政治原因分析

公益的实行被称为第三次分配，对于实现社会公平和政治正义无疑是有效的补充，因此受到政治力量的极大支持和推动。历史经验证明，无论在什么样的社会制度下，无论社会的经济发展水平如何，无论是什么样的人当权，社会公益都是被提倡和受到政府奖励的。之所以如此，就在于政治保持稳定永远是政治的基本诉求，而贫困也永远是构成社会不稳定的极大隐患。

在一个极端贫富不均的社会制度下，要想保持社会的稳定几乎是不可能的。在这个意义上，政治对公益也有一定程度的依赖。比如，民国时期，每逢大灾发生，政府往往无力救援，靠的就是民间的慈善事业。湖南发生灾害，灾民首先想到的不是政府，而是本省的乡党、大慈善家熊希龄。堂堂的省长赵恒惕每次遇到灾害发生都要向在野的熊希龄求援。熊希龄也召集北京的在野湖南人组织了一个旅京筹赈会，专门赈济湖南的灾民。其他各省在北京、天津、上海的人都有类似的组织机构。这说明，民国时期，民间已经产生了一种超越政府、超越官方的力量，这种力量在民国社会生活中的作用和影响是不能被忽视的。①

慈善公益事业之所以能得到政府的支持，甚至起到干预政府的作用，就在于社会本身具有一种自身调节能力和自组织能力。这种自身调节能力和自组织能力，即使在动乱的社会和政治极端不清明的社会，对于保持社会的延续和发展、保持民族的整体生存及保留和发展民族的优良道德都是具有巨大的能量的。

公益事业与政治的这种关系使得公益事业在民主政治下成为社会公平正义实现的有益补充，在专制政治下成为维护基本正义和仁爱道德的重要形式。

3. 公益起源的伦理原因分析

公益现象及其思想和行为的出现还有着价值观念的推动缘由。公益的产生本身所标识的强烈的价值取向在于保护弱势群体生存和发展的权利。

从一定的意义上说，弱势群体是社会结构层次分化的结果。美国著名的社会学家彼特·布劳认为，社会结构的组成部分是指由个人所组成的群体或阶级，"更确切地说，这些组成部分就是指不同群体或阶层的人们所占据的位置。这些部分之间的相互关系就是人们在社会互动中——再具体些，可以说是隶属于不同群体或阶层的人们之间的交往中——所表现出来的社会关

---

① 参见周秋光：《民国时期社会慈善事业研究刍议》，《湖南师范大学社会科学学报》1994 年第 3 期。

系。由此可见，社会结构就是指人们在不同方面的社会位置中的分布。"①
更精确地说，"社会结构可以被定义为由不同社会位置（人们就分布在它们
上面）所组成的多维空间。人们的社会交往既提供了区别社会位置的标准，
也展示了社会位置之间的联系，这些联系使得社会位置成为某个社会结构的
组成要素。"② 在彼特·布劳看来，社会结构可以通过一定的结构参数进行
定量描述。"结构参数基本分为两类：类别参数和等级参数。一个类别参数
将人口划分成有着不同界限的亚群体。这些群体之间并没有内在的级序，尽
管从经验上看，群体成员资格可能与等级地位上的差异有关系。性别、宗
教、种族和职业都是类别参数。而一个等级参数是根据某种地位级序来区分
人们的。地位的等级大体上是连续的，这就是说该参数本身并未在阶层之间
划定界限。但是经验的分布则可能揭示出阶层界限的不连续性。收入、财
富、教育和权力都是等级参数。"③ 这两类参数之间可以相互交叉，也可以
相互合并，从而使社会结构的类型显得更加复杂多样。依彼特·布劳的看
法，社会结构是通过结构分化形成的。"分化的两种一般形式就是异质性和
不平等，分化的各种特殊形式都归属在这二者之下。异质性或水平分化就是
指人口在由类别参数所表示的各群体之间的分布。不平等或垂直分化是指由
等级参数所表示的地位分布。"④ 异质性和不平等都可以通过一定的公式精
确地加以测量。社会结构的差别与变化即可以通过这两种形式的分化程度上
的差别与变化反映出来。彼特·布劳定义下的社会结构，其变化形式有如下
几种：①社会位置本身没有变化，而在这些位置上的人口分布则发生了变
化，这种变化会改变由单一参数表示的不平等或异质性的程度，例如收入不
平等或种族异质性。②由一个类别参数描述的位置的数量发生了变化，这一
变化会改变异质性的程度。③参数的相关强度发生变化，这一变化会改变参

---

① ［美］彼特·布劳：《不平等和异质性》，王春光等译，中国社会学科学出版社 1991
年版，第 8 页。
② ［美］彼特·布劳：《不平等和异质性》，王春光等译，中国社会学科学出版社 1991
年版，第 9 页。
③ ［美］彼特·布劳：《不平等和异质性》，王春光等译，中国社会学科学出版社 1991
年版，第 14 页。
④ ［美］彼特·布劳：《不平等和异质性》，王春光等译，中国社会学科学出版社 1991
年版，第 16 页。

数相交叉或相加强的程度。④一种分化形式与另一种分化形式的相关程度发生了变化，这种变化不同于参数之间相关程度的变化。例如，一个社会教育不平等与收入不平等之间相关程度的变化必不同于该社会内部个人的这两种属性之间相关程度的变化。⑤新参数出现或旧参数消失，从而改变参数框架本身，如新国家、新宗教的诞生，或民族融合的实现等。根据彼特·布劳的理论推断，社会性资源（包括政治经济条件、社会生活条件和精神心理条件等）分配上的不一致必然造成特定群体在经济利益、社会地位、生活方式、收入水平、教育程度等方面的弱势，进而使其在经济地位层面、生活质量层面和心理意识层面都具有特定的属性。

从伦理学视角来看，弱势群体是一个在社会性资源分配上具有经济利益的贫困性、生活质量的低层次性和承受力的脆弱性的特殊社会群体。对弱势群体的关怀具有天然的道德性，其中灌注着浓厚的同情情感和人道精神。卢梭曾指出："最初，好像在自然状态中的人类，彼此间没有任何道德上的关系，也没有人所公认的义务，所以他们既不可能是善的也不可能是恶的，既无所谓邪恶也无所谓美德。"① 可以认为，人道思想是随着人类进入文明时期萌发的，开始时借助于文学、艺术等形式得以表现，后来逐渐延伸到其他领域。它的产生首先渗透着作为个体的人对作为"类"的人的本质、地位和价值的深刻关注，渗透着人关于自我人格和个性发展的理念，同时也融入了人的"类意识"对外在无常世界的自觉。人类在"类意识"的不断衍化、明晰过程中，逐渐将之移植于具体的个体，这首先表现为关心他人，尤其是关注那些处境困难、身受痛苦、生命垂危及遭遇各种打击、挫折和不幸的个体，对于他们来说，最残酷的打击来自于社会成员的无动于衷。法国的历史学家、社会学家托克维尔在1830年撰写《论美国的民主》时就已经注意到了同情心的日益广泛，现代的自由社会早已将其延伸到动物界和社会底层，越来越不容忍贫困、苦难和死亡。这种人道思想是社会公益事业的灵魂，也是公益行为必须坚持的基本伦理道德准则。

从个体的角度来看，人道思想更多地来源于个体"使自己处于另一个

---

① ［法］卢梭：《论人类不平等的起源和基础》，李常山译，红旗出版社1997年版，第84页。

人的地位，后者并不在场，但他曾在经验中遇到过他，根据以前的经验解释这个个体"①，来源于人的怜悯之心或将心比心的恻隐之心。"积极的同情意味着该个体的确在另一个人身上唤起由他的援助所引起的反应并在他自身唤起同样的反应。如果没有反应，人不可能对他同情。"② 卢梭曾指出，"怜悯心实际上也不过是使我们设身处地与受苦者起共鸣的一种情感"，它"对于像我们这样软弱并易于受到那么多灾难的生物来说确实是一种颇为适宜的禀性；也是人类最普遍、最有益的一种美德"。③ 卢梭的看法在一定的意义上说是很有道理的。人类所谓的关爱、友谊和同情无非是固定于某一特定对象上的持久的怜悯心的产物。安东尼·吉登斯曾指出：在用话语方式表达自己的利益方面，往往具有分配的不对称性，"那些生活在社会较低阶层的人们，可能会受到各种限制，不能用话语方式表述自己的利益，特别是他们的长期利益"，也不可能"将他们的利益和各种实现利益的条件联系在一起"④。既然如此，对他们在生活等各方面给予关注便是社会人道性要求中的应有之义。

（二）公益的发展与演变

公益的内容和方式是随着社会生产力的发展和人们对自然规律、社会发展规律认识的深化而产生并逐步发展、变化的。公益的发展和演变与社会的变迁有着内在的一致，与当时的政治、经济和社会的发展水平相适应。纵观公益的发展变化，在总体上呈现出某种规律性。

1. 公益发展和演变的历史阶段

公益的发展和演变阶段大体可以分为如下几个连续的历史过程：公益的萌芽阶段、公益的慈善阶段和公益的组织化、制度化阶段。

---

① ［美］乔治·赫伯特·米德：《心灵、自我与社会》，赵月瑟译，上海译文出版社 2005 年版，第 233 页。

② ［美］乔治·赫伯特·米德：《心灵、自我与社会》，赵月瑟译，上海译文出版社 2005 年版，第 233 页。

③ ［法］卢梭：《论人类不平等的起源和基础》，李常山译，红旗出版社 1997 年、1962 年版，第 88、86 页。

④ ［英］安东尼·吉登斯：《社会的构成——结构化理论大纲》，李康、李猛译，三联书店 1998 年版，第 482—483 页。

（1）公益的萌芽阶段

如前所述，早在原始社会就存在氏族社会成员相互救助的方式。在我国殷商时期，由于社会生产力发展水平落后，人们对自然的认识尚处于幼稚、蒙昧状态，对自然的控制能力极为低下，一切社会活动也完全听任自然的支配。表现在公益活动上，则以实施巫术救助为主。当时，巫术已经成为一种社会职业，巫师享有很高的社会地位。每当遇到难以解释的自然现象的时候，巫师的行为就是一种面向社会成员的解释和解脱。因为在天和“上帝”面前，多数社会成员是永远处于弱者地位的。求神免灾和祈福对人有着物质救济和精神关怀的双重向度。

（2）公益的慈善阶段

随着人类改造自然、控制自然能力的不断提高，以及生产力的发展，这种带有原始宗教性质的公益活动逐渐退出了历史舞台，公益的发展进入以物质救济为主的慈善阶段。这个阶段从原始社会末期一直持续到封建社会末期。在这个时期，已经成为习俗的互助、救济被道德和法律所确认，政府和民间的慈善事业都开始出现，同时，宗教也起到了作为公益主体和公益客体相互联系的中间组织的作用。

第一，政府的公益行为和救济措施推动了公益事业的发展，并对民间公益事业的发展起到了表率和推动作用。据史籍记载，西周时期中央政府就设立了专门管理救灾事务的官职——地官司徒，规定了十二条救灾政策。秦汉建立统一的国家政权以后，社会救济逐渐成为地方政府的重要社会事务。不仅救助措施比较完备，而且救助政策渐成惯例。如赈灾方面，有赈谷、赈钱、赈粥和赈工，仓储方面有“常平仓”、“社仓”、“义仓”、“惠民仓”等。

第二，宗教的慈善行为本身倡导了一种行善积德的价值观念，对民间的救助和慈善行为具有引导作用。宗教产生于阶级社会，它所主张的因果报应、修炼成佛成仙的思想成为人们实现对世俗超越的重要精神力量。宗教成为区别于官方的、最大的践履救助和慈善行为的组织。西方基督教的兴盛和佛教传入中国以后的繁荣都大大推动了以慈善为主要内容的公益事业的发展。

在这个阶段，配合救助和慈善的个人行为和组织行为，还产生了对慈善

和公益进行理论论证的思想和学说。在中国，儒家自孔子始开始极力倡导
"仁者爱人"的思想，其中虽然有着明显的等差观念，认为"孝悌也者，其
为仁之本与"①，但是其中还是包含着"泛爱众"的思想。据《论语·乡
党》载："厩焚，子退朝。曰：'伤人乎？'不问马。"② 从孔子对马厩失火
一事"不问马"而问"伤人乎"看，孔子的思想中还是包含着对下层和弱
者的关怀。到了孟子，更是把这种思想和政治严格结合起来，使之成为一种
政治统治理念，认为统治者应该充分顾及下层或者被统治阶级的物质生活和
相关的伦理的天伦之乐，并认为对被统治者的体恤构成了统治稳定的基础。
宗教的教义和相关的伦理理念也构成了另一种境界的济世救助思想体系。基
督教倡导博爱，把众人都看做上帝面前平等的子民，应该享有共同的物质生
活和精神生活。行善和济世被看做是对上帝博爱精神的体现，完成上帝交给
的使命，实现对上帝的皈依。佛教传入中国后，它的中国化过程也是受儒家
仁爱思想的熏陶和改造的过程，而在此过程中，原有的佛教的慈悲思想和既
有的儒家仁爱思想实现了结合，并得到了统治者的支持。在中国很多的地
方，寺庙都承担了济贫和救灾的社会功能。随着佛教在中国的世俗化，佛教
的慈善思想和济世精神进入普通中国人的信仰系统，类似"救人一命胜造
七级浮屠"的观念成了中国人进行慈善和社会公益行为的强大精神动力。

这个时期，社会公益行为还有着一种社会理想的根据。社会理想永远是
人们的追求。一旦这种对社会理想的共识达成，进入人们的世界观和人生
观，在个人方面就有可能会成为实现这种理想的努力。在东西方的文化中，
先后出现了诸如"大同世界"、"乌托邦"之类的构想。这种社会理想在现
实社会是根本不可能实现的，但它可以成为激励个人从事公益行为的精神
动力。

（3）公益的组织化、制度化阶段

资本主义产生和发展以来，伴随对自然资源的掠夺，生态环境不断恶
化，自然灾害频频发生；同时，资本在全球的殖民扩张以及由于这种扩张引
发的争夺资源和市场的战争的多发造成了大量的贫困、疾病问题，大量灾民

---

① 《论语·学而》。
② 《论语·乡党》。

和难民出现。这个时期，公益慈善思想的重要发展趋势就是现代意义上的"人道观念"的萌芽和确立（详见第五章）。在人道观念的影响下，在原有的慈善组织的基础上，在民间和官方的推动下，组织化和制度化的公益现象出现了。比如，以基督教为来源的红十字会等在世界各地都建立了分支机构，大大促进了公益事业的发展。

在我国，新中国成立以后很长的一段时期内，公益事业基本上是政府统包统办，救济扶贫等都由政府统管，民间慈善事业基本处于空白，人们形成了依赖政府的习惯。1994年，中华慈善总会和上海慈善总会在北京和上海成立后，广州、天津、南京等许多城市相继成立了慈善组织和机构，并举办了一批大规模的社会反响较大的慈善项目和工程。到2002年年底，全国已经成立慈善机构和组织达140多家。

这些公益组织已经建立了严格的制度化规范，并且得到了国家法律法规的认可和保护，具有相应的权利和义务。它的行为有着程序性、规范性和道德性相统一的特点，在接受捐赠和发放捐赠的时候体现着现代组织的一切特征。

2. 公益发展演变的规律

从公益的发展历史过程看，公益的发展体现了一种从偶然到普遍的规律性进路。这与道德的发展和进步是完全一致的。道德的行为在最初的时候也是表现为某种偶然的行善行为，后来才发展成为一种被大家共同接受的、合乎人性和人的自由全面发展的、值得肯定的、被风俗和习惯所确定的伦理关系。值得注意的是，在这个历史过程中，公益的道德基础逐渐发生了变化，也体现了一种祛魅的过程，宗教的情怀逐渐被现实的人道主义所代替，社会正义和公平的现实努力逐步取代了社会理想的乌托邦情结。

另外，在公益的发展过程中，其救助对象的范围逐渐扩大，救助内容也日渐丰富。公益的救助由仅仅解决生存问题走向生存和发展并重，救助的方式也由简单的物质救援增加了医疗、文化和教育支援的内容。国际社会的公益组织和各国的公益机构也在不断地扩大慈善和救助的范围和更新救助的内容，在新领域的投入也在不断增长。

二、当代中国公益伦理的研究现状及研究意义

（一）当代中国公益伦理的研究现状

我国公益事业的飞速发展及其复杂性和矛盾性，要求我们对当代中国公益伦理进行系统而深入的研究，为当代中国公益慈善事业的可持续健康发展提供价值规范和定向定位的机制。

纵观国内外的研究现状，众多研究者从一般伦理价值的角度对中国传统的仁爱思想和宗教的慈善思想作了很多探讨，为我们研究当代中国公益伦理提供了比较丰富的、可供借鉴和参考的资料。另外，当代公益事业和公益伦理的分析、构建存在于公民社会的兴起这样一个基本的话语背景。根据何增科先生的研究，一般认为，公民社会的结构性要素主要有①：①私人领域。个人私域（个人的家庭生活或私人生活领域）构成个人自我发展和道德选择的领域，个人在这一领域应享有充分的隐私权。②志愿性社团。这种志愿性社团在成员的加入或退出上是自愿的，并且不以营利为目的。它是团体成员基于共同利益或信仰结成的社团，是一种非政府的、非营利的社团组织。志愿性社团为公民提供了参与公共事务的机会和手段，提高了他们的参与能力和水平。③公共领域。公共领域是介于私人领域和公共权威之间的一个领域，是一种非官方的公共领域。它是各种公众聚会场所的总称，公众在这一领域对公共权威及其政策和其他共同关心的问题做出评判。自由的、理性的、批判性的讨论构成这一领域的基本特征。④社会运动。西方左翼学者一般都把社会运动或新社会运动看做是公民社会中一个非常重要的结构性要素。他们把实现理想社会的希望寄托于此。公民社会不仅包括上述结构性要素，还包括与之互为表里、相互支持的基本价值或原则，构成公民社会的文化特征。这些基本的社会价值或原则是：个人主义、多元主义、公开性、开放性、法治原则等。

由于公民社会和公益组织的内在同一性，公民社会的结构要素特征、基

---

① 参见何增科：《公民社会与第三部门研究导论》，《马克思主义与现实》2000 年第 1 期。

本价值观和原则为当代中国公益伦理的建构提供了基础的理论平台和结构框架。可以说，公益组织的相关理论研究兴起于 20 世纪 80 年代，起初和公民社会理论的关系并不密切。这是因为当时的公民社会理论家主要是在政治哲学的层面展开规范的研究，而 NGO、NPO 和第三部门的理论研究则更偏重于从组织理论和管理理论的角度开展。比如，致力于对各种公益组织的内部结构、资金来源、作用、效能、外部关系等问题进行深入细致的研究，其研究带有很强的职业性和实用性色彩，更多地局限于部门内。"进入 90 年代后，这种情况发生了很大的改观"。① 公民社会理论家开始转向，从政治社会学的角度对作为一个社会实体的公民社会进行实证研究，而第三部门研究者也开始关注诸如 NGO、NPO 的社会作用及其与国家和市场的关系等宏观理论，双方开始找到理论的契合点，关系也因此越来越密切，最终形成了公益组织理论研究和公民社会研究的合流。

　　近几年来，国内学术界对公益事业和公益组织的快速发展现象给予了越来越多的关注，并取得了一定的研究成果，可以想象今后此项研究将成为学术界关注的又一热点。

　　由于历史原因，国外公益组织的研究起步较早一点，尤其是在美国，20 世纪 80 年代以前就已形成了以耶鲁大学为研究中心的研究群体。80 年代以来，伴随着公益组织的大量涌现，大量的 NGO 研究中心也纷纷成立。现今，美国此类以大学为基地的研究中心已达 30 多个，比较有影响的有：纽约城市大学的公益事业研究中心、印第安纳大学公益事业研究中心、霍普金斯大学的公民社会研究中心、杜克公益事业与志愿活动研究中心等。

　　这些研究机构与中国的研究者建立了广泛的联系，国外的大量研究成果也被介绍到中国，如美国学者赫兹林格的《非营利组织》、李亚平等选编的《第三域的兴起：西方志愿工作》、里贾纳·E. 赫兹琳杰的《非营利组织管理》、俞可平主编的《治理与善治》等。其中许多研究成果被中国的学者所借鉴，如霍普金斯大学的赛拉蒙教授基于对全世界 41 个国家 NGO 的考察而得出的"全球社团革命"的结论为中国的公益组织研究者广为引用等。当然，学科间的跨学科研究也正在形成，历史学、政治学、社会学等学科间的

① 何增科：《公民社会与第三部门研究导论》，《马克思主义与现实》2000 年第 1 期。

交叉渗透有力地拓展了研究视野和理论深度，取得了相当的理论成果。更值得一提的是"新公共管理学"在20世纪末的兴起，引起了中国公共管理学者的广泛关注，"新公共管理运动"赋予了社会公益组织以新的历史地位，也有力地提升了公益组织研究的地位。

所有这些研究方向和研究成果对于当代中国公益伦理的研究起着很大的推动作用。但是，这些研究主要着眼于从历史学、社会学、政治学等角度去探究当代中国的公益问题，而从伦理学的视角去探究和分析当代中国公益方面则显得甚为不足。其根据主要有两点：一是从严格意义上来说，当前关于当代中国公益伦理研究的学术论文数量极少；二是没有出现系统而深入研究当代中国公益伦理的专著；三是已经取得的研究成果还有许多值得进一步反思、商榷和深化的地方，本书的许多方面也正是在反思已有研究成果的基础上来阐发自己对当代中国公益伦理的看法的。

（二）当代中国公益伦理的研究意义

1. 理论意义

当代中国公益伦理研究具有十分重要的理论意义。这主要表现在：

第一，提出了新的研究客体和范围，实现了伦理学研究领域和方向的拓展。这种拓展主要表现为公益伦理研究对原有权利伦理研究的超越及其两者新的关系的确立。

权利伦理无疑是近代以来的伦理传统。近代何以通常被视为现代的入口，在对其原因的分析方面已经有了许多共识。从结果的角度看，近代与现代在精神气质上具有明显的一致性特点。从近现代以来这样一个长的历史断面来看，无论是政治伦理的研究还是经济伦理的研究，抑或公共道德的研究和职业道德的研究都是着眼于权利的价值和实现途径。近代以来权利伦理的突出，其现实的社会背景是有生命的个人的生长和自由个性的伸张，是个人独立性的增长，是个人与社会之关系的高度分化。在现代人的运思和行动中，权利伦理都是不言而喻的当然的价值观。这种价值观似乎存在对社会弱者的忽视，比如，对于一个乞讨者，可能他的行为在某种意义上侵犯了他的其他对象的权利，或者侵犯了人们类似的"不能妨碍市容"和"不能破坏公共秩序"的权利。这种形式的社会伦理作为一种理想的价值观，实际上是一面指引人们为权利而奋斗的旗帜。在自由主义和个人主义的怂恿和加强之下，这种价值观的重要性在现实社会中不断上升。最初，权利伦理可能是反对封建主义和独裁政治的强大理论武器。如今，在已经大大改善了的社会与生活环境下，权利伦理就更加成为反对过度的社会控制，乃至成为在新的条件下对任何针对着民主与自由的侵犯进行斗争的利器。不过，权利伦理的存在与发展，如果同时缺乏制约的条件，它也会在自身之中逐渐滋生出偏向。前述自由主义和个人主义的极端化发展，实际上把权利伦理一步步地推向自我否定的境地，存在着对自私道德的潜在支持，从而损害了更高水平上的道德价值。在许多情况下，权利伦理开始成为一种价值理想的标榜形式，实际是对自己权利的肯定，对他人权利的否定。自我在自身权利之边界的规范和限制上极其模糊，并且不断地将此边界无限制地外推，从而使权利伦理日渐趋于抽象。权利伦理在发展上存在的偏颇，客观上要求对权利伦理的发展方向进行校正。这一工作是由社群主义首倡，并且集合了理论家和政治家及其他实际工作者共同努力才完成的。社群主义有两个核心命题，一是善优先于权利，二是公共利益优先于个人权利。公益伦理在客观上是作为对权利伦理之偏颇的纠正而出现的。从权利伦理到公益伦理的坐标位移，是社会伦理的又一个发展趋势。从上述可知，两种社会伦理的理论基点已经发生了一些明显的变化。只是这个为社群主义所倡导的公益伦理也不是对于权利伦理的纯粹否定，而是作为对于权利伦理的扬弃并且将其包含于自身之内。社群主义是对个人主义的一种补充，是对个人主义不足的弥补，实际上社群主义和个人主义是相互补充的。在现实中，较之权利伦理，公益伦理的发展是一个客观趋势，也可能是一个现实的出路。① 公益伦理的研究可以把人们的视线引导到对社会弱者和更大范围公平、实质性公平和平等的关注及其实现途径的探索，公益组织和公益行为所标榜的公益道德或者公益伦理价值有着新的角度的合理性和实现的可行性。

　　第二，对公益组织和公益行为研究的深化和充实。对于公益组织和公益行为的研究，我们不能停留于如何实现公益的效益，而是要研究公益组织和公益行为的价值尺度，正确处理公益活动中的各种道德关系。公益伦理的研

――――――――――

　　① 参见康健：《从权利伦理到公益伦理》，《学习时报》2000 年 10 月 16 日。

究无疑成为公益组织研究和公益行为研究的有益补充。

2. 现实意义

研究当代中国公益伦理也有着十分重要的现实意义。其现实意义蕴涵在当代中国公益伦理建设的必要性和重要性之中。

首先，建设当代中国公益伦理是当代公益事业本身可持续健康发展的需要。之所以如此，其根据在于以下方面。

(1) 建设公益伦理是维持公益事业本身的道德性的需要。公益事业本身是一项道德性很强的事业。它的道德性主要表现在：第一，公益事业中强者与弱者之间的关系，从伦理学的意义上来说，也属于伦理关系，包含着两个相互贯通的方面：其一，扶助弱者是强者应尽的道德义务。强者和弱者都是社会的有机构成部分，在社会资源的占有和享用上都是平等的。强者之所以为强者，这固然与他们的个体努力分不开，但更是由于他们优先占有了社会资源，换言之，属于弱者的资源或发展机会被强者占有了，中国工业的发展以及优先发展东部的改革策略就是一个生动的例证。其二，强者和弱者之间存在着相互合作的道德义务。人不仅是个体存在物，也是社会存在物。马克思指出：个人"既是单个的，也是处于他们的社会划分和社会联系之中的个人，即作为这些条件的活的承担者的个人"①。"个体是社会的存在物。因此，他的生命表现，即使不采取共同的、同他人一起完成的生命表现这种直接形式，也是社会生活的表现和确证。人的个体生活和类生活不是各不相同的，尽管个体生活的存在方式是——必然是——类生活的较为特殊的或者较为普遍的方式，而类生活是较为特殊的或者较为普遍的个体生活。"② 人作为社会存在物的规定性决定了人与人之间是相互依赖的，存在着一种不可避免的合作关系。尤其是在现代社会，高度分工决定了高度协作。因此，人与人之间的合作不仅是一项道德义务，更是生存和发展的需要。无论是弱者还是强者，都只有相互依靠才能共同发展。第二，慈爱之心是公益事业最深层的道德基础。公益事业本质上属于慈善事业，公益事业的非强制性和公益行为的志愿性决定了社会成员的慈爱之心对公益事业的发展起着支配作用。

①《马克思恩格斯全集》第 46 卷（下），人民出版社 1980 年版，第 35 页。
② 马克思：《1844 年经济学哲学手稿》，人民出版社 2000 年版，第 84 页。

一般来说，具有慈爱之心的社会成员会造就具有慈爱之心的社会氛围，而具有慈爱之心的社会氛围会造就具有慈爱之心的社会群体，进而形成有利于公益事业生成和发展的条件。一个对他人缺乏慈爱之心的人不会有无偿救助的动机和热情，一个缺少慈爱之心的社会，亦不可能有真正的公益事业。公益事业具有道德性并不意味着公益事业始终能维持其道德性。要使其道德性得到维持，离不开公益伦理的规范和导向。这就使得公益伦理的建设成了一件非常必要和重要的事情。

（2）公益伦理是调整或化解公益活动中的利益矛盾或冲突的重要方式。"道德与冲突是不可分离的：包括各种不同却都令人羡慕的生活方式之间的冲突；各种不同却均能获得辩护的道德理想之间的冲突；各种义务之间的冲突；以及各种根本性的、然而却又是互不相容的利益之间的冲突。"① 冲突主要是利益冲突，它是人类社会生活中的一个不可避免的普遍现象，公益活动领域自不例外。这就决定了公益伦理的确立既是必然的，也是必要的。因为"道德是冲突之母。哪里有冲突，哪里就有道德问题发生。在没有任何冲突的时间和地点，道德将会保持沉默或者休眠"②。

其次，建设当代中国公益伦理是维护我国社会稳定和谐的需要。江泽民同志曾指出："稳定对于正在集中精力进行改革开放和社会主义现代化建设的中国人民具有极其重要的意义。稳定是大局，稳定是政治，稳定压倒一切。"因为"任何动乱造成的灾难都要整个民族来承担"。③ 也就是说，我国社会主义建设要顺利进行，需要有一个稳定的社会环境。影响社会环境的因素是多方面的，而社会弱势群体的存在是其中一个极为重要的方面。之所以如此，因为正如美国经济学家、诺贝尔经济学奖获得者刘易斯所指出："收入分配的变化是发展进程中最具有政治意义的方面，也是最容易诱发妒忌心理和社会动荡混乱的方面。"④ 邓小平同志曾针对中国市场经济发展的

---

① Stuart Hampshire, *Morality and Conflict.* , Mass. Cambridge, Harvard University Press, 1983, p. 1.

② 万俊人：《人为什么要有道德》，《现代哲学》2003 年第 1 期。

③ 人民日报特约评论员：《全力以赴维护社会政治稳定》，《人民日报》1999 年 6 月 2 日。

④ ［美］刘易斯：《发展计划》，何宝玉译，北京经济学院出版社 1988 年版，第 186 页。

良好势头冷静地告诫国人："如果搞两极分化，情况就不同了，民族矛盾、区域间矛盾、阶级矛盾都会发展，相应地中央和地方的矛盾也会发展，就可能出乱子。"① 还说："少部分人获得那么多财富，大多数人没有，这样发展下去总有一天会出问题。"② 所有这些思想都是相当深刻、很有洞见的。当社会弱势群体的贫困状态长期得不到改善时，就可能诱发他们对社会财富进行再分配的强烈愿望。当这种愿望难以实现时，他们则可能采取非正当手段或过激行为来达到目的。因为按照社会学的归因理论，个体对导致自己失败原因的归结将决定个体在挫折之后的心理和行为反应。"如果一个社会对个人的自主性努力附加的限制越多，或对个体的努力给予不公平的报偿，那么，那些即使尽了最大努力仍未成功的个体便会将怨气发到社会上，并会产生越轨性心理或行为。"③ 因此，救助弱势群体成了关系到我国社会稳定的一件大事。而要使弱势群体得到良好而有效的救助，则需要一种公益伦理精神的支撑，因为正如上面所说，慈爱之心是公益事业最内在、最深层的基础。由此可见，建设公益伦理是维持我国社会稳定和谐中一件具有非常重要意义的大事。

最后，建设当代中国公益伦理是促进我国公民道德建设的需要。2001年9月中共中央颁发的《公民道德建设实施纲要》指出："要引导人们正确处理个人与社会、先富与共富、经济效益与社会效益等关系，提倡尊重人、理解人、关心人，发扬社会主义人道主义精神，为人民为社会多做好事，反对拜金主义、享乐主义和极端个人主义，形成体现社会主义制度优越性、促进社会主义市场经济健康有序发展的良好道德风尚。"这段话实际上强调了公益伦理建设对于公民道德建设的重要性。公益事业是公民道德建设的重要渠道，通过公益伦理建设，引导公民积极参与公益事业，培养爱心，提高公民对公益事业的认识，以道德认知带动道德实践，从而明确自己在公民社会的定位与其他公民承担社会赋予的道德义务，是公民道德建设的一种切实可

---

① 《邓小平文选》第三卷，人民出版社1993年版，第364页。
② 刘世军：《为社会主义和谐观一辩》，《社会科学报》2005年10月20日。
③ 周良沱、章剑：《论社会弱势群体与社会稳定》，《江西公安专科学校学报》2001年第1期。

行的途径。每个人都需要帮助，帮助他人就是帮助未来的自己。友爱和互助是公民社会的基本美德。"通过人与人的互相扶助，他们更易于各获所需，而且唯有通过人群联合的力量才可易于避免随时随地威胁着人类生存的危难……"① 公益事业是凝聚爱心和道义的事业，让更多的公民参与进来，从中经受锻炼，接受教育，有利于培养公民的同情心和互助心，提高公民的道德素质。因此，建设公益伦理，引导公民积极参加公益活动，对提升公民的道德素质，促进公民道德建设有着非常重要的意义。

三、当代中国公益伦理研究的基本方法
及本书的逻辑结构

（一）当代中国公益伦理研究的基本方法

研究当代中国公益伦理，最重要的是坚持马克思主义的立场、观点和方法，重视马克思主义的辩证唯物主义和历史唯物主义的指导。恩格斯在《反杜林论》中曾指出："原则不是研究的出发点，而是它的最终结果；这些原则不是被应用于自然界和人类历史，而是从它们中抽象出来的；不是自然界和人类去适应原则，而是原则在适合于自然界和历史的情况下才是正确的。"② 列宁在《论策略书》中也指出："现在必须弄清一个不容置辩的真理，就是马克思主义者必须考虑生动的实际生活，必须考虑现实的确切事实，而不应当抱住昨天的理论不放，因为这种理论和任何理论一样，至多只能指出基本的和一般的东西，只能大体上概括实际生活的复杂情况。"③ 恩格斯和列宁的这些论断为我们研究当代中国公益伦理指明了正确的方向。毋庸置疑，当代中国公益伦理的研究离不开马克思主义基本原理的指导，离不开对前人已有相关研究成果的批判性吸收和借鉴，但是，从根本上来说，立足于当代中国的国情特别是当代中国公益的客观现实和发展态势，是我们研究当代中国公益伦理所应当坚持的基本立场。具体来说，公益伦理的研究可

---

① 周辅成：《西方伦理学名著选辑》（上），商务印书馆1964年版，第635页。
② 恩格斯：《反杜林论》，人民出版社1970年版，第32页。
③ 《列宁选集》第3卷，人民出版社1972年版，第26页。

采取如下基本方法来进行。

第一，历史沿革研究和现实研究相结合的方法。本书拟本着历史与逻辑相结合的精神，在梳理中国传统公益伦理思想和西方公益伦理思想的基础上，立足于当代中国的现实，特别是当代中国公益事业发展的实际，推导出当代中国公益伦理的一些基本原理。

第二，实证研究和理论研究相结合的方法。公益事业和公益活动都是具体的组织和个人的行为，具体的公益活动都分别包含不同的道德价值，有着不同的关怀对象和实现机制。因此，在研究公益伦理的过程中应当把理论研究和实证研究有机结合起来。

第三，多学科综合研究方法。公益无疑会涉及社会的政治、经济和文化—伦理传统，因而运用社会学、政治学、心理学、伦理学等学科相结合的方法，展开对公益行为的多角度分析，以期客观和科学地对公益伦理进行定位也是非常必要和重要的。

（二）本书的逻辑结构

当代中国公益伦理是一个非常广泛的领域，其所涉及的问题是复杂多样的，要在短时期内完成和实现对当代中国公益伦理全面、系统的研究是很难的，甚至可以说是不可能的。按照认识发展的规律，当代中国公益伦理的研究只能是一个不断地从相对真理走向绝对真理的过程，本书也只是就当代中国公益伦理的若干问题进行了一定程度的探讨。

全书共分六部分。主要是按照绪论、公益和公益伦理的概念、公益伦理主张的权利与义务、当代中国公益伦理的原则和价值取向、当代中国公益伦理面临的问题与挑战以及当代中国公益伦理建构的应有视角这样一种逻辑来安排的。

绪论主要分析和说明公益的起源和发展、当代中国公益伦理的研究现状和研究意义以及当代中国公益伦理研究的基本方法和本书的逻辑结构。

第一章主要剖析公益和公益伦理的概念。从剖析公益概念入手，揭示了公益伦理的内涵，认为公益伦理是在对弱势群体实施人道救助的公益活动中调节救助者和被救助者即弱势群体之间各方面关系的道德原则和规范的总和，是公益救助活动中各种道德意识、道德心理、道德行为的综合体现，是依据一定社会伦理道德的基本价值观念对公益救助活动的客观要求所进行的理性认识和价值升华，其核心是无条件利他主义价值观。公益伦理要求人们在公益救助活动中具有一种无私利他的道德情怀，这是由道德义务的本质和公益救助活动的本质所决定的。公益救助活动的目的就在于通过无偿救助，创造增强弱势群体生存与发展能力的条件，维护弱势群体基于人而应该享有的权利。公益救助并不是私人之间狭隘的恩赐与感恩，而是社会成员之间的一种社会化的自愿互助行为，"不图回报"是现代公益救助活动的一条基本道德规范。公益伦理以对弱势群体进行道义救助和伦理关怀为宗旨，而对弱势群体的关怀和保护实质上是人道主义道德精神的深刻体现。人道主义作为一种道德精神，凝聚着这样两条具有不被任何个人身份与角色所遮蔽的普遍适用的"绝对命令"：第一，每个人必须尊重弱势群体的道德权利，不应对弱势群体的命运漠不关心。接照这条命令要求公益行为主体应把其道德义务建立在对公益伦理客体即弱势群体基于人所应享有的基本权利的维护、尊重和保障之上，自觉而无偿性地对弱势群体进行救助，帮助弱势群体过上合乎人类尊严的生活。第二，把人当做目的，而不是当做供这个意志或那个意志任意利用的工具。公益伦理活动作为一种无偿救助弱势群体的活动是单向度的，即它只讲奉献，不讲回报。在这里，没有任何"付出—得到"的功利计较，我们之所以关怀和救助弱势群体，就在于他们和我们一样是人，他们需要救助，我们应当救助他们，此外别无他求。这就是说，对弱势群体的救助是一种发自内心的冲动，是一种自觉自愿的行动，这里没有任何外在的命令和胁迫，也没有任何功利性的考虑。在公益救助活动中，人就是目的，而且是唯一目的，这极大地彰显了公益救助的人道意义和价值。公益伦理强调对弱势群体给予权利倾斜性保护。对弱势群体的权利倾斜性保护，从一定的意义上说，是公益伦理的本质性内容。这种对弱势群体的权利倾斜性保护貌似不平等，实为寻求社会公平正义的实现。这不仅因为社会弱势群体的存在本身就是社会不公的重要表现之一，而且因为权利失衡是导致社会弱势群体存在和社会不公的根本原因。公益中的道德关系是多元的，并随着公益事业的发展而呈现出错综复杂的趋势，但从一般意义而言，主要有施助者与公益组织的道德关系、受助者与公益组织的道德关系和施助者与受助者的道德关系等。

第二章主要讨论公益伦理主张的权利和义务。在剖析道德权利和道德义务的内涵及其相互关系的基础上，揭示了公益伦理主张的权利主要指弱势群体在社会生活中基于人而应当平等享有的，并应由道德来伸张和保障的地位、自由和要求；公益伦理主张的最基本、最主要的义务是对弱势群体给予道义救助和伦理关怀，维护和保证弱势群体的道德权利，帮助他们过上合乎人类尊严的生活。

第三章主要探讨了当代中国公益伦理的原则和价值取向。认为当代中国公益伦理的基本原则是以弱势群体为本，具体而言，至少包含公平、仁爱、奉献和诚信等伦理要求；当代中国公益伦理的价值取向主要有实现社会公共利益、促进人的幸福和发展、维护社会公平和正义、推动社会进步与和谐等。

第四章主要分析了当代中国公益的发展状况、当代中国公益伦理所面临的问题与挑战。认为改革开放以来，我国公益事业取得了长足的进展，这主要表现在公益组织得到较快发展、公益事业运作机制向现代化转型以及党和政府对发展公益事业高度重视等方面；当代中国公益伦理面临的问题主要有诚信问题、参与公益活动的自觉性问题、公益活动资源配置的公平问题和公益活动中施助者和受助者的权利、义务及其关系问题等；当代中国公益伦理面临的挑战主要表现在：全球化时代中国传统公益伦理面临认同困难；社会主义和谐社会的构建对公益伦理提出了新的要求；当前的公益伦理理念迫切需要与公益事业的发展相适应。

第五章主要讨论了当代中国公益伦理建构的应有视角。认为建构当代中国公益伦理必须立足于当代中国的国情特别是公益的客观现实和发展趋势，批判地继承和借鉴中国传统的公益伦理思想以及世界各国特别是西方的公益伦理思想。也就是说，当代中国公益伦理的建构的视角至少应包括传统视角、全球视角和现实视角。

第一章　公益和公益伦理的概念

在深入探讨当代中国公益伦理的其他问题之前，先弄清公益和公益伦理的概念，其必要性和重要性是不言而喻的。关于公益的概念，国内外学术界已经有了一定的探讨，本章拟在这些探讨的基础上阐发自己的一些看法，并对当前学术界尚未论及的公益伦理概念进行阐释。

一、公益的概念

公益是一个古老的词汇，不少学科和学者都有过深刻的探讨，但是其内涵并不十分清楚，在不同的领域存在着分歧，其实践用意更是遭到人们的质疑。坦率地说，"要想给出一个能得到理论界或实际工作者公认的'公共利益'定义，是不可能的。"[①] 从逻辑的角度来说，要对当代中国公益伦理展开研究，首先就必须对公益的含义有一个清晰而准确的界定，否则，当代中国公益伦理的研究将因公益概念的过于宽泛、缺乏确定性而难以展开。

（一）公益的含义

1. "公"和"益"的字面含义

就字面含义来说，"公"有 7 个义项：（1）公平，公正。如《吕氏春秋·去私》说："外举不避仇，内举不避子，祁黄羊可谓公矣。"司马迁《屈原列传》说："屈平疾王听之不聪也，谗谄之蔽明也，邪曲之害公也，方正之不容也，故忧愁幽思而作。"（2）国家的、共同的。如贾谊《论积贮

---

① Cooper, Terry L, *The Responsible Administrator* (3rd ed), San Francisco: Jossey-Bass Publishers, 1990, p. 68.

疏》："汉之为汉，凡四十年矣，公私之积，犹可哀痛。"黄宗羲《原君》说："以我之大私为天下之公。"方苞《狱中杂记》说："有某姓兄弟，以把持公仓，法应力决。"（3）公然、公开。如贾谊《论积贮疏》："残贼公行，莫之或止。"杜甫《茅屋为秋风所破歌》说："忍能对面为盗贼，公然抱茅入竹去。"袁牧之《黄生借书说》说："惟予之公书与张氏之吝书若不相类。"（4）公务，亦指办公的地方。如《诗经·召南·采蘩》说："夙夜在公。"《诗经·召南·羔羊》说："退食自公。"（5）古代五等爵位（公、侯、伯、子、男）的第一等。如《诗经·小雅·白驹》说："尔公尔侯，逸豫无期。"《公羊传·隐公五年》说："王者之后称公，其余大国称侯，小国称伯、子、男。"（6）对人的尊称。如《史记·留侯世家》说："吾求公数岁，公避逃我。"张浦《五人墓碑记》："五人者，盖当蓼洲周公之被逮，激于义而死焉者也。"（7）丈夫的父亲。如古乐府《孔雀东南飞》："奉事循公姥，进止敢自专？"

"益"也有5个义项：（1）水漫出来。如《吕氏春秋·察今》说："澭水暴益，荆人弗知。"（2）多，富裕。如《吕氏春秋·贵当》说："其家必日益。"（3）增加。如《论语·先进》说："而求也为之聚敛而附益之。"《孟子·告子下》说："所以动心忍性，曾益其所不能。"（4）利益，好处。如《左传·僖公三十年》说："若亡郑而有益于君。"罗贯中《三国演义·杨修之死》说："在此无益，不如早归。"（5）更加。如徐光启《甘薯疏序》说："以此持论颇益坚。"《墨子·非攻上》说："其不仁兹甚，罪益厚。"①

2. 学术界关于公益的解释

公益合成使用，是一个独立的概念。关于什么是公益，国内外的众多学者站在各自的立场做出了这样或那样的解释。

德国学者洛厚德（Leuthold C. E.）于1884年发表了《公共利益与行政法的公共诉讼》一文，认为公益是任何人但不必是全体人的利益。为了界定任何人之利益，而不必是全体人的利益，他提出了地域基础（Territoriale Grundlage）作为界定"任何人"的标准。他说："公益是一个相关空间内关

① 于子明：《新编古汉语词典》，人民日报出版社1998年版，第155、691页。

系人数的大多数人的利益，换言之，这个地域空间就是以地区为划分，且多以国家之（政治、行政）组织为单位。所以，地区内的大多数人的利益，就足以形成公益。"① 也就是说，在一地域和空间内，地区内的大多数人的利益就足以形成公益；相对的，在这一地区内，居于少数人之利益，则称之为个别利益，个别利益是必须屈服于大多数人之平均利益之下的。

另一位德国学者纽曼（Neumann F. J.）在1886年发表的《在公私法中关于税捐制度、公益征收之公益的区别》一文中认为，公益是一个不确定多数人的利益。这个"不确定多数受益人"也就符合公共的含义，只要大多数的不确定数目的利益人存在，即属公益。② 近年来，德国学者又发展出了新的判断标准，即以"某圈子之人"作为公众的相对概念，从反面间接地定义"公共"。所谓"某圈子之人"，系指由一范围狭窄的团体如家庭、家族团体，或成员固定之组织，或某特定机关之雇员等加以确定的隔离；或是以地方、职业、地位、宗教信仰等要素作为界限，而其成员之数目经常是少许的。由上述定义可以看出，"某圈子之人"有两个特征：第一，该圈子非对任何人皆开放，具有隔离性；第二，该圈内成员在数量上是少许者。从其反面推论，对于公共的判断应当也至少具备两个标准：①非隔离性；②数量上须达一定程度的多数。③

20世纪中后期，有的学者认为不确定多数人之私益也可以成为公益。根据德国学者雷斯纳（W. Leisner）的看法，有三种私益可以升格为公益：第一，"不确定多数人"之利益。到底哪些利益，或者说到底"累积"多少人的个人利益才属于这种"不确定多数人"的利益，应按民主原则即通过"立法程序"来决定，否则会丧失"法律的可预见性"。第二，具有相同性质的个人利益。也就是个人在自由、生命和财产安全方面的利益。对这种利益应上升为公共利益，使国家肩负起排除危险的义务。第三，少数人的某些权利利益。他认为，社会上某些"特别团体"（如乡、镇等小行政组织）成员的数量，不足以形成较大组织内的多数。但是，按照民主的方式，可以承

---

① 陈新民：《德国公法学基础理论》，山东人民出版社2001年版，第184页。
② 参见陈新民：《德国公法学基础理论》，山东人民出版社2001年版，第185页。
③ 参见城仲模：《行政法之一般法律原则》（二），台北三民书局1997年版，第158页。

认他们某些利益为公共利益。①

在英美法系中，公益也称之为公共政策（public policy），主要指被立法机关或法院视为与整个国家和社会根本有关的原则和标准，该原则要求将一般公共利益（general public interest）与社会福祉（good of community）纳入考虑的范围，从而可以使法院有理由拒绝承认当事人某些交易或其他行为的法律效力。②

在我国，有关公共利益的讨论主要围绕概念表述与具体构成而展开，且已取得了一定的研究成果。我国的宪法文本中，同时出现了相互联系的概念，如公共利益、国家利益、祖国利益、社会利益与集体利益等。由于迄今为止没有启动宪法解释制度，对公共利益的确切含义公众还没有取得普遍的共识，对文本中的公共利益的理解也是不同的。有的学者认为，在我国，一般社会公共利益主要包括两大类，即公共秩序和公共道德两个方面。③ 为了说明公共利益与政治生活之间存在的价值联系，有的学者将公共利益分为四个层面：一是最基础的层面，应该是共同体的生产力发展；二是公共利益就是每个社会成员都有可能受益的公共物品的生产，包括公共安全、公共秩序、公共卫生等；三是社会每个成员正当权利和自由的保障；四是合理化的公共制度。④ 有的学者还从经济学的角度对公益做出了解释，认为所谓"公益性"，是指具有明显正向外部性、具有市场失灵倾向的社会经济活动的一种性质特点；所谓"公益活动"，是以增加大众福利为目的，不能适用或者完全适用市场规则的经济行为；而所谓"公益性单位"，应该是以公众福利为经营目标、需要国家从税收当中予以支持的经济实体⑤；等等。

由此可见，学术界关于公益的解释存在着这样或那样的差异，但就其实质而言，则别无二致，一般都是立足于公共利益、众人的福利这一意义来解释的。

---

① 参见叶必丰：《行政法的人文精神》，湖北人民出版社 1999 年版，第 39 页。
② 参见《元照英美法词典》，法律出版社 2003 年版，第 1117 页。
③ 参见胡康生：《中华人民共和国合同法释义》，中国法制出版社 1999 年版，第 92 页。
④ 参见马德普：《公共利益、政治制度与政治文明》，《教学与研究》2004 年第 8 期。
⑤ 参见龚群：《公益"浅说"》，《探索与争鸣》2006 年第 3 期。

3. 本书中公益的内涵

与学术界一般把公益理解为公共利益、众人的福利不同，本书中的公益是"公益救助"的简称，主要指以非政府或民间的形式对社会弱势群体实施人道救助的社会活动。它既是公共利益的应有之义，又区别于一般意义上的公共利益。

首先，公益虽然关注的是公共领域和公共利益的主题，但是，并非所有公共领域内的话题都是公益所关注的对象。与政府、公共型和某些经济合作组织不同，公益只关注特定领域的公共利益的话题。按照《中华人民共和国公益事业捐赠法》（1999 年 6 月 28 日第九届全国人民代表大会常务委员会第十次会议通过），公益的范围主要体现在以下方面：（1）救助灾害、救助贫困、扶助残疾人等困难的社会群体和个人的活动；（2）教育、科学、文化、卫生、体育事业；（3）环境保护、社会公共设施建设；（4）促进社会发展和进步的其他社会公共和福利事业。不过，本书中的"公益"所突出的主要是以非政府形式对弱势群体实施人道救助的领域。之所以如此，是因为我们认为对弱势群体的人道救助是公益事业的核心主题，并且是公益行为道德性的最集中的表现。同时，从我国公益事业的现实来看，救助弱势群体这一领域中的道德问题也显得更为突出。

其次，公益是指以非政府的形式进行、不带有任何功利性目的的、旨在救助弱势群体的活动。救助弱势群体不仅是公益事业的宗旨，也是公益事业得以存在并得到发展的社会条件。弱势群体，也叫社会脆弱群体、社会弱者群体，在英文中称"social vulnerable groups"[1]，主要是一个用来分析现代社会经济利益和社会权力分配不公平、社会结构不协调、不合理的概念，指那些依靠自身力量或能力无法维持自己及其家庭成员最基本的生活水准、过上

---

[1]　英文中关于脆弱、弱势的相近说法还有"disadvantaged"、"disabled"、"weak"等。"disadvantaged"与"advantaged"相对，表明处境不占优势，并且缺乏改变其境遇的条件，通常也被翻译为"弱者"；"disabled"是指身体受到伤害或具有精神疾病，从而严重影响人的正常生活，一般翻译为"残疾人"；"weak"是指人的力量或精力较差，或者对某个领域不熟悉，没有掌握太多的知识和技能，也指人的缺点。相对而言，"vulnerable"的含义稍微宽泛一些，既有本人比较脆弱的意思，又有由于缺乏社会参与和社会保障等原因而变得容易受到伤害的意思。

合乎人类尊严的生活而需要国家和社会予以帮助和支持的社会群体。它具有如下特征①：

（1）社会弱势群体一般来说是自己及家庭生活达不到社会认可的最基本标准的有困难的群体。这里之所以使用"社会认可的最基本标准"概念，而没有使用"最低生活标准"的概念，原因在于弱势群体内部的复杂性。一般来说，现代国家对不同的弱势群体成员往往有不同的社会支持政策。如我国目前对下岗、失业人员与对城市救济对象所采用的政策就不同，对下岗、失业人员一般是通过社会支持帮助他们维持"基本生活"；而对城市救济对象则主要依据的是当地的"最低生活保障线"即"贫困线"采取救济的方式使他们能够维持"最低生活"。

（2）社会弱势群体无法依靠自己的力量走出目前的弱势困境。造成弱势群体陷入弱势地位与困境的原因是多方面的，既有如身体和自身素质等个人原因造成的，也有如制度变革、技术发展等社会原因造成的，还有个人和社会原因共同造成的，如我国转型期部分群体的下岗、失业。但不管是哪种原因造成的，弱势群体之所以为弱势群体，就在于他们无法依靠自己的力量改变其弱势地位、走出弱势困境。

（3）改变弱势群体的生存状况离不开国家及社会力量的帮助与支持。外力的帮助与支持是改善、改变他们的状况的主要力量。当然，与传统社会不同，现代社会所提倡的是一种"助人自助"的理念，这种理念要求把外来帮助与支持同弱势群体成员自身力量有机结合起来，也就是说，通过提升社会弱者的能力，增加他们社会参与的机会，达到改变他们弱势地位的目的。

最后，公益救助本质上是一种慈善事业。"慈善"一词在英文中有多种表达法。例如，"philanthropy"，源于希腊文，表示"善心"、"博爱主义"之意；"charity"，表示"博爱"、"宽容"、"慈善事业"等意思；"beneficence"，表示"慈善"、"善行"、"捐款"等意思；"benevolence"，表示"仁慈"、"善行"、"捐款"等意思。但不管如何，其本质则是人类善爱之心的表现与标志。所谓慈善事业，即指建立在社会捐献基础上的民营社会性救助事业。作

---

① 参见郑杭生、李迎生：《什么是弱势群体》，中国网，2005年7月11日。

为一项道德工程，作为一项需要社会成员广泛参与的民营公益事业，慈善事业有着自己的独特特色，这些特色使它成为人类社会互助行为在现代社会的载体，并具有不可替代性。从社会意义上出发，现代慈善事业因具有扶危济困、协调社会发展的内在功能，从而具有了民营社会保障的内涵；从经济意义出发，慈善事业因能够获得官方、企业或社团、家庭或个人的财政支持，从而具有了混合分配的功能。① 现代慈善事业的根本宗旨就是利用社会力量来救助弱者或不幸者，它在实践中所表现出来的基本特色，可以概括为以善爱之心为道德基础，以贫富差别为社会基础，以捐献者意愿为实施基础，以社会成员的普遍参与为发展基础。其中最根本的是道德基础、社会基础和经济基础。②

（二）公益的基本特征

广东公益恤孤助学促进会在其章程总则中规定其性质是：依照中华人民共和国宪法、法律、法规、规章和国家政策，由热心支持贫困家庭子女就学的单位和个人自愿组成的、全省的、非营利性的公益性社团组织，是依法成立的社团法人。同时，它还向社会公开承诺：①所有捐款和物资全部用于符合本会章程、宗旨的慈善性公益事业。②本会的财务收支完全公开，欢迎和接受捐赠人、社会各界人士、新闻媒体和政府主管部门查询、检查、监督。③本会不从事任何营利性经营活动，确保所有捐款的安全。④本会领导不领取工资、津贴等任何报酬。

从广东公益恤孤助学促进会这一公益组织的性质及其向社会的公开承诺中可以看出，一般来说，公益具有如下基本特征。

1. 非政府性

《中华人民共和国公益事业捐赠法》第一章第二条规定："自然人、法人或者其他组织自愿无偿依法成立的公益社会性社会团体和与社会公益性非营利的事业单位捐赠财产，用于公益事业的，适用本法。"从这一规定可以看出，社会公益不是政府性的，而是非政府性的或民间性的。所谓非政府

---

① 参见郑功成：《慈善事业的理论剖析》，《慈善》1998 年第 2 期。
② 参见郑功成：《论慈善事业的本质规律》，《中国社会报》1996 年 9 月 26 日。

性，主要是指公益事业只能由民间公益团体或公益组织承担具体的组织实施工作，这是公益事业之所以为公益事业的组织基础。所有的公益组织不隶属于政府，既不是政府的一部分，又不受制于政府，在体制上独立于政府，它是公民自发组建、独立于政府体系、有自身运作理念和运作机制的社会自组织系统，政府不应该直接介入非营利组织的管理和运作过程。

公益事业之所以只能是非政府性的，而不能是政府性的，是因为政府干预可能改变公益事业的性质并背离捐献者的意愿，公益事业在具体运作中又必然排斥政府权力的干预。在发达国家和地区，往往可以看到这样的现象，即政府对公益慈善事业的支持很大却不愿承认公益慈善事业是政府在举办，这与中国政府部门将民间捐献纳入官方救灾济贫事业经费有很大区别，与直接分配这些款物有很大不同。因此，对中国而言，尽管特定的社会背景和传统习俗使公益慈善事业需要借助政府的直接支持，但政府扶持公益慈善组织，并让其沿着非政府性或民间性方向发展已显得十分必要。①

当然，我们说公益事业是非政府性的，这并不是说完全不拿政府资助，或完全没有政府官员参与其活动，而是说政府不能将公益事业变成政府工作。一般来说，成熟的公益事业不仅是民营的，而且组织募捐与实施救助的民营机构还是分离的。如美国的联合劝募者协会、香港基金会等都是专门的募捐机构，它们募捐的资金无偿拨付给各慈善团体，这样不仅效率更高，且使捐献者与受益者的人格因中间隔离层而更加平等。

2. 非营利性

所谓"非营利性"，是指公益的宗旨是从社会需要出发，向社会提供公益服务和社会服务，通过自身的服务活动，促进社会的进步与发展，而不是营利，不是积累财富或者实现利润。虽然在现在的市场经济条件下，利益是市场经济的内在机制，追求利润的最大化是市场机制运行的主要动力，但这并不意味着利益驱动机制是涵盖社会各个领域的普遍现象，任何事项都需要通过或必须通过利益机制来驱动。事实上，许多事项，如环境保护、教育、医疗、文化等事业和对弱势群体的扶助等，是不能也不应该用利益机制来驱

---

① 参见吴锦良：《政府改革与第三部门发展》，中国社会科学出版社 2001 年版，第 283 页。

动的。所有这些均属于公益事业的范围，均属于非营利性的范畴。

据中央电视台 2007 年 5 月 18 日"新闻联播"报道：牙防组织被卫生部撤销后，牙防组织从企业收取的大笔资金的流向成为大家关注的焦点。记者调查它名下的资金的流向，发现大部分公益资金都没用在公益上。记者在民政部门民间组织管理网上，看到了牙防基金会最新的年度财务报告。2004年，基金会募集资金 70 万元，2006 年度总支出约 46 万元，用于公益约 12 万元，占上年度收入的 17.3%，而用于工资福利、行政办公支出则占 33 万元。

很显然，牙防基金会的这种行为不仅是违法违规的，而且也是有违公益非营利性的精神和要求的。区分"营利性"与"非营利性"的标准主要有两点：一是是否进行剩余（利润）的分配（或分红）；二是是否以任何形式将组织的资产转变为私人财产。非营利组织可以开展一定形式的经营性业务，可以针对服务对象的具体情况，实行不同的服务形式，或无偿提供，或低偿提供，或付酬提供，这些业务也可以产生一定的盈余，但是，非营利的公益组织的剩余不能作为利润在组织成员或其亲属间进行分配，而只能用于进一步开展的公益活动，追求公共目标或组织的继续发展，其实质在于"非营利分配性"；当组织解散或者破产，剩余资产也不能像企业那样在成员之间分配，而只能转交给其他公共部门（政府或者宗旨相近的公益组织）。这样做的依据在于公益组织的资产来源于社会，在组织享受税收优惠的同时等于使用了纳税人的资金，这使其资产归属具有"公益产权"［一般指受益权或剩余索取权的主体是由所有可能受益者（社会中不特定多数）构成的虚拟主体］的性质，社会公益组织作为受托人来经营管理，不享有剩余索取权。

当然，在全球化的市场经济环境中，一方面，社会公益组织具有以社会公共利益和公众福利为中心的不同层次与质量的社会服务、公益项目，这些项目本身有着极大的社会消费需求市场。这使得社会公益组织的运作领域从传统的慈善济贫发展为更高级、范围更广泛的公益服务。另一方面，公益组织在资源获得上时常陷入困境。因此，多元化的手段——包括接受政府赞助、市场化服务、社会捐助等就被用作谋取组织生存与实现目标的资源，甚至出现有些公益组织为了获取更多的资源而成为实质上的营利组织的情形。

因此，在市场经济的环境下，公益组织的公益性面临着营利组织的获利性的诱惑与挑战。特别是目前中国公益组织及其活动远未达到成熟程度，非营利的概念以及与非营利活动有关的规则并未被社会广泛接受。有的公益组织对营利的兴趣完全压倒了提供公益服务和福利服务的兴趣，有的借用国家对公益类组织的优惠政策，为自己或本机构"渔利"。但是，这并不能否定公益的非营利性特征，因为这些现象只是公益事业不成熟而导致的结果。

3. 非强制性

社会公益作为一种以非政府形式运作的事业，也是非强制性的。所有的公益组织不具有政府的强制性行政权力，也不能依靠行政手段发挥作用，而是基于理念，通过志愿参与的机制，形成扎根于社区、权力流动双向或多向的公民自我管理、自我调节的治理模式。

据《成都日报》报道：2007 年 6 月，山东威海全城掀起慈善捐赠的热潮。市委、市政府发起"慈善月"活动，从市委书记到水电维修工，全都参与其中。短短 10 天，募捐现金近 2000 万元，企业认捐基金超过 10 亿元。在这创纪录的募捐成绩背后，则是一双强大的政府推手在运作。该市以行政方式层层推进募捐行动，各单位募捐成绩被纳入绩效考核，一些官员更是把募捐当做"政治任务"逐级下达。据威海市民政局长赵香春介绍，2006 年 9 月，威海市委书记崔曰臣在山东省领导干部会议上，提出威海市全市募集善款要达 2 亿元的目标。此后，威海市领导在多种场合表示要在全市开展"慈善月"活动。2007 年 5 月 28 日，"慈善月"动员大会召开。市五套班子领导全部出席，崔书记作动员讲话，市领导现场带头捐款，因出差未能出席的王培廷市长还委托其他领导代为捐款。按照威海市民政局的说法，该市募捐工作出现"你追我赶的生动局面"。记者在民政局提供的《威海市 2007年"慈善月"活动实施方案》上看到，"保障措施"一款明确要求：建立考核制度。市考核办制定具体的考核办法，将各单位的捐助情况列入目标绩效考核。记者在威海市了解到，各单位基本都明确了捐款标准。一份威海市中医院发布于 5 月 31 日的内部通知要求，"捐款额度：原则上处级干部 500—2000 元，科室、中心、住院区负责人 200—500 元，职工 100—500 元。"记者获悉，该市此次募捐活动一个未经公开的标准是：厅级干部最多 3000 元，最少 1000 元；处级干部最多 2000 元，最少 500 元；机关事业单位人员不少于 100 元。据赵香春介绍，威海此次首次在山东省采用了企业认捐基金的办法，一次捐款 200 万元以上的企业，可以冠名设立慈善基金，基金本金留在原企业运作，每年分两次向本级慈善总会捐出本金利息用于慈善事业。为了鼓励企业认捐，威海还采用"论绩进会"制度。凡认捐 1000 万元以上的企业负责人，可作为市慈善总会副会长人选。

威海市的这种以行政方式层层推进募捐行动，把募捐当做任务逐级下达，设定明确的捐款标准，将募捐成绩纳入绩效考核的做法，尽管其出发点是好的，对慈善事业发展也会起到一定程度的促进作用，但本质上却是一种"行政索捐"，带有强制的性质，与公益所提倡的非强制性即自愿性显然是相违背的。对于公益组织而言，过多依靠政府赋予的权力和行政指令运作失去了公益组织的作用意义和核心优势，"官僚化"和"行政化"甚至可能带来比政府直接运作更多的问题。从权力来源来看，公益组织不是国家履行公共职能的工具，不是政府的二级机构和派出部门。它是基于宗旨的激励在社会中自发产生的，实现公益或互益目的的独立、自治的组织，国家可以通过税收政策进行引导和通过购买服务提供资源支持，但不能以此作为履行行政指令的手段，也不能以社会自治为借口推卸自己的公共责任。从权力关系来看，公益组织与企业同样是市场体制中独立运作的主体，二者与政府部门之间是既有功能互补又存在着相互监督、权力制衡的关系，不是政府意志下的职能分工不同的"单位"。从权力运作方式来看，公益组织是以公益产权为基础，是社会自我组织、自我管理、自我调节的机制，采取的是志愿、平等、民主、开放、制衡的管理原则。这和政府的层级式、垂直化管理方式是不一样的。

4. 社会性

公益事业是一项社会性事业。其社会性主要从以下两方面体现出来：一是作为社会性事业，它需要有专门的组织来营运。也唯有如此，才能够保证根据社会的需要最有效地运用公益资源，同时尽可能地面向需要帮助的社会成员，并保持它的经常性、持续性、规范性和相对稳定性。二是公益事业作为一项社会性事业需要社会成员的普遍参与。"谁应该慷慨捐赠？""肯定是有钱人呀！"这个回答可能是多数人内心的真切想法。富人占有大量的物质财富，那些一辈子花不完的钱，老百姓认为应将其进行再一次分配，让其取之于民用之于民，使财富良性循环。但是，从道德层面考虑，通过慈善捐赠回馈社会是每个社会人的使命。作为一项社会性事业，公益仅仅靠富人这个少数群体来承担还是远远不够的。事实上，只有平民慈善才是公益慈善事业不竭的源泉。据《公益时报》2006年度慈善排行榜数据表明，中国人均慈善捐赠已超过3.05元。而美国人均捐赠在2005年时就已经达到了870美元。发达国家和地区的实践证明，当公益事业仅仅是少数人的事情时，绝不可能形成发展公益事业应有的氛围。只有当社会成员普遍参与，才能形成一种有利的、自觉的促进公益行为和公益事业发展的社会氛围，使公益事业获得更加广泛、更加深厚的群众基础和经济基础。这一点也被中国历年的募捐实践所证明。总而言之，公益事业应当是一项包括一切有能力帮助他人的社会成员在内的社会性事业，这既是公益事业本身发展的内在要求，也是公益事业发展的一条规律。

二、公益伦理的概念

（一）何谓伦理

在中国，"伦理"二字连用而成为一个词始见于《礼记·乐记》，"凡音者，生于人心者也；乐者，通伦理者也。"东汉郑玄注："伦，犹类也；理，分也。"唐孔颖达疏："阴阳万物各有伦理分类者也。"意指把不同的事物、类区分开来的原则、规范。但是，"伦理"一词的含义主要还是用在人事而非物理上，如西汉贾谊说："以礼义伦理教训人民。"① 其义与"人伦"一词相通。在这意义上，"伦理"也就是"人伦之理"。孟子说："教以人伦：父子有亲，君臣有义，夫妇有别，长幼有序，朋友有信。"② 其中，"人伦"当是"人伦之理"的省称，父子、君臣、夫妇、长幼（兄弟）、朋友为五伦，即五类基本的人际关系，而处理这五类人际关系的"理"，即原则，分别是亲、义、别、序和信。孟子还说："规矩，方员之至也；圣人，人伦之

---

① 《新书·辅佐》。
② 《孟子·滕文公上》。

至也。"① 也就是说，与规矩是物理的方圆准绳相应，圣人是人事的伦理准绳，因为圣人作为道德上尽善尽美的人，就是在伦理实践上完美无缺的人。至西汉，演化为"纲常"观念，即所谓的"三纲五常"。其中，"父为子纲，君为臣纲，夫为妻纲"指称着处理父子、君臣、夫妻这三类人际关系的原则，而"仁义礼智信"之"五常"指称着实践这些伦理原则所成就的德性。在西方，"伦理"一词起源于希腊文的"ethos"。这个词最初表示惯常的住所、共同居住地，如在荷马的史诗中，便是如此。后来，经过不断发展，演化出风俗、性格、德性等含义，汉语译作"伦理"。"伦理"一词与"道德"一词通用，如"伦理关系"亦即"道德关系"。但是，也有人主张分开使用，以"道德"指称人们之间的道德关系和道德行为，"伦理"指社会的人际"应然"关系，对这种"应然"关系的概括就是道德规范，而"道德"则是主体对道德规范的内化和实践，即主体的德性。"伦理"则更侧重于社会，更强调客观方面，而"道德"则更侧重于个体，更强调内在操守方面。②

（二）公益伦理的内涵

按照上述对伦理的理解，"公益伦理"既应含有救助弱势群体的公益活动中的人际"应然"关系以及概括这种"应然"关系的道德原则和规范的意义，也应含有公益行为主体在救助弱势群体的公益活动所体现出来的道德意识、道德心理和道德行为的意义。据此，可把公益伦理界定为：在对弱势群体实施人道救助的公益活动中调节救助者和被救助者即弱势群体各方面关系的道德原则和规范的总和，是公益救助活动中各种道德意识、道德心理、道德行为的综合体现，是依据一定社会伦理道德的基本价值观念对公益救助活动的客观要求所进行的理性认识和价值升华。

公益伦理的产生是建立在人们对蕴涵在公益救助活动中的道德必然性的认识和把握的基础之上的。没有对公益救助活动中所蕴涵的道德必然性的把

① 《孟子·离娄上》。
② 参见朱贻庭：《伦理学大辞典》，上海辞书出版社 2002 年版，第 14 页。

握，就不可能产生公益伦理。马克思说："道德的基础是人类精神的自律。"① 也就是说，道德本质上就是人类社会整体的内在制约。这一原理在公益伦理中也同样具有真理性。

公益伦理以弱势群体为关怀对象，强调对弱势群体给予权利倾斜性保护。对弱势群体的权利倾斜性保护，从一定的意义上说，是公益伦理的本质性内容。这种对弱势群体的权利倾斜性保护貌似不平等，实为社会公正的重要价值诉求。这不仅因为社会弱势群体的存在本身就是社会不公的重要表现之一，而且因为权利失衡是导致社会弱势群体存在和社会不公的根本原因。"社会弱势群体的存在作为一种客观的社会现象，主要表现为社会上一部分群体社会地位低下、收入水平低，等等。这些表面现象背后的深层原因是权利分布的失衡。社会弱势群体之所以处在弱势地位，最深层的原因在于社会弱势群体与强势群体在表达和追求自己利益的能力上存在巨大的差异。在这种巨大的差异下，强势群体掌握和控制着公共政策的制定和执行过程，掌握着公共舆论和话语的形成能力，从而从根本上控制着社会利益的分配格局，形成了社会弱势群体对强势群体的依附。显然这种权利制度安排是不正义的，正义的制度必须建立在均衡的权利的基础上，通过合理的权利义务分配，引领一个公平、正义社会的实现。"② 对社会弱势群体的权利给予倾斜性的保护是在合理的权利义务分配中必须坚持的一个重要原则，因为唯有这样才能提高社会弱势群体追逐利益的能力。每个人都有受到关注和尊重的平等权利是社会公正的基本诉求。这种基本诉求意味着每个人都有权要求社会把自己与别人视为平等的来对待，即一视同仁。依据弱势群体的特殊地位和处境，通过权利倾斜性保护给予弱势群体以应有的关注和尊重，这是为了矫正因权利失衡而导致的社会不公现象，以实现社会公平正义。

公益伦理的核心是无条件利他（这里的"他"主要指弱势群体）主义价值观。利他主义（altruism）是与利己主义相对立的道德原则和学说。据《中国大百科辞典》，"利他主义"一词源于拉丁文"alter"，意为"他人

---

① 《马克思恩格斯全集》第 1 卷，人民出版社 1956 年版，第 15 页。
② 齐延平：《社会弱势群体的权利保护》，山东人民出版社 2006 年版，第 70 页。

的"。在西方伦理思想发展过程中，利他主义曾有过两种典型的表现形式，即仁爱的利他主义和利己的利他主义。中世纪基督教所提出的"爱人如己"的道德训条，以及所宣扬的不仅要爱亲友而且要爱敌人，泛爱一切人的道德说教，是仁爱的利他主义的最初表现。基督教所提倡的利他精神不是从现实生活，而是从神爱一切人的虚幻中引申出来的，它企图用来世的天堂幸福作为利他人的报偿。这种仁爱的宗教的利他主义受到近代资产阶级思想家霍布斯、孟德威尔等人的批判。他们从利己主义的观点出发，指出宗教的利他主义不过是盼望个人得救的伪装的利己主义。近代西方一些学者把利他主义作为一条主要的道德原则加以探讨。19 世纪法国思想家孔德首创"利他主义"这一名词，认为人有两种本能，即个人本能和社会本能，前者表现为利己心，后者表现为利他心，只有发展利他主义这种社会情感对抗利己主义情感，才能发展出普遍幸福的社会。① 英国思想家昆布兰、沙甫慈伯利、赫起逊等提出了资产阶级的仁爱的利他主义，而休谟、边沁、穆勒等人提出了利己的利他主义。仁爱的利他主义认为，利他的仁爱心或仁慈情感是人的本性，仁爱心作为道德的基础和标准，要求人无私地去利他和促进人类的共同福利。仁爱心来自神，是神铭刻在人心上的天赋情感。仁爱的利他主义带有明显的基督教道德的痕迹，反映出英国资产阶级在伦理道德方面向封建势力的妥协，它后来发展成为一种仁慈主义；在实践上，它表现为对穷人施行小恩小惠的慈善事业，以掩盖社会贫困的真实根源。利己的利他主义认为，人的本性是利己的，同时又有同情心、与人类成为一体的社会情感及利他人的社会本能。任何人都以追求私利作为行为的出发点。由于利他的本能，又最终使人以利他和社会的共同福利作为行为的目标，其行为的结果则使个人利益得以实现。在西方，除了许多哲学家、伦理学家外，还有许多社会学家、社会生物学家对利他主义也作出了这样或那样的解释。例如，社会学家特里弗斯（Trivers R. L.）将利他行为定义为一种"对履行这种行为的有机体明显不利，而对另一个与自己没什么关联的有机体却有利的行为"②。生物学

---

① 参见朱贻庭：《伦理学大辞典》，上海辞书出版社 2002 年版，第 656 页。

② Trivers R. L. , *The Evolution of Reciprocal Altrter*, Review of Biology, 1971, 46, pp. 35 - 37.

家威尔逊（Wilson E. O.）把利他主义界定为"对他人有利而自损的行为"①，并将利他主义分为无条件利他主义（纯粹利他主义）和有条件利他主义（互惠利他主义）。他说："为了理解这种奇特的选择性，从而解开人类利他行为之谜，我们必须区分这类行为的两种基本形式。有一类利他冲动可以是非理性的，纯粹是为别人的。这种利他行为者不企求相等的回报，连任何期待回报的无意识举动都不曾有过，我把这种行为方式称作'无条件'利他主义。这类行为相对而言并不是希望社会的报答，也不是因为怕惩罚，这类利他行为可能是整个竞争着的家族或部落通过亲族选择或自然选择而进化发展出来的，可以推测，'无条件'利他主义旨在为近亲效力，其强度和频率随着亲属关系的疏远而急剧下降。另一种相对的'有条件'利他主义，根本上说来则是自私的。这种'利他主义者'期待社会能报答他自己或他的近亲，他的优良行为是经过老谋深算的，常常是有意识的，并受到纠缠在一起的社会法令和要求的制约，这种'有条件'能力可能是通过个体水平的选择进化而来的，并深受变幻莫测的文化进化的影响，它的心理媒介是谎言、矫饰、自欺欺人，因为只要演员自信演出是真实的，他往往最能让人深信不疑。"② 这就是说，无条件利他服务的对象主要是最近亲属，在疏远的社会关系中比较少，在这种条件下，利他者不求任何回报，不受社会奖励和惩罚的影响，表现出无私的忘我；而有条件利他主义的实质则是自私的"利他者"，指在社会中，个体与远亲和不相干的个体交往，通过社会契约达到互惠互利。这种利他行为完全是有意识的。③ 还有一位学者巴特尔（Bar-tal D.）认为，以利他动机为基础的利他主义行为具有以下特点：①必须对他人有利；②必须是自愿的；③行为必须是有意识且有明确目的；④所获得利益必须是行为本身；⑤不期望有任何精神和物质的奖赏。最后一点是利他行为确实不需要任何外部奖赏，但也不可排除来自于利他行为者内部的

---

① Wilson E. O., *The War Between the Words*: *Biological Versus Social Evolution and Some Related Issues*: *Section2. Genetic Basic of Behavior—Especially of Altruism*, American Psychologist, 1975, 46, pp. 458-468.

② ［美］E. O. 威尔逊：《论人的天性》，林和生等译，贵州人民出版社1986年版，第57页。

③ 参见彭茹静：《利他主义行为的理论发展研究》，《江西社会科学》2003年第7期。

自我奖赏（叫作做好事的感觉）。客观地说，这种内在的自我奖赏有可能是以潜意识的形式存在于利他行为者的意识中，只不过在行为时不一定能意识到。行为完成以后，这种自我奖赏的感觉就会被意识到。① 我们这里所说的利他主义，从一般性的特征上来说，类似于威尔逊所说的无条件利他主义，也具有巴特尔所认为的利他主义的一般特点，当然，它不是像威尔逊所说的那样是整个竞争着的家族或部落通过亲族选择或自然选择而进化发展出来的，也不是旨在为近亲效力，而是指在后天的社会生活实践中形成的，并在救助弱势群体的公益伦理活动所体现出来的那种"不见有己"、"不忘有己"的利他精神。我国清代著名的思想家颜元曾说："有为一人之人，有为十人之人，有为百人之人，有为千人之人，有为万人之人；有为一室之人，有为一家之人，有为一乡之人，有为一国之人，有为天下之人；有为一时之人，有为百年之人，有为千年之人，有为万年之人，有为同天地不朽之人。然则为之者愿为何许人也哉？"② "父母生成我此身，愿与圣人之体同；天地赋与我此心，愿与圣人之性同，若以小人自甘，便辜负天地之心、父母之心矣。常以大人自命，自然有志，自然心活，自然精神起。"③ 也就是说，我们应当正确处理人与己的关系，做到"千万人中不见有己，千万人中不忘有己"。从公益伦理的意义上说，所谓"不见有己"，就是要忘乎自我，斡旋乾坤，利济苍生；所谓"不忘有己"，就是要认识到自己的责任，积极地承担对广大弱势群体的道义救助义务。作为公益伦理核心的无条件利他主义价值观，就其精髓而言，就在于公益伦理主体要充分认识博爱、给予、利他、济世的社会价值，充分领悟自己对他人、社会特别是弱势群体肩负着不可推卸的责任。公益伦理倡导仁爱之心，怜贫恤弱，关爱困难人群的生存处境，增强他们对生活的信心和期望。公益伦理中所蕴涵的慈爱之心，有助于克服日益严重的社会疏离和隔膜，促进人与人之间的彼此亲近、融洽和友善，使人们都能感受到社会的温馨，从而增进社会凝聚力和向心力，促进整个社会

---

① See Liebrand, WBG, *The Ubiquity of Social Valuea In Social Dilemmas*, See Wilke Etal, 1986, pp. 113 - 114.

② 《习斋记余》卷六。

③ 《存学篇》卷一。

的稳定与和谐。

　　公益伦理要求人们在公益救助活动中具有一种无私利他（这里的"他"主要指弱势群体）的道德情怀。这可以说是公益伦理最为根本的特点。公益伦理之所以要求人们在公益救助活动中具有一种无私利他的道德情怀，其根据存在于道德义务及公益救助活动的本质之中。首先，公益伦理在一定的意义上指公益行为主体所应履行的道德义务。道德义务与经济义务、政治义务、法律义务的不同之处，就在于它是无偿性的或非权利动机性的。康德曾指出，一切行为只有出于义务才有道德价值，否则，就没有道德价值。例如，如果出于道德义务感而"诚实"就是道德的，如果出于追求名利欲望之类而"诚实"，或者由于"天性诚实"而"诚实"，那就没有道德价值了。再如，没有理性的支配，不是出于义务，只是出于个人偏好、好心而"同情"别人，那也没有道德价值。康德强调，道德行为不能出于偏好，只能出于义务。对于牺牲行为，并且是为了履行职责而牺牲的行为，应当予以赞扬。但这种赞扬，是以牺牲乃是出于义务感而非心血来潮为前提的。康德在这里深刻揭示了道德义务的无偿性或非权利动机性本质。有人提出道德义务也是和道德权利相对应的，没有道德权利就没有道德义务。显然这是一种误解。这种观点在实践生活中就可以变成："你不给我权利，或者别人不讲道德，我也可以不讲道德。"这种思想和言行恰恰违背了道德是人类自我完善的特殊价值的本性。事实上，一种行为之所以称得上是道德的，就在于它是以或多或少地牺牲个人利益为前提，其动机是不以获得某种报偿和权利为出发点的。当然，从结果上看，道德主体在履行一定道德义务之后，同时也可以享受到相应的权利，如尊重他人也能够得到他人的尊重，行善就能得福等。反之，如欲获得他人的尊重或获得幸福的权利，也同样要履行尊重他人和行善的义务。但仔细分析则可以看出，前一种情况是一个公正理想的社会对一个有德行的人的正当报偿，是道德主体德行之外的东西；后一种情况则是起码的道德条件，它本身就是一种道德命令。这两种情况从总体上看，都不是以获得权利为履行道德义务的原因的。如果硬要把道德义务同道德权利拉扯到一起，那么，这种"道德权利"只能合理地理解为一种履行道德义务的要求或能力。① 我国古代

————————

① 参见唐凯麟：《伦理学》，高等教育出版社 2001 年版，第 170—171 页。

的思想家老子曾说："圣人不积，既以为人，己愈有；既以与人，己愈多。天之道，利而不害；圣人之道，为而不争。"① 强调人们不要千方百计地为自己积累财富，而是要在别人遇到困难、需要帮助时，尽量地为他们着想，尽量地给予他们、帮助他们；要多做"利人"之事，而不要做争名逐利之事。这可说是对道德义务无偿性或非权利动机性本质的生动表述和深刻揭示。其次，公益事业是一种非营利性的事业，公益救助活动是一种非营利性的活动，因此，公益行为主体履行公益道德义务的行为应当是纯粹利他的。目前在公益救助活动中存在着不少因未受到受助者报答而停止救助的现象。如据《楚天都市报》2007 年 8 月 22 日报道：2006 年年 8 月，襄樊市总工会与该市女企业家协会联合开展"金秋助学"活动。19 位女企业家与 22 名贫困大学生结成帮扶对子，承诺 4 年内每人每年资助 1000 元至 3000 元不等。入学前，该市总工会给每名受助大学生及其家长发了一封信，希望他们抽空给资助者写封信，汇报一下学习生活情况。但一年多来，部分受助大学生的表现令人失望，其中 2/3 的人未给资助者写信，有一名男生倒是给资助者写过一封短信，但信中只是一个劲地强调其家庭如何困难，希望资助者再次慷慨解囊，通篇连个"谢谢"都没说，让资助者心里很不是滋味。2007 年夏，该市总工会再次组织女企业家们捐赠时，部分女企业家表示"不愿再资助无情贫困生"，结果 22 名贫困大学生中只有 17 人再度获得资助，共获善款 4.5 万元。又如，据《潇湘晨报》2007 年 8 月 30 日报道：2006 年 8 月 16 日，长沙温州商会部分老板和 22 名湖南的贫困大学生面对面、一对一进行了交谈，然后他们一一选定了自己的捐助对象，承诺负担受助大学生四年的全部学费，有的老板还承诺负责受助者其他费用。一年过去了，22 名受助的贫困大学生中，有 4 名在一年时间内音信全无，没有向捐助者打过一个电话，写过一封书信。长沙温州商会正想停止捐助这 4 名"沉默"的大学生时，8 月初，其中两个大学生突然给自己的捐助者打来电话，一个还特地登门拜访了自己的捐助者，受到了原谅。但是，另外两个受助大学生仍然没有任何消息，两人的捐助者决定停止对这两个大学生的捐助。上述停捐行为虽然在某种意义上有其合理性，也值得理解，但从公益伦理学的视角来说，这

① 《老子》第八十一章。

种做法与公益伦理精神是格格不入的。这不仅因为道德义务的履行应当是无偿或非权利动机的，而且因为接受社会救助是弱势群体所应享有的道德权利，而道德"权利并不是由爱心和同情心激发的纯粹的赠品和恩赏，因为如果是恩赏，对它的适当反应则只能是感恩戴德。权利是人们能够用来维护自己的东西，当人们所应有的权利得不到时，所做出的适当的反应是义愤；当权利及时被赋予时，也无需因此而感恩，因为它只不过是人们自己的东西，或他所应得到的东西"①。由于自然灾害或人为灾害，以及某些群体受到自身能力的限制，一个社会存在着一部分弱势群体是不可避免的，他们被剥夺了获得自由发展的权利和条件。公益活动的目的就在于通过无偿救助，创造增强弱势群体生存与发展能力的条件，维护弱势群体基于人而应该享有的权利。公益救助并不是私人之间狭隘的恩赐与感恩，而是社会成员之间的一种社会化的自愿互助行为，"不图回报"是现代公益的一条基本道德规范。事实上，"不图回报"这一规范也在众多公益行为主体的实际行动中得到了充分的体现。如香港著名实业家李嘉诚多年来将数亿元资产捐给了香港和内地的公益事业。可是，在他捐建的学校、医院、图书馆、福利院等公益设施中，没有一所是以他的名字命名的；他在一些机构和慈善组织设立的专项基金中，也没有出现过他的名字；等等。② 又如，据笔者调查，2007 年 6 月 29 日，在湖南省岳阳市慈善总会办公室，有一位老人掏出带着体温的5000 元现金送到工作人员手中，委托他们资助高考上榜的贫困学生。随后，他没有留下姓名、住址，搭乘公交车离开了湖南省岳阳市慈善总会。据湖南省岳阳市慈善总会工作人员介绍，这位老人在各种慈善活动中频频现身，但是从来没有留下过姓名、住址。他常常慷慨解囊，但是生活中却非常节俭。每次工作人员送他上的士，他都拒绝道："打的要花钱，我有老年卡坐公交车不花钱。"

公益伦理以对弱势群体进行道义救助和伦理关怀为宗旨，因而所突出的

① 〔美〕范伯格：《自由、权利和社会正义——现代社会哲学》，王守昌等译，贵州人民出版社 1998 年版，第 83 页。

② 参见郑功成、张奇林、许飞琼：《中华慈善事业》，广东经济出版社 1999 年版，第 123 页。

主要是人道主义道德精神。人道主义（humanism）又称作人文主义，泛指一切强调人的地位，肯定人的价值，维护人的尊严和权利，关于人的本质使命、地位价值和个性发展等的思潮和理论。它产生于14—16世纪的欧洲文艺复兴时期，当时的先进思想家们，为了摆脱经院哲学和教会神学思想的束缚，打出了人道主文的旗帜，要求用普遍抽象的人性替代中世纪的神性。人道主义提倡关怀人、尊重人，提倡以人为中心的世界观，打破神权垄断，反对禁欲主义，宣扬个性自由，形成了一股蓬勃的思想文化潮流。18世纪法国大革命时期，启蒙思想家们进一步提出了"天赋人权"的口号，把人道主义具体化为"自由、平等、博爱"的原则，要求充分实现、发展人的天性，人被看做是平等、自主的个人，人有权利得到社会平等的关心和尊重。19世纪德国哲学家费尔巴哈曾主张以人为一切社会活动的出发点，以此来反对宗教迷信，尽可能地增大人类公共福利，在经济和社会领域尽可能发挥其作用。人道主义张扬人性的高贵和人类价值与目的的重要性，强调使人有尊严、幸福地生活是一种人权的要求。"受制于盲目的利己主义的世界，就像一条漆黑的峡谷，光明仅仅停留在山峰之上。所有的生命都必然生存于黑暗之中，只有一种生命能够摆脱黑暗，看到光明。这种生命是最高的生命，人。"[1] 人道主义就是"对个人的生存和幸福的关注"，就是为"同情及帮助周围所有生命而努力"。[2] 17、18世纪的政治道德哲学把人道主义当做检验统治阶级和政府的政治合法性的武器，并以此来挑战国家的社会公益福利制度和政府的社会政策。而统治阶级也把改善劳动阶级的生活状况，对穷人实施某些有限的救助，当做自己社会政策的主要目标来推行。这样，以人道主义的道德动机为出发点，以维护人的平等和尊严为目的的人权理论（关于人的自然权利的理论），就成为19世纪以前社会公益福利理论与实践的主要道德意识形态依据。在这种人权观念的支配下，对遭遇不幸的人们实施人道主义救济，提倡举办各种公益慈善事业来帮助那些陷入困境的穷人，就

---

① ［法］阿尔贝特·史怀泽：《敬畏生命》，陈泽环译，上海社会科学院出版社1995年版，第20页。

② ［法］阿尔贝特·史怀泽：《敬畏生命》，陈泽环译，上海社会科学院出版社1995年版，第29、36页。

成为西方各国公益政策与社会福利制度的主要选择。在 19 世纪中叶，马克思主义的创始人马克思、恩格斯以马克思主义科学世界观和历史观为基础，一方面清算了从抽象人性论出发的唯心史观及其对自己的影响，肯定了社会生产方式对人的本质和人类社会生活发展过程的决定作用，批判了用抽象的"人类之爱"来否认阶级斗争是历史发展的直接动力的资产阶级人道主义的伦理观；另一方面，又在伦理道德限度内，批判地继承和改造了资产阶级思想家所提出的某些合理的人道要求，提出了社会主义人道主义，指出：人应该认为人就是最高存在的一种学说，也就是说，这种主义是推翻一切使人成为丧失尊严，遭受奴役，受轻视和被抛弃的生物的外界条件的绝对命令。社会主义人道主义作为一种伦理原则，要求社会对个人以及人们相互之间关心和同情，尊重个人对社会做出的贡献，尊重人格，维护社会成员的基本权利，并促进全体社会主义劳动者的全面发展。在公益伦理活动中，人道主义作为一种道德精神，凝聚着这样两条具有不被任何个人身份与角色所遮蔽的普遍适用的"绝对命令"：①每个人必须尊重弱势群体的道德权利，不应对弱势群体的命运漠不关心。按照这条命令，公益行为主体应把其道德义务建立在对弱势群体基于人所应享有的基本权利的维护、尊重和保障之上，自觉而无偿性地对弱势群体进行救助，帮助弱势群体过上合乎人类尊严的生活。弱势群体的生存处境十分脆弱，也十分艰难，如果没有外来的帮助，他们不仅会失去享受生活的权利，失去人应有的生活，失去做人的体面和尊严，甚至还会失去继续生存的机会。所以当代有学者疾呼"贫困即侵犯人权"！①公益救助正是对"穷民"痛楚和呻吟的积极回应，对弱势人群的关切和眷顾，对其苦难的同情和感同身受；这里没有冷漠和旁观，更没有逃避和推脱，相反，充溢的是爱人如己的热情和投入，是见义勇为地伸出援手，慈善的阳光，不仅穿越了沉重的生活愁云，还透射出温暖人生、赞美人性的绚丽色彩。在现实功能上，恻隐之心所带来的救助行动，有助于阻止身处困境的人生存状态的继续恶化，帮助他们摆脱困境，走出人道灾难，过上人应有的生活，进而分享人的光荣与体面。如果说贫困损害人权，那么对弱势群体的

---

①　详见《新华文摘》2005 年第 18 期，第 132 页。另，1993 年维也纳国际人权会议也认为："贫困与违背人权之间存在必然联系。"

无偿救助，也就是在维护人权。① 从现代人权的角度看，个体人所拥有的基本权利是非常广泛的。依据《经济、社会及文化权利国际公约》的规定：人人应有机会凭其自由选择和接受的工作来谋生的权利；人人有权享受公正和良好的工作条件；人人有权享受社会保障，包括社会保险；人人有权为他自己的家庭获得相当的生活水准；人人有权享有免于饥饿的基本权利；人人有权享有能够达到的最高的体质和心理健康的标准；人人享有教育的权利；人人有权参加文化生活；等等。《公民权利和政治权利国际公约》也规定：人人有固有的生命权；人人有权享有人身自由和安全；人人有权享受思想、良心和宗教自由；儿童享有必要的保护权；每个公民享有参与公共事务的权利；等等。当然，对于发展中国家来说，社会成员基本权利在全社会范围内的全面确立还需经历一个过程，不宜笼统地完全以现代社会的标准来衡量。"但无论如何，生存权、就业权、受教育权以及社会保障权是发展中国家的每个社会成员所必须拥有的，而且这几项基本权利的重要意义要明显超过发达国家相应权利的意义。只有具备了这几项基本的权利，人的基本尊严方能得到维护。"② 弱势群体之所以为弱势群体，从根本上说，就在于他们基于人应该享有的基本权利没有得到保证，没有过上一种与人的尊严相符合的生活，这构成了给弱势群体以伦理关怀，对弱势群体进行救助的基本理据。尽管在保障弱势群体的基本权利方面，只有国家才能真正提供一种严密的保障系统，但不可否认的是，公益事业也起着一种对国家制度性安排的补充作用。这样，对弱势群体进行无偿性救助，通过这种救助使他们的基本权利得到保障，成为公益伦理主体最基本和最主要的道德义务。（关于这一点，将在第二章详细论述。）②把弱势群体当做目的，而不是当做供这个意志或那个意志任意利用的工具。康德曾说："人，一般说来，每个有理性的东西，都自在地作为目的而存在着，他不单纯是这个或那个意志所随意使用的工具。在他的一切行为中，不论对自己还是对其他有理性的东西，任何时候都必须被当做目的。"③ "你的行动，要把你自己人身中的人性，和其他人身中

---

① 参见胡发贵：《论慈善的道德精神》，《学海》2006 年第 3 期。

② 吴忠民：《社会公正论》，山东人民出版社 2004 年版，第 44 页。

③ ［德］康德：《道德形而上学原理》，苗力田译，上海人民出版社 2005 年版，第 47 页。

的人性，在任何时候都同样看做是目的，永远不能只看做是手段。"① 这就是说，"任何人都不应被视为或用为达到别人目的的手段，每个人本身就是独特的目的，——至少在道德上说来是如此。"② 从公益伦理的角度看，康德的这条绝对命令是很有道理也应该遵循的。公益活动作为一种无偿救助弱势群体的活动是单向度的，即它只讲奉献，不讲回报。在这里，没有任何"付出—得到"的功利计较，我们所以关怀和救助弱势群体，就在于他们和我们一样是人，他们需要救助，我们应当救助他们，此外别无他求。这就是说，对弱势群体的救助是一种发自内心的冲动，是一种自觉自愿的行动，这里没有任何外在的命令和胁迫，也没有任何功利性的考虑。在公益救助活动中，人就是目的，而且是唯一的目的，这极大地彰显了公益救助的人道意义和价值。

由于公益行为主体的多样性和公益活动范围的宽泛性，公益伦理的内容也必然是丰富多样和多维度的。它既包括一般意义上的任何公益活动都应遵循的道德准则和道德要求，也包括具体的公益活动中的具体道德准则和道德要求；既涉及公益行为主体的道德权利和道德义务，也涉及公益行为客体的道德权利和道德义务。

公益伦理是社会道德体系的重要组成部分。社会道德作为体系，是由构成这个社会的各个生活领域的伦理道德有机组成的。公益活动领域是社会生活领域极其重要的方面。与此相适应，调节公益活动中利益关系的公益伦理是整个社会道德体系的有机构成部分。而且在一定意义上可以说，公益伦理体系是否健全、完善是衡量一个社会道德体系是否健全、完善的重要尺度和指标。

（三）公益中的道德关系

公益伦理，从一定的意义上说，是对公益中的道德关系的概括和总结。所谓公益中的道德关系，是指在公益活动中所体现出来的，可以通过一定的

---

① ［德］康德：《道德形而上学原理》，苗力田译，上海人民出版社 2005 年版，第 48 页。

② ［美］J. P. 蒂洛：《伦理学：理论与实践》，孟庆时等译，北京大学出版社 1985 年版，第 72 页。

道德原则、规范和观念加以调节的一种特殊的利益关系。公益中的道德关系是多元的，并随着公益事业的发展而呈现出错综复杂的趋势，但从一般意义而言，主要有以下三个方面。

1. 施助者与公益组织的道德关系

施助者与公益组织的道德关系的确立首先在于施助者对有关济世救困基本道德价值的认同，在于施助者有着一颗善良的公益心。施助者对社会的责任心和服务社会的意识，通过公益组织得到了实现，满足了他们的人生价值追求和社会理想追求。同样，公益组织的建立和工作原则是基于某种平等、公平、人道和正义价值的考虑，通过自己的努力工作来实现施助者的济世理念。所以，在这种道德关系中，必须确立施助者和公益组织的相互信任机制，要求双方本着坦诚和认真的态度来实施某一具体的公益行为。就二者的实际关系看，公益组织应该完善内部管理制度，树立良好的社会公益形象，吸引更多的人参与到公益之中来。另外，公益组织应该加大管理和监督力度，既为有善良愿望的施助者完成心愿提供有效和畅通的渠道，也避免那些盗用公益名义而谋求私利的行为出现。

2. 受助者与公益组织的道德关系

受助者与公益组织良好关系的建立对于实现施助人的善良愿望有着直接的影响。在这种关系中，必须明确两者的不同责任，并提出对两者的相应道德规范。对于受助者来说，他应该提供自己所处境遇的真实信息，并确保所受援助用于自己的生存和发展而不是那些与公益道德、社会道德相违背的行为上，在可能的情况下应该发扬这种公益精神，自立、自强造福社会和他人。公益组织应该本着对施助者负责的精神，尽力做到其所捐赠的钱物用于真正需要的社会弱者，并在可能的条件下对受助者进行监督和跟踪调查。这对于维护公益道德的严肃性和公正性是非常必要的。

3. 施助者与受助者的道德关系

在公益行为中，施助者和受助者有时候能建立直接的关系，有时候不会产生直接的关系。也许施助者和受益者可能终生不会相见或者来往。但是，从道德的角度看，他们之间的道德关系还是确定的。这种道德关系的建立来自道德价值的普遍性和道德规范适用范围的可拓展性。公益伦理之道德价值的实现虽然不能缺少社会公益组织的中介作用和公益组织本身的发扬，但是，它的最终实现还是取决于施助者和受助者的道德关系的样态。首先，施助者所提供的捐赠能够满足受助者的生存和发展的需要，否则这种道德关系也就不会建立，当然，建立这种合理的关系缺少社会公益组织的调查和研究也是不可能的。其次，受助者应该把所捐赠用于自身的生存和发展，才能最后实现施助者的愿望和要求，也才能最终实现公益道德的要求。在两者的关系中，应本着平等和互信的原则进行协商和对话，任何一方都不能抱有道德上的优越感。

第二章 公益伦理主张的权利与义务

公益伦理主张的权利与义务是研究当代中国公益伦理必须予以厘清的重要问题。所谓公益伦理主张的权利与义务，实质上就是指公益活动中所涉及的道德权利和道德义务。正如第一章所言，公益活动中的道德关系是相当复杂的，但不管怎样，公益行为主体（包括公益组织和施助者）和公益行为客体（受助者即弱势群体）之间的道德关系是其中最为基本的道德关系，因此，广义而言，公益伦理主张的权利既包括公益行为主体的道德权利，也包括公益行为客体的道德权利；公益伦理主张的义务既包括公益行为主体的道德义务，也包括公益行为客体的道德义务。但是，由于公益伦理活动是一项旨在强调对弱势群体进行道义救助和伦理关怀的活动，因而，本书中"公益伦理主张的权利"所强调的主要是公益行为客体（弱势群体）的道德权利，"公益伦理主张的义务"主要是公益行为主体的道德义务。从其关联性来说，两者具有内在的一致性，换言之，维护和保证弱势群体的道德权利是公益行为主体最基本、最主要的道德义务。

一、道德权利与道德义务及其关联性

（一）权利与道德权利

权利是一个难以确切定义的概念。康德曾指出，倘若问一位法学家"什么是权利"，这就像问一位逻辑学家一个众所周知的问题"什么是真理"，同样使他感到为难。康德认为这位被问的法学家给我们的答案很可能就是某个国家在某个时期的法律所认为正确的东西，而不正面回答"那个普遍性的问题"①。529 年，东罗马帝国皇帝查士丁尼法所编纂的《查士丁

---

① ［德］康德：《法的形而上学原理》，沈叔平译，商务印书馆 1991 年版，第 39 页。

尼法典》中有一个今天可译为"法"或"权利"的拉丁词"us"。据研究，该词在罗马法中有十来种含义，美国法学家庞德认为其中有四种含义最近似于今天的权利概念，一是受到法律支持的习惯或道德权威，例如家长的权威；二是一种受到法律支持的习惯或道德权力，例如所有人出卖其所有物达到权力；三是一种受到法律承认的正当自由，例如一个人在他自己的土地上建房的自由，纵然这所房子在他邻居看来粗陋不堪而不合其审美感；四是法律秩序中的地位，例如 jus Latii，一个不是公民但具有有限公民身份的人的法律地位。① 在近代，格劳秀斯强调权利的道德意义，把权利视为"道德品质"，认为权利有"公正"、在直接和人相关的意义上的道德品质和与法律的"最广意义"相同的、强令我们去做正当行为的"道德行为规则"这三种含义。霍布斯和斯宾诺莎视自由为权利的本质，洛克称权利意指享有一物的自由。康德和黑格尔则注重以"意志自由"来解释权利。康德认为权利是意志的自由行使。黑格尔强调，权利的基础是精神的东西，其确定的地位和出发点是意志，意志是自由的，所以自由便构成权利的实体和规定性。德国法学家耶林突出的是权利的利益本质，认为权利是受到法律保护的一种利益，并不是任何利益都是权利，只有为法律所承认和保障的利益才是权利，而且这并不以对利益的道德价值判断为根据。在现代，一些法学家对权利的含义做了更为细致具体的描述，试图多角度、多侧面地来规定权利的属性，例如，《布莱克法律词典》就是从五个方面来解释权利的：①权利作为一个抽象意义上的名词，是指"正义或伦理上的正当"；②权利作为一个具体意义上的名词，是指"一个人固有的、对他人发生影响的权力、特权、制度和要求"；③权利可以被解释成"一个人所拥有的在国家的同意或协助下控制他人的能力"；④权利可以指"由宪法或其他法律保障的权力、特权或豁免"；⑤权利在狭义上可以指"作为财产客体的利益或资格以及任意拥有、使用或享用它或让渡、否弃它的正当的、合法的要求"。② 庞德列举的权利的含义比这更多，达到六项：①权利指的是利益，在这里，就像在关于自然

① 参见［美］庞德：《通过法律的社会控制法律的任务》，沈宗灵等译，商务印书馆1984年版，第45页。

② 夏勇：《人权概念起源》，中国政法大学出版社1992年版，第57页。

权利的许多讨论中所使用的，权利可以被解释成某一特定作者所认为的"基于伦理的理由应当加以承认或保障的东西"，也可以被解释成"被承认的、被划定界限的和被保障的利益"；②权利指"法律上得到承认和被划定界限的利益"，加之用来保障它的法律工具，这亦可称作"广义的法律权利"；③权利指"一种通过政治组织社会的强力，来强制另一个人或所有其他人去从事某一行为或不从事某一行为的能力"；④权利指"一种设立、改变或剥夺各种狭义法律权利从而设立或改变各种义务的强力"，这亦可称作"法律"；⑤权利指"某些可以说是法律上不过问的情况，也就是某些对自然能力在法律上不加限制的情况"；⑥权利指"在纯伦理意义什么是正义的"。① 由此可见，学术界关于权利的解释是林林总总，不一而足的，呈现出一种纷繁复杂、让人难以适从的局面。我国的一些法学家曾把中外有关权利释义归纳为八种，即资格论、主张论（要求论）、自由论、利益论、法力论、可能论、规范论和选择论。

尽管对权利下一个确切的定义是一件极不容易的事情，但有一点则是非常明确的，即"权利是一个涉及广泛领域的复杂概念，它并不只是以法律权利的形式存在，它所立足的基本的和最重要的领域是法律和道德，换言之，法律权利和道德权利是两种基本的和重要的权利形式，无论我们对法律和道德的关系持何种态度，法律规范与道德规范在内容和约束力等方面的差别足以使我们把由它们支持的法律权利和道德权利看成是有别的权利形式"。"法律权利和道德权利常常可以作一种'实有权利'和'应有权利'的区别，任何诸如'政治权利'、'经济权利'、'文化权利'，乃至'人权'，只要当它们被某种特定的法律所承认和保护时，才构成实有的法律权利，而并不以道德的基础为条件，若无法律的承认和保护，就只是以道德上应有的道德权利形式存在。"② 这就是说，法律权利和道德权利是权利最为基本和重要的两种形式。关于法律权利，出于研究的需要我们在这里不予以考察。我们这里着重要探讨的是道德权利的内涵。

---

① ［美］庞德：《通过法律的社会控制法律的任务》，沈宗灵等译，商务印书馆 1984 年版，第 46—48 页。

② 余涌：《道德权利研究》，中央编译出版社 2001 年版，第 11—12 页。

　　在道德权利的内涵上，学术界一直存有很大的争议，不同的学者站在不同的立场做出了这样或那样的解释。美国法学家庞德认为，"一个人可以有以经验、以文明社会的假设或以共同体的道德感为基础的各种合理期望"，当这其中的某些合理期望可能为法律所认可和支持时，一项自然权利或道德权利同时也就成为一项法律权利，而当一种期望仅仅来自法律，就只能说有一项法律权利。另外，庞德还从一项主张（或者说要求）赖以支持的根据的不同来表述不同的权利形式。在他看来，当一项主张为法律所支持，不论它是否得到任何其他东西的支持，都可被称为一项"法律权利"；当感到一项主张"应当"由法律给予承认和维护时，他可被称为一项"自然权利"；而当一项主张"可能为共同体的一般道德感所承认并为道德舆论所支持，这时我们称它为一项道德权利"。① 麦克洛斯基把道德权利视为权利主体做某些事情的"道德权威"，"有资格"不受干涉或获得帮助，等等。② 国内也有不少学者对道德权利做出过自己的解释。例如："所谓道德权利，系指人们在道德生活——社会生活的最为广泛的方面——中应当享有的社会权利；具体地说，就是由一定的道德体系所赋予人们的、并通过道德手段（主要是道德评价和社会舆论的力量）加以保障的实行某些道德行为的权利。"③ "道德权利就是道德主体的人在履行道德义务、责任或使命等活动中所应享有的权利"（这一定义被认为包含相互联系的两个方面的内容：其一，道德权利与一定的道德义务相连，是作为道德主体的人在履行义务时所享有的尊严、荣誉和权利；其二，道德权利与一定的道德原则和规范相连，是一定道德体系赋予人实行某些道德行为的权利）。④ "道德权利是道德权利者基于一定的道德原则、道德理想而享有的能使其利益得到维护的地位、自由和要求。"⑤ 凡此等等。

　　所有上述关于道德权利的解释，虽然都在一定程度上从某个层面揭示了

---

　　① ［美］庞德：《通过法律的社会控制法律的任务》，沈宗灵等译，商务印书馆1984年版，第42—45页。

　　② 参见余涌：《道德权利研究》，中央编译出版社2001年版，第30页。

　　③ 程立显：《试论道德权利》，《哲学研究》1984年第8期。

　　④ 参见唐能赋：《道德范畴论》，重庆出版社1994年版，第156页。

　　⑤ 余涌：《道德权利研究》，中央编译出版社2001年版，第30页。

道德权利的内涵，但总体而言，至少存在着如下两个不足：第一，具有一定程度的片面性，除了余涌先生的定义外，其他的定义不是把道德权利仅仅理解为一种道德自由选择权，就是把道德权利仅仅理解为一种道德要求权，而没有看到道德权利实质上是两者的有机统一。第二，虽然余涌先生把道德权利定义为道德权利者基于一定的道德原则、道德理想而享有的能使其利益得到维护的地位、自由和要求兼顾了道德自由选择权和道德要求权两个方面，但把道德权利限定为基于一定的道德原则、道德理想而享有这一范围也存在着一定程度的片面性和不确切性。道德权利，简单地说，就是道德意义上的权利。对于道德意义上的权利，可以从两个方面来理解：一是指应该由道德来伸张和保障的权利，二是指由一定的道德原则、道德理想所赋予的权利。如果仅仅把道德意义上的权利理解为由一定的道德原则、道德理想所赋予的权利，则不仅否定了人是道德的逻辑起点，而且忽视了这样一个事实，即在人类道德发展的一定时期内或某些阶段，某些由于人性或人的本质而应当平等地享有并在同等程度上适用于一切人类社会的一切人的、应当由道德来伸张和保障的权利却总是基于利益（在阶级社会里主要是阶级利益）的限制而往往被排除在一定的道德原则、道德理想之外。有鉴于此，我们认为，把道德权利定义为"道德权利主体在社会生活中基于人而应当平等享有的，并应由道德来伸张和保障的地位、自由和要求"则显得更为恰当和深刻。

首先，道德权利是基于人而应当平等享有的，并应当由道德来伸张和保障的，而不是基于一定的道德原则、道德理想而享有的。根据这一界定，道德权利并不是由一定的道德原则、道德理想所赋予的，相反，应当是基于人而应当平等享有的，并应当由道德来伸张和保障的。这样来定义道德权利有着重要的意义，它不仅符合人类道德产生和发展的内在逻辑，而且也有利于道德朝着有利于保障人权的方向发展。

其次，道德权利一般来说包括以下两个层面：一是自由选择权。道德不同于其他社会现象，道德的领域是人自由自觉活动的领域，道德的规律是通过人的各种各样的选择实现的。"所谓道德选择是人们依据一定的标准在多种道德可能性中进行的抉择，是在不同的道德价值之间、在对立的价值准则之间作出的取舍，是经过人的一系列心理意识活动而达到的价值取向，因此，也就是人的自由自觉活动。"① 意志自由是道德选择的重要前提，它表现了人的能动性、主动性，使人们在多种可能性中根据自己的需要、信念、理想进行选择，使人获得了独立的地位和人格，使人不是屈从于外界的压力，按照别人指定的方式去生活，而是按照自己的意愿，通过选择自己的生活方式、行为方式，来造就自己的德性和价值。在道德活动中，意志自由首先表现为主体认识道德必然性的能力。"人对一定问题的判断越是自由，这个判断的内容所具有的必然性就越大；而犹豫不决是以不知为基础的。"②意志自由又表现为主体的选择和决定能力。这也就是说，主体不仅能认识蕴涵在个人与他人、个人与社会整体的利益关系中的道德必然性，而且能够借助于这种认识自主地选择自己的生活方式、行为方式。这种选择和决定不是任性的偶然的判断，而是建立在认识能力基础上的实践能力的表现。它表明意志既可以选择，也可以不选择（不选择也是一种选择），还可以把已经决定选择的东西再予以放弃。这就是说，主体有根据一定的道德原则行为或不行为的自由。这种自由包含着相互有别的两个方面，"一是根据某种道德原则的要求以行为或不行为的方式履行某种义务的自由，一是在不违背一定的道德原则的前提下自主选择行为或不行为的自由"③。实际上，前者准确地说是一种履行道德义务的权利，如"我有行善的自由和权利"、"我有做一个诚实的人的权利"等，严格而论，它与其说是一种权利，毋宁说是一种义务。在这里，道德义务与道德权利是直接同一的。道德主体所享有的这种意义上的道德权利实质上已经超出了一般权利"享受"的范围，而成为一种道德奉献。这种意义上的道德权利可以被合理地理解为一种履行道德义务的自由、要求和能力。二是道德权利主体基于道德的理由而得到某种对待的权利。如在医患关系中病人应享有这样一些道德权利：①基本的医疗权：人类生存的权利是平等的，享有医疗保健的权利也是平等的。患者都享有基本的、合理的诊治、护理的权利，有权得到公正、一视同仁的待遇。与病人基本的医疗权相对应的是医生为病人诊治的基本义务。患者对自己所患疾病的

---

① 罗国杰：《伦理学》，人民出版社 1989 年版，第 353 页。
② 《马克思恩格斯选集》第 3 卷，人民出版社 1995 年版，第 456 页。
③ 余涌：《道德权利研究》，中央编译出版社 2001 年版，第 30—31 页。

有关情况及预后有知悉的权利。病人参与医疗是现代医学模式和医患关系模型所特别强调的，也是病人权利的实质内容之一。医生应该用病人或家属（包括代理人）能够听懂的语言，告诉病人有关诊断、治疗和预后的信息。患者对疾病的认知权与医生的解释说明病情的义务是相对应的。②知情同意权和知情选择权：知情同意是病人自主权的一个最重要而又具体的形式，是医学科研和人体实验、临床医疗领域的基本伦理原则之一。知情同意权不只是为了争取病人的合作、增进医患关系、提高医疗效果，而且还体现在对病人的尊重，并有助于病人自主权的合理行使。拒绝治疗是病人的自主权，但这种拒绝首先必须是病人理智的决定。倘若拒绝治疗会给病人带来生命危险或严重后果，医生可以否定病人的这一要求。如一个患急性化脓性阑尾炎的病人，面临阑尾穿孔的危险，但他因惧怕开刀而拒绝手术治疗；又如某些自杀未遂的病人，拒绝输液、洗胃等抢救措施等。对此医务人员应耐心劝导病人，必要时通过家属或有关部门的批准行使特殊干涉权来履行义务。③保护隐私权：患者对于自己生理的、心理的及其他隐私，有权要求医务人员为其保密。病人的病历及各项检查报告、资料不经本人同意不能随意公开或使用，病人出于诊治疾病的需要使医生知晓自己的隐私，但医生没有权利泄露病人的隐私，这对建立相互尊重、相互信任的医患关系是十分重要的。病人要求保护隐私权与医生的医疗保密的义务相对应。病人有权要求医生为其保守医疗秘密，但当病人的这一权利对他人或社会可能产生危害时，医生的干涉权或他的社会责任可以超越病人的这种权利要求。如病人患有传染病，病人有自杀的念头等情况，尽管病人要求为其保密，医生还是应根据具体情况，通知家属或有关部门。④获得休息和免除社会责任权：有些疾病使病人不能正常工作，需要休息，不能履行其应尽的社会义务，不能继续承担其健康时承担的某些社会责任。因此，这些病人有获得休息和免除社会责任的权利。但病人免除社会责任权是有限度的。① 这两个层面的道德权利是有所不同的，如果说第一个层面的道德权利是"自主"意义上的话，那第二个层面的道德权利则是"主他"意义上的，也就是说，它与他人负有积极配合

---

① 参见《在医患关系中病人的道德权利与道德义务》，www.mededu.cn，2008 年 3 月 4日。

或帮助的义务有关，"它意味着权利所有人能以道德上的理由向负有义务的一方索其应得，而负有义务的一方必须给予积极的配合"①。

（二）义务与道德义务

义务，旧译"本务"，源于拉丁文"debere"，意为"负有"、"应尽"。所谓义务，从一般的意义上说，就是指个体主体对他人或社会做自己应当做的事情，或者说，是个体主体对他人或社会做与自己的职责、任务、使命相适宜的事情。②

在伦理思想史上，义务范畴一直是伦理学家们所关注的话题。在欧洲，古希腊哲学家德谟克利特最早把义务范畴纳入伦理学，认为义务就是按公正、公平原则去做应该做的事情。柏拉图则提出，每一个不同等级的人，应该根据上天所赋予的智慧和德性而做他们应当做的事。这一观点后来为中世纪神学家所利用，用以巩固教会地位和维护封建等级制度。在近代，德国哲学家康德把义务作为伦理学的中心范畴，认为义务就是从先天的"善良意志"出发的"绝对命令"，认为一切行为只有出于义务才有道德价值；凡出于义务的行为，其道德价值不取决于它所要达到的目标，而取决于它所遵循的道德法则；义务就是由尊重规律而产生的行为必然性。一些唯物主义哲学家则反对把义务说成是由上帝意志或理性所规定，而又往往撇开义务的社会性质，而以人的自然本性和自然需要来解释义务。如费尔巴哈认为，人们应尽的各种义务不是别的，是一些行为的规则，这些规则为了保持或获得身体和精神的健康是必要的，且是为着追求幸福而出现的。义务本身就存在着幸福，因为人们的幸福和利益是在义务中得到的，义务的"囚衣"是根据人们自己追求幸福的命令穿在身上的。在费尔巴哈看来，义务是获得幸福的工具和手段，幸福才是人们履行义务的最终目的。同时，义务也能够帮助他人追求幸福，是对他人的尊重，也就是说，义务能使他人和社会获得幸福，并帮助人们消除生活中的不幸。在追求幸福的权利方面，每一个人都是平等的，因此，只有履行义务，才能使自己获得幸福，并帮助他人获得幸福。每

---

① 余涌：《道德权利研究》，中央编译出版社 2001 年版，第 35 页。
② 参见唐凯麟：《伦理学》，高等教育出版社 2001 年版，第 170 页。

一个人都要约束自己的行为，因为这是义务对每一个人的要求。实质上，人们也正是在获得幸福经验的情况下才去履行自己的义务的。这样，费尔巴哈就把属于利他范畴的义务归入到利己主义幸福观的框架之中，他所说的利他实际上还是利己，因为履行义务的最终目的还是获得个人幸福，他人幸福及社会幸福都是依附在个人幸福之上的。在现代，义务论直觉主义把"义务"看做是伦理学中的最主要概念，并把"义务"与"善"分割开来，使义务成为没有具体社会内容的形式的要求。

所有这些关于义务的看法尽管包含着不少合理的、可供我们在探讨义务时借鉴和参考的成分和因素，但从根本上说，并没有科学地揭示义务的形成和本质。马克思、恩格斯指出："作为确定的人，现实的人，你就有规定，就有使命，就有任务，至于你是否意识到这一点，那是无所谓的。这个任务是由于你的需要及其与现存世界的联系而产生的。"① 这就是说，义务，就其本质而言，是一定社会业已成熟的客观需要的体现，就其形成而言，则是社会发展的客观需要同人们的主观认识的统一，是一定社会实践的产物。社会生活"表现为一个多少是稳固的习惯的系统，与共同体的各种需要相适应。这个系统中的一些是有关命令的习惯，绝大多数是有关服从的习惯，无论我们服从的是执行社会命令的某个人，还是来自社会本身的命令，我们都能模糊地感到其间散发着一种非人格的强制。所有这些服从的习惯都会对我们的意志产生压迫。我们可以逃避这种压迫，但我们随后又被吸引回来，就像垂直面摆开的钟摆又回到垂直面一样。事物的某种秩序被打乱了，它必须得到恢复。总之，就所有的习惯而言，我们都感到一种义务感。"② "一个人，作为社会的一个成员，不管在自己的一生中怀抱什么样的个人或社会理想，追求什么样的价值目标，有一些基本的行为准则和规范是无论如何必须共同遵循的。否则，社会就可能崩溃。人们可以做许多各式各样相当奇异的事情，追求各式各样相当奇异的目标，但无论如何，有些事情还是绝不可以做到，任谁都不可以做，永远不可以做，而无论是出于看来多么高尚、充满

① 《马克思恩格斯全集》第3卷，人民出版社1960年版，第329页。
② ［法］亨利·柏格森：《道德与宗教的两个来源》，王作虹等译，贵州人民出版社2000年版，第2页。

魅力，或者多么通俗、人多势众的理由，都是如此。"① 一个人生活在一定的社会中，时常会感受到对他人或社会负有某种职责、任务和使命，这种职责、任务和使命一旦为社会用道德准则的形式明确地肯定下来，就成为社会的道德义务。所谓道德义务，就是指基于一定的道德所应承担的使命、职责和任务。

（三）道德权利和道德义务的关联性

一般来说，一个道德共同体的成员资格的规定性是从权利和义务两方面获得的。在一定的道德共同体中，处于某种道德关系中的不同道德主体之间必然存在着权利与义务的彼此对应关系，"我具有一项道德权利意即某个别人在道德上有义务（在客观意义上）在涉及被认为是我具有权利的事物时，根据我的'意向'或要求，以某种方式有为或不为"②。因此，从一般意义上来说，道德权利和道德义务总是相互关联的。这种相互关联性可以从这么几个方面去理解。

第一，道德权利与道德义务具有直接同一性，道德权利实际上是道德义务的道德权利表现形式，或者说道德义务的权利化，"在主体身上，道德权利意识是对与之相应的道德义务的深刻反思，亦即高度责任化了的道德权义务意识"③。

第二，在特定的道德关系和道德情境中，道德权利和道德义务的界限是确定的，分属于不同的道德主体，形成相互对应、彼此一致的关系，假如一方是权利主体，则另一方必然是义务主体；反之亦然。不仅如此，道德权利和道德义务的主体随着道德关系和道德情境的变化可以相互转化，在一定的道德关系和道德情境中属于道德权利主体，在另一种道德关系和道德情境中则可以转化成道德义务主体；反之亦然。

第三，从现象上看，从主体动机的角度讲，道德主体的义务性行为应当是一种纯粹出于义务的行为，具有非权利动机性，不以获取某种权利为出发

---

① 何怀宏：《底线伦理》，辽宁人民出版社 1998 年版，第 6 页。

② Richard B. Brandt, *Ethical Theory*, New Jersey: Prentice-hall, Inc. Englewood Cliffs, 1956, pp. 435 – 436.

③ 叶蓬：《道德权利和道德义务问题新论》，《开放时代》1997 年第 3 期。

点和目的，而以一定的自我牺牲为前提。但是，从本质上看，道德权利和道德义务则是辩证统一的。若在一个道德水平、道德觉悟较高和管理体制较完善的社会中，人们都能尽职尽责地干好本职工作，从而促进社会的飞速发展。反过来，社会发展又推动了个人的全面发展和自由解放。这样，义务也就获得了自己应得的权利和报偿。然而，现实社会并非如此，这是由于社会总体的道德水平和管理体制还没有达到如此理想的程度。在这种情况下，如果只片面地强调道德义务的无偿性，而不建立对它的保障机制，这对道德者势必造成极大的不公，不利于社会的发展。另外，对诸如慈善、仁恩和行善、良心等，原本并不属于某个人的义务，但是又必须依靠有道德责任感的个人去实施，这不但不会从中获益，反而有损于个人利益。对履行这样道德义务的行为，社会应该给予颂扬和公正评价，这是社会、他人对行为者应尽的义务，是对权利所应尽的义务。但是，只有在正确的价值牵引机制的引导下，人们才会如此行为，道德义务和道德权利或报偿才会在某种程度上达到有机统一。事实上，在一个公正合理的社会中，行为者并不需要等量的报偿，社会也无法给予等量的报偿。对于他们来说，只要他们所尽的义务真正实现其应有的价值，得到社会和他人的认可，那么，德性本身就是报偿。①

　　这里值得需要指出的是，道德权利和道德义务虽然是辩证统一的，但在现实生活中又并不一定是绝对对应的。这就是说，履行道德义务不一定被赋予道德权利，获得道德权利也不一定课以道德义务。道德权利和道德义务在社会生活中作为整体的权利和义务而言，二者在实际的个体行为中往往是分离的。同时，道德权利也有着不同于道德义务的作用。准则功利主义的代表人物、美国的伦理学家布兰特在其著作《伦理学理论》中曾指出，道德权利语言的功能主要规定使一个人能做什么、拥有或享受什么，这对此人的福利来说是有重要意义的。拿妇女应享有受平等待遇的权利来说，与妇女的这种权利相对应的有大量的法律和道德义务，它们是企业、男人和政府等都应履行的，诸如，企业雇佣工人应不歧视妇女、男人不应把沉重的家务都加于

---

① 参见韩作珍：《论道德权利与道德义务及其相互关系》，《宝鸡文理学院学报》（社会科学版）2003 年第 4 期。

妻子等，但这种类繁多的义务似乎缺乏一个中心，即所有这些义务都旨在表明，妇女有争取幸福生活的权利。在布兰特看来，与道德义务相比，道德权利更重要的作用在于它具有一种强大的道德力量，甚至比实际利益的增长更具有道德力量。[①]

二、公益伦理主张的权利

（一）何谓公益伦理主张的权利

公益伦理主张的权利即公益伦理视域中的道德权利。广义而言，它包含两个方面的含义：第一，公益行为主体和公益行为客体的自由选择权；第二，公益行为主体和公益行为客体的道德要求权。但由于公益活动是一种旨在强调对弱势群体进行道义救助和伦理关怀的活动，因此，狭义而言，公益伦理视域中的道德权利主要指弱势群体在社会生活中基于人而应当平等享有的，并应由道德来伸张和保障的地位、自由和要求。公益伦理视域中的道德权利作为道德权利的一种特殊形式，有着不同于一般意义上的道德权利和其他视域中的道德权利的特点。

首先，从道德权利的主体来看，公益伦理视域中的道德权利主体主要指弱势群体。从我国弱势群体的现状来看，尽管改革开放以来，随着我国经济的快速发展，相当规模的人群已在很大的程度上摆脱了贫弱的地位，生活水平得到相当程度的提高，但是，目前依然存在着相当数量的弱势群体，并在近期内呈现出增长的趋势，并且，一些弱势群体的弱势程度还在继续加深。如果将城乡贫困人口、经济结构调整进程中出现的失业和下岗职工、残疾人、灾难中的求助者、农民工等各类处于弱势地位的人口加总，然后再扣除重叠部分（如贫困人口中有失业、下岗职工和农民工等）和非弱势人口（如下岗职工、残疾人、农民工等中间的自强自立者），估计弱势群体规模在1.4亿—1.8亿人左右，占全国总人口的11%—14%。在我国目前的弱势群体中，贫困群体（包括城镇的下岗、失业人员、停产或半停产企业的职工等）无论从规模还是劣势程度都排在首位。如果按照低收入现行标准，

---

① 参见余涌：《布兰特的道德权利理论》，《现代哲学》2000 年第 10 期。

即人均年收入低于 882 元（仅相当于全国农民平均收入水平的 1/3），中国目前贫困人口还有 8517 万。若按联合国的国际贫困标准测算，即每人每天或消费不低于 1 个购买力平价美元（约折合 2.5 元人民币，即人均年收入约 900 元），中国目前还有 1 亿人生活在贫困线以下，超过农村总人口的 10%。接着是残疾人群体。根据 2006 年第二次全国残疾人抽样调查的结果，中国残疾人的数量已经达到 8296 万人，与 1987 年的 5164 万人相比，增加了 2132 万人，残疾人口的数量已占全国人口的 6.34%，与 1987 年的 4.9% 相比，上升趋势非常明显。相对于世界 5 亿多残疾人来说，8296 万的数字是极为庞大的，给中国残疾人的社会保障事业带来了诸多问题与挑战。再次是老年群体。现阶段，中国的老龄化呈现出五个基本特征：老龄人口绝对数为世界之冠；人口老龄化发展速度快；未富先老，经济压力大；老年人口在区域分布上不均匀；老龄人口高龄化趋势十分明显。据中国网 2009 年 2 月 26 日讯：我国最新研究成果表明：21 世纪的中国将进入一个不可逆转的老龄社会。从现在到 2020 年，中国人口老龄化进程明显加快，年均增长速度将达到 3.28%，大大超过总人口年均 0.66% 的增长速度。随着 20 世纪 60—70 年代中期的新中国成立后第二次生育高峰人群进入老年，2021—2050 年是人口加速老龄化阶段。由于总人口逐渐实现零增长并开始负增长，人口老龄化将进一步加剧。到 2023 年，老年人口数量将增加到 2.7 亿人，与 0—14 岁少儿人口数量相等。到 2050 年，老年人口总量将超过 4 亿人，老龄化水平推进到 30% 以上。到 2051 年，中国老年人口规模将达到峰值 4.37 亿人，约为 0—14 岁少儿人口数量的两倍。中国人口老龄化的程度不断加剧，意味着作为非劳动力的老龄化人口比重将不断上升，劳动力比重下降。由于中国经济结构和社会结构的变化，老年人不再是收入最高、家庭和社会地位最高的一群，加上工业化和都市化进程中的种种原因，老年人常常被他人和自己认作是一种累赘，导致老年期被社会舆论视为纯粹的衰退期。其中，独居的高龄老人、无自理能力的老人更是成为明显的弱势群体。最后，我国还有一些正在形成中的弱势群体，例如单亲家庭，其中多数是由妇女与孩子组成的；犯罪及处于犯罪边缘的青少年；戒毒者群体；劳改犯的子女；居无定所、无固定职业的城市流动人口；等等。

根据研究，目前我国弱势群体在整体上大致具有以下五个重要特征：①

从我国弱势群体的整体情况看，弱势群体的主体是社会性弱势群体。① ②现有弱势群体中的很多人是在原体制下作出贡献的人。特别是一些早年退休者和国有集体企业的失业、下岗职工，社会应当考虑对其实施补偿。③目前弱势群体是在社会分化加剧的情况下出现的，很多人有较强的相对剥夺感。改革开放三十多年来，我国人民的整体生活水平是提高了，但是地区之间、群体之间和个人之间很不均衡，我国已经由改革开放前的平均主义盛行的社会转变为一个收入分配差距较大的社会，基于经济分化的社会分化也越来越大，一些人的相对社会地位下降了，引发了比较严重的相对剥夺感，必须引起高度重视。④目前的全球化进程有可能对国内弱势群体造成更加不利的影响，并且有可能使弱势群体的规模继续扩大。在全球化进程中，那些接近资本、接近权力或者受过良好教育的强势群体有可能得到更多的利益，而普通的劳动者不仅获利机会少，而且可能降低福利，成为全球化成本的承担者。在我们关注国内弱势群体问题时，必须充分考虑到全球化这一背景。⑤目前我们对于弱势群体的支持还很有限，难以有效地改变其弱势地位。②

其次，从道德权利的内容和范围来看，公益伦理视域中的道德权利主要限于弱势群体基于人而应该享有的基本权利。按照公正原则，包括弱势群体在内的每一位社会成员都应过上合乎人类尊严的生活，因为人类之所以能够存在，能够保持其自身的尊严，是与作为个体的人的贡献和尊严分不开的；也正是由于得益于每个个体人的"前提性贡献"，人类社会方进而具有了自身特有的种属尊严，于是个体人也因之具有相应的人的尊严。③ 而要让人们过上合乎人类尊严的生活就必须切实维护和保证他们基于人而应该享有的基本权利。因为只有对社会成员基于人而应该享有的基本权利予以切实的维护

---

① 依据弱势群体形成的原因不同，可以把弱势群体分为生理性弱势群体、自然性弱势群体和社会性弱势群体。生理性弱者是由生理素质所造成的，主要包括老年人、残疾人、处境困难的儿童等；自然性社会弱者是由自然条件造成的，主要由生态脆弱地区人口和灾民两个具体社会群体组成；社会性弱者是由社会条件造成的，主要包括城镇下岗和失业人员中的贫困群体、农村贫困群体以及正在形成中的弱势群体，包括困难企业的贫困职工、贫困单亲家庭、犯罪及处于犯罪边缘的青少年、戒毒者群体、居无定所和无固定职业的城市流动人口等。

② 参见郑杭生：《走向更加公正的社会——中国人民大学社会发展研究报告 2002—2003》，中国人民大学出版社 2003 年版，前言。

③ 参见吴忠民：《社会公正论》，山东人民出版社 2004 年版，第 43 页。

和保证，才能够从正义的最起码的底线意义上体现出对人的种属尊严的肯定。从这个意义上说，人权是"一切人基本上都平等拥有的根本的重要的道德权利，它们都是无条件的，无可更改的"①。"有一些权利是由于人性或人的本质而应当平等地并且在同等程度上适用于一切人类社会的一切人的。"② 正如我们在本书第一章所言，从现代人权的角度来看，这样的权利是非常广泛的，但无论如何，生存权、就业权、受教育权以及社会保障权则是每个社会成员所必须拥有的，也是应该由道德来伸张、维护和保证的。只有具备了这几项基本的权利，人的基本尊严方能得到维护。弱势群体之所以为弱势群体，从最根本的意义上说，就在于他们的这些基本权利没有得到应有的维护和保证。这也是我们应该对弱势群体进行道义救助和伦理关怀的基本理据。

这里需要指出的是，救助弱势群体，维护和保证弱势群体的基本权利并不意味着全部社会财富在全体社会成员包括强势群体和弱势群体中得到平等的再分配，因为在社会财富分配方面，社会公正原则所追求的是人人足够，而非人人平等。这里的关键词是"足够"。"足够"仅与一种有尊严的生活水平有关，并不要求全部社会财富在社会成员中得到平等的再分配，这是正义原则的一个核心价值诉求。"从道德视点来看，重要的并非是每个人都应有同等的量，而在于每个人都应有足够的量。如果每个人都有足够的量，则无论一些人是否比别人更富有都不会存在道德后果。"③ 我们救助助弱势群体的理由，并非是弱势群体与强势群体之间的相对差距，而是弱势群体的绝对状态。并非弱势群体与强势群体之差别足够大，才使我们提供救助。反之，也并非在同一地区存在许多弱势群体，我们就可以不救助。大家都贫困这一点，并不会减弱援助弱势群体的理由的分量。④

---

① ［美］J. 范伯格：《自由、权利和社会正义——现代社会哲学》，王守昌等译，贵州人民出版社1998年版，第124页。

② 董云虎、刘武萍：《世界人权约法总览》，四川人民出版社1990年版，第75页。

③ Stefan Gosepath, *Verteidigung Egalitaerer Gerechtigkeit*, in：Deutschrift fuer Philosophie, 51 (2003) 2, S. 277.

④ 参见甘绍平：《人权平等与社会公正》，《哲学动态》2008年第1期。

（二）我国弱势群体道德权利的现状

从 20 世纪末开始，由于社会转型、经济转轨以及政治体制改革的滞后，我国弱势群体问题日益严重，弱势群体权益分割的问题日益突出；并且由于社会救助体制不完善以及某些具体的社会管理制度不尽合理等原因，弱势群体的道德权利没有得到应有的维护和保证。这主要表现在如下方面。

（1）弱势群体的生存权还不能完全得到保障。如在农村，2600 万人口没有摆脱贫困，2 亿多已脱贫的人口收入水平还相当低，只要遇到天灾，就会有大量人口返贫，因病致贫也是一个普遍的现象。在城市，"有部分城市低收入者在近年出现了与经济发展相悖的绝对收入下降的情况。……有些生活甚至已倒退到'两顿饭都成问题'，还有的'不敢进医院，有病忍着'以及一大捆葱打发一个冬天的贫困境地"①。在经济高速发展的过程中，弱势群体不仅没有随着社会的发展而得到更好的救助，甚至他们的利益还不断受到损害。例如，中新网 2009 年 3 月 25 日电：据国家统计局农民工统计监测调查，被拖欠工资的返乡农民工占返乡农民工总数的 5.8%。据国家统计局网站消息，为了摸清农民工底数及外出返乡情况，国家统计局利用农民工返乡过节的时机，在全国 31 个省、857 个县、7100 个村和 68000 个农村住户开展了一次大规模的抽样调查。调查显示，春节前，返乡农民工为 7000 万人左右，约占外出农民工总量（14041 万人）的 50%。春节后，在返乡的 7000 万农民工中，大约 80% 以上已经进城务工，其中，有 4500 万人已经找到工作，1100 万人仍处于寻找工作状态；近 20% 就地就业或创业或寻找工作。被拖欠工资的返乡农民工占返乡农民工总数的 5.8%。其中，保留工作只是回家过年的农民工中有 4.4% 被雇主拖欠了工资，而需要重新找工作的返乡农民工中有 8% 被拖欠了工资。对于受金融危机影响而返回的农民工，因企业关停而返乡的农民工中有 13% 被拖欠了工资；因企业裁员而返乡的农民工中有 5.7% 被拖欠了工资。

（2）弱势群体的劳工安全权等基本权利面临新的挑战，各类伤亡事故和职业危害等已经严重危害着劳动者的生命权和健康权。例如，2007 年，

---

① 李银河：《穷人和富人》，华东师范大学出版社 2004 年版，第 28 页。

根据全国 30 个省、自治区、直辖市和新疆生产建设兵团报告（不包括西藏、港、澳、台地区），共诊断各类职业病 14296 例。其中，尘肺病 10963 例，占新职业病病例总数的 76.69%，急、慢性职业中毒分别为 600 例和 1638 例，各占诊断职业病病例总数的 4.20% 和 11.46%。报告职业病病例数名列前三位的行业依次为煤炭、有色金属和建材行业，分别占总病例数的 45.84%、10.12% 和 6.38%。①

（3）弱势群体的平等权经常受到侵害。这突出表现在对弱势群体的歧视（包括性别歧视、身份歧视、教育歧视、户籍歧视、年龄歧视等）上。如在一些城市，数百万流动人口子女入学难，被排除在公立学校之外，民工子女学校的生存和发展面临不少障碍。在农村，许多人处于"教育歧视"、"教育隔离"、"教育剥夺"的社会状态。② 九年制义务教育实际上不存在。贫困农民交不起孩子学费，每年都有辍学的儿童，大多是女童。教育是实现社会公平的一个重要途径，而贫困的孩子缺乏受教育的机会，贫困将被世袭，使他们越来越远离现代化发展。还如，虽然 2008 年 1 月 1 日正式实施的《就业促进法》明确规定"用人单位招用人员，不得以是传染病病原携带者为由拒绝录用"，但现实情况依然不容乐观。2008 年 10 月至 12 月，北京益仁平中心以电话咨询的方式，调查了 92 家跨国公司在中国内地的 96 家分支机构或者合资公司（外方控股）的招聘体检和录用标准。被调查的企业中仍有逾八成对求职者强制体检乙肝病毒标志物，明确宣称拒绝乙肝病毒携带者的公司比例为 44%，比 2006 年调查的 77% 大为减少。但违规强制要求求职者抽血化验乙肝病毒标志物的公司，却从 2006 年的 19% 增加到 40%，其中有 15 家公司声称是否录用员工要在体检后"看情况决定"、"由上级决定"或"由医生决定"。这在相当程度上表明，目前我国就业歧视的现象仍然非常普遍。③

弱势群体道德权利没有得到应有的维护和保证，还可以从他们的物质生

---

① 参见《2007 年全国职业病报告发病情况》，职业病网，2008 年 12 月 3 日。
② 参见胡鞍钢：《影响决策的国情报告》，清华大学出版社 2002 年版，第 23 页。
③ 参见《调查称〈就业促进法〉实施一年就业歧视仍普遍》，《中国青年报》2009 年 3 月 3 日。

活状况和精神生活状况得到充分的反映。

从物质生活状况来看，我国弱势群体的收入不高甚或没有工作收入，处于物质生活水平的低水平、低层次上。如残疾人大部分靠国家救济或家人抚养，有的甚至还过着"食不果腹，衣不蔽体"的贫苦日子；城市特困老年人的退休金收入大多是入不敷出，使得他们只能一方面降低饮食起居的生活水准，以尽可能地减少缺额，另一方面求助于家庭、社会、再就业、亲友等方面的补助与救济；城市农民工的劳动强度都普遍较大，劳动时间较长，而闲暇时间却很少，基本上处于工作、吃饭、睡眠这种最原始、最简单、最单调的生活状态；库区移民则不仅收入水平低，而且吃饭难（由于地少、粮缺），住房难（由于移民搬迁及补偿的费用少），行路运输难（由于原来的公路、桥梁等被淹没），学生上学难（由于库区经济落后，教育条件很差），就医难（由于医疗条件差且经济困难无钱看病）；等等。

从精神生活状况来看，弱势群体物质生活的低水平、低层次状况，严重影响到了他们的精神生活水平。如残疾人由于生理缺损、心理障碍和社会的偏见、歧视等原因，使得他们恋爱、结婚阻力很大，困难很多，往往不能组织家庭，以至于不能像正常人一样过上幸福的家庭生活，而且残疾儿童的入学率也特别低，接受中等以上教育的情况更差。正因为如此，大多数残疾人目前还只能追求满足基本生活资料方面的温饱，而对于享受资料的需要，对于人的全面充分发展方面的需要，考虑是微弱的。由此可见，残疾人的精神生活水平处于低水平、低层次状况。城市特困老年人由于收入水平偏低，文化教育程度偏低，丧偶未再婚者居多，故兴趣爱好较少，闲暇生活基本上是以户内活动为主。因此，他们的精神生活单调，精神生活水平严重偏低，精神生活状况令人堪忧，更多时候他们面临的是孤寂、空虚和无聊。下岗职工的物质水平偏低，因此，绝大多数下岗人员的精神、情绪状态欠佳，苦闷、焦虑、彷徨、悲观是他们精神生活的主要特点。高校贫困生的精神状况由于各自的家庭经历和心理素质不同而出现两种不同的表现：一种是面对家庭经济的现状和目前生活条件的艰难，鼓足勇气向生活挑战，以积极乐观的态度对待生活，积极要求上进；另一种则性格孤僻，不愿与人为友，逃避现实，"破罐破摔"，自甘堕落。但不管面对生活的态度怎样，他们的内心深处都存在严重的自卑感、精神压力和思想包袱。

弱势群体的道德权利受到忽视，甚至被严重侵害以及生存状况的恶化引发了大量的社会矛盾和冲突。这种矛盾和冲突突出地表现为劳资关系、穷人和富人之间、农村人和城市人之间、公民和权力机关之间矛盾的加剧。由于利益表达渠道的不畅和权利救济制度有限，弱势群体权利诉求突出地表现为非常态的群体行为，甚至是非理性、过激的行为，特别是近年来冲突激烈的恶性群体性事件呈增多趋势，这已经成为影响社会稳定和构建社会主义和谐社会的一个严重问题。这一状况如果不能得到有效的遏制，损害的不仅是社会的贫困人口，而且最终危害到社会的和谐稳定。

三、公益伦理主张的义务

（一）何谓公益伦理主张的义务

公益伦理主张的义务，也即公益伦理视域中的道德义务，广义而言，既包括公益行为主体的道德义务，也包括公益行为客体的道德义务。但是正如上述所言，公益伦理活动是一项旨在强调对弱势群体进行道义救助和伦理关怀的活动，因此，公益伦理视域中的道德义务主要指公益行为主体在公益救助活动中应当履行的义务。公益伦理视域中的道德义务作为道德义务的一种特殊表现形式，有着其固有的不同于一般意义上的道德义务和其他视域中的道德义务的规定性。

（1）从义务的主体看，公益伦理视域中的道德义务主体是公益行为主体，也即从事公益活动的人。从事公益活动的人既包括参与公益活动的个体，也包括参与公益活动的组织。公益个体是指一切参与公益活动的自然人。就我国而言，不仅包括境内的公民个人，也包括外国人、华侨以及港澳台同胞。有些人有能力也愿意拿出一部分钱来资助那些需要帮助的人；还有一些人尽管不能提供钱财，但是他们也愿意给那些需要帮助的人提供服务。要将这些人有效地组织起来投身到公益慈善事业中去，就必须大力发展公益组织。公益组织，从广义上来说指一切参与到公益活动的组织或团体，而从狭义上来说，主要指公益性社会团体而不包括公益性非营利的事业单位。我们在这里所提及的公益组织主要是从狭义上来讲的。公益组织的"主要任务就是要多方面筹集资金，及时发现需要帮助的社会弱者，给社会弱者及时提供帮助和服务"①。

从目前中国的实际情况来看，公益组织大致可以分为以下两大类。②

第一，官方正式认可的公益组织，亦称之为"法定组织"。在现行法律体系框架内，与这一定义最为接近的法律实体是在各级民政部门登记注册的"民间组织"。③ 依现行法规，在民政部门注册登记的"民间组织"主要包括两种类型：其一是依《社会团体登记管理条例》注册登记并获得社会团体法人资格的社会团体。④ 这些组织包括数量巨大的各种慈善会、学会、协会、联合会、研究会等由民政部门统一归口管理，民政部门向它们颁发非营利组织的法人证明。不过，我们在这里所指的公益组织主要是对弱势群体实施救助的各种慈善会，而不包括那些学会、协会、联合会、研究会等。其二是依《基金会管理办法》注册登记并获得社会团体法人资格的基金会。⑤ 基金会是在各个领域里开展各种资助活动或资金运作活动的非会员制组织，如项目型基金会、资助型基金会、联合劝募组织等，而我们这里所指的主要是用于救助社会弱者的各种慈善基金会。

第二，未在民政部门登记注册但符合公益组织定义的组织，即属于民间自发组建、因各种原因不能在民政部门获得法人资格的所谓"草根组织"。它们有的在工商部门登记获得法人资格，有些根本没有独立的法人地位，以挂靠在某个单位下的名义存在，但它们独立开展着非营利、公益性的活动。

2000 年，河北无极县中医院一名普通职工卢英红从当地媒体一则有关贫困生的消息中深受触动，便按照报纸上的地址去村里救助其中的一个孩子，结果看到的贫困生不是一个，而是一群。这让他产生了一个想法：自己力量微薄，要发动社会力量对更多的贫困孩子实施救助。于是，便在这年的

---

① 吴锦良：《政府改革与第三部门发展》，中国社会科学出版社 2001 年版，第 283 页。

② 参见刘国翰：《非营利部门的界定》，《南京社会科学》2001 年第 5 期。

③ 1998 年，国务院将设于民政部的原社会团体管理局改为民间组织管理局，此后"民间组织"被作为官方用语正式使用，它们也可以被看做是中国官方认定的"法定组织"。

④ 《社会团体登记管理条例》（1998 年 10 月 25 日颁布实施）第一章第二条将社会团体定义为：中国公民自愿组成，为实现会员共同意愿，按照其章程开展活动的非营利性社会组织。

⑤ 《基金会管理办法》（2007 年 6 月 1 日起施行）将基金会定义为：对国内外社会团体和其他组织以及个人自愿捐赠资金进行管理的民间非营利性组织，是社会团体法人。

10 月 20 日建了"爱心无限"网站，利用业余时间去河北各地农村寻找贫困孩子，把家庭确实困难、综合素质良好的学生作为资助对象在网上发布。全国各地网友寄来善款、文具、衣物等后，他再分别转邮给孩子们，因担心收不到，还时常专门送去，并及时把捐款发放情况公布在网站上，接受监督。自 2000 年至 2006 年，他先后筹集价值数十万元款物，救助了 500 多人。河北灵寿县一个叫高鹏的孩子，父亲失踪、母亲改嫁，他和年迈的奶奶一起生活。8 岁时，他得了一种怪病，双脚大面积溃烂。卢英红不久前在网上发布了这个孩子的救助消息，半个多月收到爱心捐款 3000 多元。卢英红又为他联系了北京一家大医院，治疗 22 天后康复出院。

2006 年以来，广西一些艾滋病流行的地区相继出现了一批"草根组织"，这些组织的工作人员活跃于酒吧、公园、健身会所，或借助网络、电话等通信工具，与同性恋人群"亲密接触"，向他们宣传预防艾滋病的知识，有效阻断艾滋病在同性恋人群中蔓延。据广西防治艾滋病工作委员会办公室副主任陈杰说，目前广西正涌现出许多这样的"草根组织"，他们有的与当地疾病预防部门合作，有的借助非政府组织的力量开展活动，还有的完全依靠自己的力量影响、引导同性恋人群，有效控制了艾滋病在同性恋人群中的传播、蔓延。

这些例子表明，目前的众多草根组织在社会公益事业中扮演着积极角色，起着越来越重要的作用。从社会公益组织的非政府性、非营利性、独立自治性、志愿公益性等而言，它们则更具有典型性。当然，草根组织在组织性上可能有所欠缺，数量也很难统计，但据研究估测，它们已远远超过了法定组织的总数。

（2）从义务的内容看，公益伦理视域中的道德义务主要是对弱势群体实施人道救助和伦理关怀，维护和保证弱势群体的道德权利，帮助他们过上合乎人类尊严的生活。换言之，从公益伦理学的视角来看，对弱势群体给予人道救助和伦理关怀，维护和保证弱势群体的道德权利，帮助他们过上合乎人类尊严的生活是公益行为主体最基本、最主要的道德义务。

将对弱势群体实施人道救助和伦理关怀规定为公益行为主体的道德义务，其理论来源最早可追溯到古希腊的公民理论。古希腊城邦政治生活中的核心问题是公民资格问题，它包括权利和义务两部分，而为其他需要帮助的社会成员和公共利益捐赠钱物、提供劳务，是城邦公民必须担负的道德义务。西塞罗曾深刻地分析过这种捐赠传统，他直接把慈善行为（捐赠和服务）作为公民的道德责任来论述。他把它归结为人类在社会生活中应当履行的道德责任，认为慷慨行善是个人道德责任的构成要素。近年来，越来越多的人接受了这种义务论或责任论的观点，认为慈善捐赠和志愿服务是公民应该履行的一项道德责任。如，公民理论家 T. 雅诺斯基把帮助他人和为公共利益做贡献划入公民的义务范畴，认为这也是公民行使权力的必要责任，是使公民资格完整的构成部分。在《公民与文明社会》一书中，T. 雅诺斯基把公民为社会权利出力、志愿参加政府和协会发起的服务以帮助不幸者，如老人健康照顾、为公共利益的无偿服务、青年服务等，都列为公民的社会义务。①

　　何以应当承担对弱势群体实施人道救助和伦理关怀，维护和保证弱势群体的道德权利，帮助他们过上合乎人类尊严的生活的道德义务呢？美国著名的哲学家彼得·辛格曾在《实践伦理学》说："如果我们有能力阻止很坏的事情发生，而又不至于牺牲在道德上有类似重要性的事情，那我们就应该这样来行动。"② 以辛格的这个论断为前提，我们可以做出这样的推理：前提一，我们应该去阻止我们能够做到而又不至于牺牲在道德上具有类似重要性的事情的恶。前提二，弱势群体的存在及其生活状况的恶化是恶。前提三，我们能够对弱势群体实施人道救助，而又不至于牺牲在道德上具有类似重要性的任何事情。结论是，我们应该通过人道救助和伦理关怀尽力阻止弱势群体的发生及其生活状态的恶化。我们这样说的预设前提是：弱势群体的存在及其生活状态的恶化本身就是一种恶。我们还假设，对弱势群体实施人道救助和伦理关怀是我们力所能及的事情，而又不至于牺牲在道德上具有类似重要性的事情。因此，对弱势群体实施人道救助和伦理关怀是我们每个人应当履行的道德义务。当然，这仅仅只是一个形式上的论证，以此作为论证应当承担和履行对弱势群体实施人道救助和伦理关怀义务的根据还过于笼统和抽

---

① 参见［美］托马斯·雅诺斯基：《公民与文明社会》，柯雄译，辽宁教育出版社 2000年版，第 69—71 页。

② ［美］彼得·辛格：《实践伦理学》，刘莘译，东方出版社 2005 年版，第 225 页。

象化，我们还可以具体地从以下四个方面得到说明。

第一，这是由公益和公益伦理的本质所决定的。正如前面所说，公益，从狭义的角度看，主要指以救助社会弱势群体为宗旨，具有非政府性、非营利性、非强制性、社会性等特征的社会活动。救助弱势群体不仅是公益事业的宗旨，也是公益事业得以存在并得到发展的社会条件。离开了弱势群体的存在，公益活动也就失去了其存在的必要性和意义。所谓公益伦理，即指对弱势群体实施人道救助的公益活动中调节救助者和被救助者即弱势群体各方面关系的道德原则和规范的总和，是公益救助活动中各种道德意识、道德心理、道德行为的综合体现，是依据一定社会伦理道德的基本价值观念对公益救助活动的客观要求所进行的理性认识和价值升华。由此可见，对弱势群体实施人道救助是公益和公益伦理的本质规定和内在要求。

第二，这是维护弱势群体尊严权的客观要求。按照康德的观点，在目的王国中，任何事物都有其价格（根据这种观点，任何事物都有其内在价值，而且超出了价格的意义）。[1] 人所具有的尊严是不可替代、不可剥夺的，并且只有理性的人才能在目的王国中成为立法者，目的王国就是理性人的道德世界。每个人都有权要求他的同胞尊重自己，同样他也应当尊重其他每一个人。人性本身就是一种尊严，由于每个人都不能被他人当做纯粹的工具使用，而必须同时当做目的看待。人的尊严（人格）就在于此，正是这样，人才能使自己超越世上能被当做纯粹的工具使用的其他动物，同时也超越了任何无生命的事物。康德还指出："每位在理性的自由中自我引导的人，不可能不尊重所有其他的人同样的理性自由，也就是将每一位拥有这种理性的、自由的自我引导能力的人作为同等的权利者来尊重。简言之，理性者是自由的，而自由者认可每位他人的自由，也就是其权利。"[2]

尽管"康德有关'每位在理性中的自由中自我引导的人，不可能不尊重所有其他的人同样的理性自由'的推断明显是不合逻辑的，这里存在着

---

① See H. J. Pation, *The Moral Law*, (Kant's Groundwork of the Metaphysic of Morals: first published, 1785), London: Hutchinson, 1948, p. 91.

② Vgl. Christoph Menke/Arnd Pollmann: *Philosophie der Menschenrechte zur Einfuehrung*, Hamburg 2007, S. 56.

一个不合情理的跳跃：如果理性是指通过设置目的这样一种人自主决定来引导，那么这样一种理性概念怎么可能蕴含着当事人一定要将每一位拥有这种理性的、自由的自我引导能力的他人作为同等权利者来尊重呢？当事人完全可以将他人并非视为与自己一样的同等权利者，而是作为达到自己目的的纯粹的手段来利用"。① 但是，康德所主张的"所有的人都具有尊严，并且每个人都有保有自身尊严和维护人的尊严的义务"的观点无疑是很有道理的。从道德理性的意义上说，每个人都不能"将他人作为纯粹的手段"②，而应当将他人作为与自己同等的权利拥有者。因为"人之所以为人，并不在于他呈现着一个人类所特有的生物形体，而在于它拥有一种个体性（Personalitaet）或自我（Selbst）。这种自我是一个人伴随着其成长经历逐渐营建起来的，它承载着其家庭教育、生活环境、社会联系、文化熏陶、宗教信仰的印记，呈现着当事人的特征与品格，因而构成了这个人最深刻、最内在、最本质的东西。……但是我们是否能够真正拥有自我，是否和能否真正维护好自我，不仅仅取决于我们的自尊，而且更依赖于他人对我们的态度。所以人们自然拥有一种需求，希望他人不得伤害自我，或者说希望获得一种对其个体性的最起码的尊重。正是从这种基本的精神性的需求中，产生了尊严的价值诉求。"③ "尊重某人的尊严，便意味着认可其道德权利，即不被侮辱。每个人都拥有——因为只要他被理解为人的尊严的载体—— 一种正当的要求，在他人那里以某种方式得到对待或者说能够以某种方式生活。"④

　　正如前面所说，弱势群体之所以为弱势群体，从一定的意义上说，就在于他们基于人应该享有的尊严权利没有得到应有的维护和保障，没有和其他人一样过上合乎人类尊严的生活。救助弱势群体的道德义务便根源于维护弱势群体基于人而应该享有的尊严权的需要。"人人有权享有人的尊严，这便是人的尊严权利观的实质所在。也就是说，当一个人不具有享有人的尊严的

① 甘绍平：《人权伦理学》，中国发展出版社 2009 年版，第 74 页。

② Vgl. Christoph Menke/Arnd Pollman：*Philosophie der Menschenrechte zur Einfuehrung*，Hamburg 2007，S. 57.

③ 甘绍平：《人权伦理学》，中国发展出版社 2009 年版，第 155—156 页。

④ Peter Schaber：Menschenwuerde als Recht，nicht erniedrigt zu warden，in：Ralf Stoecker（Hg.）：*Menschenwuerde，Annaeherung an einen Begriff*，Wien 2003，S. 124 – 125.

必要条件时，他有权要求其义务主体履行义务，实现他作为一个人所应该具有的保有人的尊严的基本条件。这种条件既有物质的又有精神的，物质的便是得以延续生命的基本的生活条件，从本质上讲这是生存权的基础；精神的便是得以人之为人的唯一的主体性价值，从本质上讲这是人格权的基础。"①

第三，在弱势群体与强势群体之间，后者对前者是负有义务的，因为强势群体之所以为强势群体，固然与他们的个人努力分不开，但主要是他们优先占有了对所有的社会成员都是开放的社会资源。"就个人来说，弱势者毕竟有自身难以完全摆脱的困难，需要他人给予支持和帮助。处于优势的每个人都应该发挥人性爱、同胞情、同志谊，设身处地为弱者着想，在可能的情况下，尽一份心意，给一点帮助，伸出援助之手，或出钱财，或尽体力，或表善言。应当说，保护弱势群体是每个人应有的同情心，是每个公民应当履行的道德责任。"②

第四，这是社会公正的基本诉求。社会公正是一个常设常新的伦理学问题。从理论上来看，历来的公正理论都把社会公正归结为三个层面的要求：第一，平等原则，它给表述为"同样的情况应当同样地对待"，或者说"平等的应当平等地对待，不平等的应当不平等地对待"。这是公正最低限度的要求，即所谓"形式上的公正原则。"③第二，得所当得的原则，也即付出和获得能够相称对等，这里又有平衡的意义。所以，拉法格说，公正观念"就是不要破坏天平盘上的平衡"④。罗尔斯也认为，公正是"在平衡中考虑的道德判断"⑤。第三，补偿原则，也即我们平常讲的"以有余补不足"。可见，在社会公正的基本诉求中蕴涵着这样一个极为重要的价值目标：要让社会不两极分化，让比较穷的人得到比较好的关照，让那些因社会变动和灾难而遭受不幸的人们获得生存权和发展权。目前，我国正处在社会转型时

---

① 齐延平：《社会弱势群体的权利保护》，山东人民出版社2006年版，第45页。

② 宋希仁：《保护弱势群体是"德治"的应有之义》，《前线》2001年第5期。

③ ［美］汤姆·L 彼彻姆：《哲学的伦理学》，雷克勒等译，中国社会科学出版社1990年版，第330页。

④ ［法］拉法格：《思想起源论》，王子野译，三联书店1963年版，第95—96页。

⑤ ［美］约翰·罗尔斯：《正义论》，何怀宏等译，中国社会科学出版社1988年版，第125页。

期，即建立和完善社会主义市场经济的历史时期。伴随着市场经济的发展，市场竞争中"马太效应"，即好者愈好、富者愈富、差者愈差、贫者愈贫的现象日益突出。这意味着在市场竞争中处于优势地位的往往是那些具有资金、权力、能力和社会关系等方面的资源优势的强者，而处于劣势地位的则是那些缺乏资金、权力、能力和社会关系等方面的资源优势的弱者。从公正的意义上说，改革的社会代价应当由全体社会成员来共同承担，而事实上受到改革带来的社会风险冲击最大的往往是处于劣势地位、承受力最低的弱者。正是鉴于这种状况，出于社会公正的基本诉求，我们应当特别关注社会弱势群体，切实承担起救助弱势群体的道德义务。

（二）公益救助的内容和方式

对公益救助，可以根据不同出发点、不同依据和不同标准，从多角度做出不同划分。从救助的实际内容来看，可分为生活救助、住房救助、医疗救助、教育救助、法律救助等；从救助的手段来看，可分为资金救助、实物救助和服务救助等；从贫困持续时间的长短变化来看，可分为长期性贫困的定期救助（如孤寡病残救助等）、针对暂时性贫困的临时救助（如多数情况下的自然灾害救助等）和针对周期性贫困的扶贫。① 从救助的方式来看，就目前的公益活动而言，一般是通过慈善行为和志愿服务这两种方式来进行的。

1. 慈善行为

关于慈善行为，存在着多种解释。从词源学上看，古希腊语中的"慈善"一词，意为"爱全人类"，这种爱通过个人的善举，即通过捐赠、提供服务或其他爱心活动来减轻人类的痛苦和灾难，促进人类福利事业的发展，改善人类生活的质量。《韦氏大学词典》将慈善行为定义为"对同胞的友善或者是为促进人类福利所做的努力"②。《蓝登书屋大学字典》对慈善行为的定义是：为穷人或者对社会有用的目的捐赠金钱、财产或志愿工作。③ 上

---

① 参见时正新、廖鸿：《中国社会救助体系研究》，中国社会科学出版社 2002 年版，第4页。

② 马伊里、杨团：《公司与社会公益》，华夏出版社 2002 年版，第82页。

③ See M. Wulfson, "The Ethics of Corporate Responsibility and Philanthropic Ventures", *Journal of Business Ethics*, 2001 (29).

述定义都是传统意义上的，把包括捐赠钱物和提供劳务在内的所有利他行为都计入其内。而我们在这里所讲的慈善行为，主要是指公益行为主体通过捐赠钱物等方式救助弱势群体的行为。

据调查，2007年8月28日，湖南省岳阳市烟草专卖局在该局三楼会议室隆重举行"爱心助学"的捐助仪式。为帮助寒门学子顺利完成学业，岳阳市烟草专卖局在连续两年开展"爱心助学"活动的基础上，与市慈善总会、市民政局协调选取了30名家境贫寒、学习优秀的贫困学生作为捐助对象，分别捐助了3000元至2000元不等共9.6万元的爱心助学款。

据新华网江苏频道2007年2月8日报道：江苏省最大的公益性社团组织——江苏省慈善总会多渠道募集资金和物资，积极开展慈善救助，2006年全省范围内各类困难群体接受慈善救助的总额超过3000万元。2006年，慈善总会使用1503.8万元募集资金，开展了"光彩工程"定向捐赠、"六个资助千人"、"聆聪行动"、"龙子心"幸福老年公寓等大型社会救助活动。此外，慈善总会还与国内大型企业集团合作，向困难群体无偿捐赠1500多万元的药品、食品、衣物等各类物资，还向南京大屠杀幸存者援助协会、省残疾人福利基金会等专项资助139万元。

岳阳市烟草专卖局和江苏省慈善总会的这些行为都属于慈善行为。在当前构建社会主义和谐社会的过程中，特别需要发展慈善事业、弘扬慈善文化、提倡这种慈善行为。深厚的慈善文化、以爱心为基础的慈善行为对社会良性运行、缩小贫富差距、缓解社会矛盾有着非常重要的作用，它不仅可以弥补市场调节与政府调节制度之不足，调节分配中的不合理现象，同时还具有维系社会健康、协调发展和促进社会公共事业发展功能以及调整社会结构、缓解社会冲突、避免对抗、改善弱势群体的生存状况，并进而提升公众的社会责任意识，提升公民的道德素质，提升社会凝聚力，最终促进中华民族的大团结与大融合。

2. 志愿服务

志愿服务是一个现代词汇，应该说它一直是慈善行为的一种体现。但随着20世纪70年代以来第三部门理论的兴起，它从慈善行为概念中独立出来，成为一个专门词汇，特别强调公民为了其他社会成员或公共事业而自觉自愿地提供时间、精力和劳务。最近20多年来，有关志愿服务的概念在全球被普遍定义，人们对志愿服务的界定基本上是大同小异。如 S. J. 爱丽丝和 K. K. 诺叶斯认为："志愿主义是指个人或团体依其自由意愿和兴趣，本着协助他人改善社会之目的，而不求财力与报酬的一种社会理念和行动。"①K. 劳把志愿服务界定为："人们自由选择为某项事业贡献时间和才智。"②美国全国社工人员协会从定义非营利组织的概念入手来定义志愿服务，认为："非营利组织是一群人为追求公共利益，本着自我意愿与选择结合而成的团体，而参加此类团体的工作者就是志愿者，志愿者的工作就是志愿服务。"③ 还有人把志愿服务界定为："某个人自愿地通过某种正式的结构向一个或多个非亲非故的人提供无偿的直接服务。"④ 如今，志愿服务像捐赠行为一样受到公共舆论的大力赞美，因为"从本能的角度看，志愿行动体现了人性的崇高品质"⑤。在对志愿服务行为的本质与特性的理解上，各国学者已经取得了一定的共识。美国学者 P. F. 德鲁克认为，志愿服务的本质与特性主要是改善人类生活以及提升生命品质的一种无形的东西：使人获得新知、使空虚的人获得充实。其精神是仁爱的、利他的、为公益着想的，其做法应兼具系统性、持续性与前瞻性。⑥ 台湾学者施教裕认为，志愿服务的本质体现在如下六个方面：①它是现代人民一种民主的、自动自发的日常生活方式和行为习惯；②它是基于个人内在价值与社会伦理所表现的直接利他行动；③它是业余的、部分时间或专职全时的行动，并不注重金钱或物质的对等报酬；④它是在有目标、有计划的策划与准备下，实现个人意愿和组织宗旨的实践方法；⑤它强调服务供给者与受惠者的双向互惠过程，并且兼顾物质与非物质、专业与非专业的服务内涵或社区关系；⑥它的目标在于建立福

① S. J. Ellis, K. K. Noyes, *By the People : A History of American as Volunteers*, San Francisco, C. A. : Jossey-Bass, 1990, p. 4.
② 丁元竹、江讯清：《志愿活动：类型、评价与管理》，天津人民出版社 2001 年版，第 2 页。
③ 江明修：《第三部门——经营策略与社会参与》，台北智胜文化事业有限公司 1999 年版，第 123—124 页。
④ 李亚平、于海：《第三域的兴起》，复旦大学出版社 1998 年版，第 102 页。
⑤ B. O. Connell, *Volunteerism in America*, Exchange, 1999, p. 2.
⑥ 参见〔美〕P. F. 德鲁克：《巨变时代的管理》，朱雁斌译，机械工业出版社 2006 年版，第 279 页。

利资源网络和服务输送体系等。①

据调查，2007 年 8 月，178 名大学生志愿者来到了岳阳市各乡镇的岗位，进行为期一年的农村远程教育志愿服务，利用他们所掌握的知识，为当地农民开展培训和指导工作。据湖南团省委志愿者行动指导中心主任黄劲介绍，截至 2007 年 9 月，当地大学生志愿者已举行各类学习培训 256 场次，培训人员 2.3 万余人，完成调研报告 169 篇，制作课件 86 个，为当地经济文化发展起到了良好的推动作用。在华容县，当地群众的经济来源除外出务工外，主要依靠养殖业和种植业。由于农村信息闭塞，农民一年忙到头赚不了几个钱。自从远程教育走进广大群众中后，当地群众有了发家致富的新路了。家住塔市驿镇邓家桥村的韩家源，2007 年通过"湖南农业信息网"卖出了一批价值一万多元的水蜜桃。他激动地说："做梦也想不到，我们这个山沟沟的农民还有利用互联网发家致富的机会。"新河乡前进村加工大户周志峰，在多次参加远程教育学习后，眼界大开，2006 年年底投入 50 万多元，引进了国内先进的蔬菜加工流水生产线，新开发了 20 个品种，通过网上发布信息，产品畅销华东、西北地区各大城市，加工年产值达 1000 多万元。志愿者的到来也让当地群众真正感受到了远程教育所带来的实惠。华容县护城乡志愿者王文志有一次下乡看到万盛村的养猪大户小张家的几十头小猪崽患病了，就通过网络找到了猪病的原因，建议小张按他的办法去做。小张一开始不信，没想到一周后猪的病全好了。从此以后，小张经常守在电脑旁，上网收集资料，2007 年他们家仅卖猪就净赚 2 万余元。平江县瓮江镇志愿者邓乐平帮助昌兵村在中国农业信息网上发布了"金橘供应信息"，结果第二天就有外地客商打电话过来联系购买金橘的事宜，400 多亩金橘的价格由当地的市场价 0.23 元/斤卖到了 0.5 元/斤。

由此可见，志愿服务在维护和保障弱势群体的生存权、发展权方面可以发挥独特的作用。这主要体现在②：①志愿服务在推动以满足弱势群体基本生存需求为职志的社会保障体系建设方面发挥着重要的作用。实际上，迄今

---

① 参见施教裕：《各县市志愿服务业务评监观感》，（台湾）《社区发展季刊》2002 年第 1 期。

② 参见李迎生：《志愿服务与弱势群体的权利保障——以青年志愿者行动为例》，《教学与研究》2005 年第 3 期。

为止的青年志愿者服务活动有相当数量都是和养老保障、医疗保障、社会救济等社会保障基本项目的建设密切相关的，青年志愿者在推动构建农村医疗卫生体系中更发挥着重要的作用。②志愿服务在弥补政府和社会针对弱势群体专业服务不足方面发挥着很大的作用。其中，"一助一"长期结对服务计划以孤寡老人、残疾人、生活困难的离退休人员和下岗职工、特困学生、国家优抚对象等困难群众为主要服务对象，通过团组织和青年志愿者组织牵线搭桥，为青年志愿者和服务对象之间建立长期稳定的关系，为困难群众提供力所能及的服务和帮助，成为青年志愿者深入基层、深入群众的一项经常性、基础性工作。③志愿服务在协助政府开展开发性扶贫方面起着十分重要的作用。如，自1994年起，中宣部、教育部、团中央联合实施大中专学生志愿者暑期文化科技卫生"三下乡"活动，每年组织动员上百万名大中专学生志愿者深入农村基层和受灾地区，发挥自身的知识智力优势，开展扫盲和文化、科技、卫生服务，推广农村实用技术，倡导健康文明的生活方式，促进了农村的经济社会发展。④志愿服务在促进弱势群体就业方面发挥着重要作用。帮助下岗或失业职工实现再就业已成为青年志愿者组织活动的一项重要内容。青年志愿者特别是其中的大学生主要通过为下岗失业人员提供信息咨询、转岗培训等各种形式，帮助这些就业困难人员解决生活和就业方面面临的各种障碍，实现再就业，这样不仅使下岗失业人员重新获得了自我实现的平台，而且缓解了社会压力，促进了社会稳定。⑤志愿服务在促进与保障弱势群体教育机会均等方面起了相当大的作用。例如，青年志愿者组织配合团中央实施的资助贫困儿童完成国家义务教育的"希望工程"，得到了社会的广泛响应、捐助或其他支持并持续开展，取得了显著的成效。团中央青年志愿者行动指导中心配合"扶贫接力计划"的实施，从1998年6月开始，组建"扶贫接力计划研究生支教团"，从全国36所重点高校推荐的免试研究生中招募志愿者赴16个国定贫困县从事为期一年的教育工作。

（三）公益救助的道德价值和道德要求

1. 公益救助的道德价值

所谓道德价值，"是指行为、品质等所具有的道德方面的价值，即行为之所以是道德的根据"。"道德是以人们的利益关系为基础，以善恶为形式的社会价值形态。道德价值所涉及的主客体关系，一般而言，不是人与物的关系，而是一种人与人的关系。而且，作为道德行为主体在价值关系中的地位可以互换，既是价值的客体又是价值的主体。"① 这就决定了道德价值具有功利价值和精神价值、外在价值和内在价值相统一的特征。在社会生活中，人们的行为（包括行为的动机、行为选举的方式、行为的后果）因为总要对他人或社会产生这样或那样的影响而成为他人或社会进行价值评价或判断的客体。当人的行为能够满足他人或社会的需要，具有"利"人的属性和功能时，他人或社会就予以肯定，并通过"善"的评价形式而获得行为的外在价值（包括功利价值和精神价值）。外在价值体现了道德的工具性。这里，行为主体的行为所具有的"利"人功能相对于社会需要者而言，是价值的客体，而社会的需要者则是价值的主体。但当行为主体在其行为获得"利"人——外在价值——的同时，本身也就获得了实现自我价值的需要，即获得了人格的提升，并由此而不断增进人格的完善和自由，从而体现了道德自身的内在价值。内在价值体现了道德自身的目的性。这时，行为主体就由价值的客体而转换为价值的主体。

公益救助无疑是一种具有重要道德价值的行为。公益救助的道德价值，具体来说，主要体现在以下三个方面。

（1）对救助者来说，其救助行为可以说是其实现自我完善和全面发展的一个重要途径。马克思说过："在选择职业时，我们应遵循的主要指针是人类的幸福和我们自身的完美。人们只有为了同时代人的完美、为他人们的幸福而工作，才能使自己也达到完美。"② 个人获得自我完善和全面发展的条件从根本上说取决于他对他人、社会的奉献，他对别人、社会奉献得越多，那么，他获得自我完善和全面发展的条件就越充分。具体到公益救助来说，每个公益救助主体的救助行为都体现了他对他人、社会的一种奉献、一份爱心。通过这种充满爱心的救助行为，可使每个参与公益救助活动的主体获得不断完善自我和全面发展的条件。社会公益事业愈是顺利地、全面地发展，参与公益救助活动的主体就愈能获得自由全面发展自己的手段，愈能真

① 朱贻庭：《当代中国道德价值导向》，华东师范大学出版社 1994 年版，第 22、23 页。
② 《马克思恩格斯全集》第 40 卷，人民出版社 1982 年版，第 7 页。

正实现自己的自由全面的发展。

（2）对被救助者即弱势群体来说，这种救助行为有利于他们的人格完善及人格尊严的维护。从一定的意义上说，一个人的人格是否完善以及人格尊严得到维护的程度如何，关键在于他们的基于人而应该享有的基本权利是否能得到维护和保障以及在多大的程度上得到维护和保障。而维护和保障弱势群体的基本权利就是公益行为主体最基本、最主要的道德义务，通过这种道德义务的履行尽管不能在绝对意义上使弱势群体的人格得到完善和人格尊严得到维护，但也可以在相当程度上为弱势群体的人格完善和人格尊严的维护创造有利的环境和条件。

（3）对社会来说，公益行为主体的无偿救助行为可以促进社会的稳定、社会风气的改善、社会文明程度的提高。弱势群体在得到救助后，会深切地感受到社会对他们的关心、人际关系的友好，并增强他们对生活的自信，从而使他们自立自强，而不是去报复社会，这对维持社会稳定无疑是有着重大意义的。同时，这种救助行为也有利于提升公民的道德素质，醇化社会风气，促进整个社会道德和精神文明的进步。

2. 公益救助的道德要求

公益救助的道德价值最终要通过公益救助主体的富有成效的救助行为去实现，而公益救助主体的救助行为能否富有成效在很大程度上取决于其在实际救助过程中能否遵循以下道德要求。

（1）平等地对待弱势群体，注意倾听弱势群体的声音，而不能怀着救世主的心态，居高临下地怜悯弱势群体，更不能片面宣传、强化强势群体的价值观，并把这种价值观强加给弱势群体。如果这样的话，是难以真正改变弱势群体的弱势地位的。

（2）救助行为应当是非权利动机性的，也就是说，公益救助主体对弱势群体的救助应当是无偿性的，不能带有任何功利性的目的。正如前面所说，这是由公益和公益伦理的本质所决定的。美国著名的管理学家彼得·德鲁克（Peter F. Drucker）曾指出，公益组织"所做的事与企业和政府截然不同。企业提供产品或服务。当顾客购买产品按价支付并对购买产品满意时，企业就大功告成。当其政策卓有成效时，政府就履行了自己的职责。'非营利'机构既不提供产品或服务，也不实施控制。它们的产品既不是鞋，也不是规制，而是改变了的人。非营利机构是改造人、点化人的组织，其产品是治好的病人，乐于进取的孩子，年轻男女成长为具有自尊的成人……总之，一个改变了的新的生命。"① 也就是说，公益组织的职责本身就是无偿为弱势群体提供帮助，使他们拥有正常人所具有的权利、快乐以及尊重等。公益组织所以能在诸如扶贫、慈善、维权等许多领域取得政府和市场无法取得的成效，根源于其独有的公益伦理精神。

（3）要注意救助方式的合理性和科学性。救助方式的合理性和科学性之所以是救助的道德要求之一，就在于只有救助方式合理和科学才能保证救助的实际效果，而救助的实际效果如何则是衡量救助行为是否具有道德价值以及道德价值大小的重要根据之一。

在 2007 年 5 月 20 日全国第十七个助残日即将到来之际，由江苏投资联盟联合国内一些著名民企共同发起，成立了迄今为止国内最大规模的定向资助残疾人就业培训的非公募性慈善基金会——"远东慈善基金会"。据悉，首批到位的慈善基金数目超过 1 亿元，其中作为发起人之一的远东控股集团为中国的 8296 万残疾人每人捐献 1 元钱，出资 8296 万人民币。一年之内基金会通过再次募集及有效运营达 2 亿元以上规模。与社会上其他慈善基金会不一样的是，远东慈善基金会的捐助对象是为残废人就业培训提供帮助的所有项目。它的宗旨是给残疾人创造就业培训的机会，发展社会福利和残疾人事业，支持与推动社会公益和社会文明的进步与发展。基金会财产主要用于资助残疾人就业培训的相关活动；资助残疾人领域内的重大科研项目；奖励残疾人自强自立的各类精英代表；奖励为中国残疾人事业做出突出贡献的各界人士，以及根据需要建立专项基金、奖励基金，及可授权建立专项基金的地方基金。

远东慈善基金会的做法透视了这么一个道理：要保证救助方式的合理性和科学性，一方面要针对不同弱势群体的不同状况进行救助，做到有的放矢，否则，即使动机再好也难以取得理想的救助效果，达到预期的救助目的。另一方面，救助的形式不能单一化，仅仅限于捐钱捐物上，而应注重增

---

① Peter F. Drucker, *Managing the Nonprofit Organization*: *Principles and Practices*, Oxford: Butterworth-Heinemann, Ltd. 1990, pp. ix - x.

强弱势群体本身的能力，这才是解决弱势群体境况的根本所在。

（4）要有一种"到心"的道德责任感。据《华西都市报》2007 年 6 月 29 日报道：2007 年 5 月 8 日第 60 个世界红十字日，在 11 家高校同时启动的"蓉城高校博爱进万家接力活动"收到了近 8 吨共 10 多万件高校学生捐赠的旧衣物，可其中有 30% 的东西居然是用过的内衣内裤和破旧肮脏的衣物。

据《公益时报》报道，在 2007 年 5 月 20 日的"全国助残日"，北京公交集团第四客运分公司组织司售人员体验残疾人乘公交的感受，希望借此使司售人员能够了解残疾人最需要什么样的帮助，提高司售人员的服务水平。"乘客的要求就是我们服务的标准"，北京公交集团第四客运分公司车队书记王桂明介绍，"我们的服务不仅要起到眼睛的作用，而且要让残疾人感到舒服。"王桂明说，残疾人是一个特殊群体，很多残疾人自尊心很强，不愿意接受他人的帮助。"这就要求我们的服务不只是做到'能够提供'那么简单，不仅要服务到位，更要服务到心。"

这两则事例形成了鲜明的对比，同时也从正反两方面说明了公益救助最重要的是需要一种"到心"的道德责任感。心理学研究发现，个体如果觉得自己对某事负有责任，或者做出过某种承诺，都会影响他产生利他行为。美国的一位心理学家曾在纽约的一处海滩上进行过现场实验。他让他的实验助手把在沙滩上铺着毯子休息的游客当做被试者，让助手把毯子也铺在被试者旁边，然后打开收音机放在旁边。过了一会儿，助手询问被试者现在几点钟了（这是一种条件）。然后他就走到别的地方去，或者说，"对不起，我要到木板步行道上去一下，你可以帮我照看一下东西吗？"（这是第二种条件）如果被试者答应了，这意味着他已经作出了承诺，成为一个负责任的旁观者。在这两种条件下，第一个助手走开之后，第二个助手走过来，拿起收音机就跑。实验的结果发现，在第一种条件下，只有 20% 的被试者对小偷采取了某些行动。而在第二种条件下，有 90% 的被试者对小偷的行为进行了干预。其他类似的实验也得出了类似的结论。这些实验告诉我们，当一个人认为他对某一事件负有责任时，他就会对这件事采取积极主动、认真负责的态度。就公益救助活动而言，有没有高度的道德感和责任感，是公益救助主体能否以积极主动、认真负责的态度参与到救助弱势群体活动中去的一个极其关键的因素。

（5）要有一种高度的道德自律精神。道德的自律，就其本质意义来说，应当是指道德主体在认识自然必然性、历史必然性和道德必然性的基础上，自己为自己立法，变被动为主动，自觉地按照道德规范的要求指导和约束自己。相对于他律来说，自律对于个体道德的践履更为关键。据《元史》记载，元朝大学者许衡一天外出，因天气炎热，口渴难耐。路边正好有一棵梨树，行人纷纷去摘梨解渴，唯独许衡不为所动。有人便问："何不摘梨以解渴？"许衡答道："不是自己的梨，岂能乱摘？"那人笑其迂腐，说："世道这样乱，管他是谁的梨。"许衡正色道："梨虽无主，我心有主。""我心有主"，意味着一个人能够坚持自己的主见，恪守自己的操行，排除外界的干扰和诱惑，不为外物所役，不被所困，以求做到"一念之非即遏之，一动之妄即改之"。这个故事表明，任何外在的社会道德要求和精神，只有通过道德主体的自律，才能最终内化在其心中，成为其自觉自主的行为。在公益救助活动中，这种道德自律精神显得尤为重要和突出。这是因为：其一，从一般的意义上来说，虽然公益伦理的根据不在人本身，而是植根于社会的经济基础和人们的公益活动中，并且要实现公益伦理从他律到自律的转化也离不开一定的他律机制。但是，公益伦理最终要通过公益伦理主体的道德自律去体现。没有公益伦理主体的道德自律，一切外在的公益伦理要求都不可能转化为公益伦理主体的道德品质，变成实存的道德行为和道德风尚，而只能成为一种无意义的虚设。其二，由于公益行为的非强制性或志愿性的特点，使得公益伦理的自律性显得更加突出。任何公益伦理包括公益组织及其参与公益救助活动的个人只有严格自律，洁身自好，坚持原则，坚决抵制各种诱惑或任何不正当的附加条件，才能保证公益事业的良性运行，捍卫公益事业的崇高声誉和良好形象。

四、弱势群体的自强与知报之心

（一）弱势群体的自强

公益行为主体的道义救助，对于弱势群体走出生存和发展的困境无疑是十分必要和重要的，但又要看到，这种救助毕竟是一种外在的因素，只能起到增强弱势群体改变其弱势地位的能力的作用，而且这种外在因素能不能发挥作用以及发挥作用的程度如何最终取决于弱势群体是否有一种自立自强的精神。这就是说，自立、自强是弱势群体最终摆脱弱势地位的决定性因素。事实上，在现实生活中，有许多社会弱者主要是依靠自己的自立、自强来改变命运的。

据《公益时报》2007 年 11 月 11 日报道，雷州市企水镇茂家村村民蔡碧智，身高只有 1.18 米，既矮又残疾，平时走路十分困难，近乎丧失劳动能力。面对多舛命运，他不低头、不屈就，以坚强的毅力和拼搏的勇气，自谋职业，干起了既苦又甜的补鞋活，不但闯出了一条人生路，而且 20 多年来慷慨行善，几十元、几百元甚至几千元地一次又一次资助贫困学生、残疾老人和五保户，成为雷州市企水镇一个家喻户晓、人人皆知的"活雷锋"。

感动中国 2005 年度人物之一的洪战辉，他的父亲是一个间歇性精神病人，不堪生活重负的母亲离家出走，面对年幼的弟弟和嗷嗷待哺的妹妹，这名年仅 12 岁的少年勇敢地挑起了家庭的重担。艰难困苦并没有压弯他稚嫩的脊梁，反而砥砺他乐观、坚强地面对生活，不但自己考上了大学，还把"拣来"的妹妹养大，送进学校读书。尽管生活拮据，洪战辉却从来没有申请过特困补助，还多次婉拒好心人的捐款。面对重重困难，身为社会弱者的他没有怨天尤人，也没有自暴自弃，而是迎着困难上，用顽强的自立精神去克服和战胜暂时的困难。洪战辉带妹妹上学的事迹被媒体披露后，社会上给予了充分的关注，也给予了一定的资助。但是，洪战辉仍然谢绝他人的资助，并郑重地声明他"不需要"过多的"关爱"，呼吁人们把这种关爱转移到其他需要帮助的人身上去，表现出一种难能可贵的自强精神。

岳阳市湘阴县的杨慧丽，刚出生不久，因患小儿麻痹症，导致高位截瘫，四肢仅左手能正常活动，但她身残志更坚，以惊人的毅力自学完成初高中学业。1983 年，她借款 50 元在县城摆起了地摊做书生意，迈开了自食其力的第一步。几经磨难、几度艰辛，杨慧丽的事业越做越大。1990 年，她创办了第一个经济实体——友谊书店，固定资产达 25 万余元。1993 年，由她创办的全县第一所残疾人领办的私立幼儿园——友谊幼儿园开园，至今已培养学前儿童 2000 多名，深受社会和家长的欢迎。1998 年，她创办了全县第一所私立普通全日制学校，命名为"慧丽实验学校"，目前有近千名师生在这里工作和学习，2002 年该校被评为岳阳市民办教育先进单位。23 年来，杨慧丽的事业蒸蒸日上，她以自己的勤奋与艰辛赢得了人们的尊敬与赞美。

自强精神的基本点是要人相信，自身完善与否皆取决于己，与他力无关。对此，我国先秦时期的思想家孔子有过大量的论述。他说："譬如为山，未成一篑，止，吾止也；譬如平地，虽复一篑，进，吾往也。"① 这就是说，在人生历程中，其进其止都是自进、自止，完全取决于己。他的结论是："君子求诸己，小人求诸人。"② 作为君子，应"不怨天，不尤人"③。他认为，人不仅具有完善自己的意愿，也有完善自己的能力；人的完善与否，完全取决于内因，即内在的主观能动性。这些思想对弱势群体应如何改变自己的命运是很有启发意义的。

（二）弱势群体的知报之心

所谓知报，即《诗经·大雅·抑》中所说的"投我以桃，报之以礼"，"无德不报"，对他人的恩德、友情、支援、帮助应作积极主动的回应和报答，做到人待我如何，我也待人如何。特别是对他人在自己身处困境、险境，难以自立时所施予的恩德、援助，尤应终生不忘。知报是人类道德生活的一条重要原则和处理人际关系的重要机制。在先哲看来，应当对于他人之恩采取如下三方面的态度④：其一，"不可轻受人恩"。宋人袁采说："居乡及在旅，不可轻受人恩。方吾未达之时，受人之恩，常在吾怀，每见其人，常怀敬畏，而其人亦以有恩在我，常有德色。及吾荣达之后，遍报则有所不及，不报则为亏义。故虽一饭一缣，亦不可轻受。"⑤ 其二，"人之有德于我也，不可忘也；吾有德于人也，不可不忘也。"⑥ 概言之即是："施人勿念，受施勿忘。"⑦ 这正是古人所称道的忠厚之道。反之，"受人恩者，多不记省，而有所惠于人，虽微物亦历历在心"⑧，则是极不可取的。这种人常为

---

① 《论语·子罕》。
② 《论语·卫灵公》。
③ 《论语·宪问》。
④ 参见张锡勤：《中国传统道德举要》，黑龙江人民出版社1996年版，第260页。
⑤ 《袁氏世范》卷二《处己》。
⑥ 《战国策·魏策四》。
⑦ 《袁氏世范》卷二《处己》。
⑧ 《袁氏世范》卷二《处己》。

人所鄙视。其三，不论是施恩还是报恩都应以是是、非非为前提，所施所报均应是善，非道义的恩与报乃是同恶相济，必须坚决反对。

宁夏师范学院政法系 2006 级历史教育专业的学生孙连忠两岁时，母亲因病去世，家里仅剩父子二人相依为命。为了照顾年迈多病的父亲，家境贫寒的他从跨入大学校门的第一天起，就将父亲带在身边，靠勤工俭学和捡垃圾来维持生活。2007 年 3 月，孙连忠的事迹经媒体报道后，社会各界纷纷向他伸出援助之手。当收到来自社会各界的 8000 多元捐款时，孙连忠希望把这些捐款的一部分用于设立"感恩教育基金"，呼唤全社会关注贫困学生，并在关于设立"感恩教育基金"申请书中写道："我想用部分社会捐款设立感恩教育基金，目的在于将爱心、善心、孝心，融化在我们青少年价值观念形成的关键时期。感恩父母、感恩老师、感恩曾经帮助过自己的人，最终才能感恩社会，回报社会。"孙连忠还说："我认为一个人的能力是有限的，但我将满怀信心地将自己有限的能力和青春投入到这片润物细无声的土地上。让我们共同用爱心催生更多的感恩，催生更多自强自立的人。"

前面所提到的杨慧丽在事业成功后，就开始思考如何反哺社会，帮助像她那样的残疾弱势群体。1996 年 9 月 1 日，杨慧丽兴办了一所特殊教育学校，自学校开办以来，每年办学经费缺口不下 20 万元，但学校仍只是象征性地从残疾学生家长手中收取少量费用。通过她的努力，特殊学校已培育残疾儿童 300 多人，使他们具备了初高中文化程度，并输送了多人到福利工厂工作，从而走上了自主创业的人生道路。多年来，极富善心的杨慧丽已累计向残疾儿童捐助款项达 23 万多元，向社会献出爱心款项 5 万多元。

孙连忠和杨慧丽的行为有力地向人们昭示了这么一个道理：虽然在现代公益事业中，弱势群体接受社会救助是他们应该享有的基本人权，他们不必为此对个人或社会组织感激涕零；任何个人或社会组织也不应借慈善之名，牟取私利。但是，不必并不等于不应该，一个人在接受了社会的救助后更应该懂得感恩图报，尤其应懂得回报社会。知恩图报不仅是中华民族的传统美德，也是弱势群体应该履行的道德义务，更是实现我国公益事业可持续和健康发展的重要保障之一。

第三章　当代中国公益伦理的
原则和价值取向

公益伦理主张的权利与义务问题，归根到底，是一个如何处理好公益行为主体包括公益组织和公益个体与公益行为客体即弱势群体之间的关系问题。调节这种关系无疑需要一定的伦理原则和价值取向予以范导。可以说，公益伦理的原则和价值取向的范导对促进公益行为主体有效地履行救助义务、维护弱势群体的道德权利、保障公益救助活动的有序进行具有根本性的意义。

一、当代中国公益伦理的原则

（一）当代中国公益伦理的基本原则——以弱势群体为本

所谓公益伦理原则，是指公益活动对公益行为主体的基本道德要求，是在公益活动中调节、指导和评价公益行为主体行为的道德标准，对整个公益活动具有广泛的范导作用。在当代中国，公益伦理原则是我国社会主义道德规范体系的重要组成部分，也是社会主义道德的一个特殊领域。根据普遍性和特殊性相结合的原理，当代中国公益的伦理原则既要体现我国社会主义道德的基本要求，尤其是要贯彻集体主义道德原则和为人民服务的精神，因为集体主义是我国社会主义道德体系的基本原则，为人民服务是我国社会主义道德体系的价值核心和整合力量，又必须反映公益活动的特殊本质和要求。据此，我们认为，以弱势群体为本应当是当代中国公益伦理的基本原则。

以弱势群体为本，简单地讲，就是要尊重弱势群体在社会发展中的地位和作用，尊重弱势群体作为人的尊严，从满足弱势群体的合理需要出发，维护弱势群体基于人而应该享有的基本权利，对弱势群体实施人道救助，帮助他们过上合乎人类尊严的生活，为他们自由而全面的发展创设良好的环境和基础性条件。

以弱势群体为本之所以是当代中国公益伦理的基本原则，其根据主要在于以下几个方面。

1. 以弱势群体为本是集体主义道德原则的必然要求

首先，以弱势群体为本是"真实的集体"的必然要求。根据马克思、恩格斯在《德意志意识形态》中的论述，由于克服了一切私有制社会中少数人对多数人的统治、剥削阶级与被剥削阶级之间根本利益的对抗，建立在生产资料公有制基础上的集体就成为个人与集体相互和谐与统一的集体即"真实的集体"，这样的集体是各个个人出于自己的利益和发展的需要而形成的自由的社会联合，"在真正的共同体的条件下，各个人在自己的联合中并通过这种联合获得自己的自由"①，"只有在共同体中，个人才能获得全面发展其才能的手段，也就是说，只有在共同体中才可能有个人自由"。②"真实的集体"不但是要求其成员为集体的发展作出贡献乃至牺牲的集体，尤其应当同时也是充分实现和保障集体成员个人正当利益的集体，应当是让集体成员产生归属感和认同感的集体。在真实的集体里，由于个人利益与集体利益的根本一致，集体利益相对于个人利益的优先性使得集体利益和个人利益发生对立冲突时，集体有权利要求个人为此而牺牲自己正当合理的个人利益；但集体在享有这一权利的同时，应承担起集体对个人——为集体的利益而牺牲了自己的正当利益的个人——所应尽的义务。斯大林曾经指出："个人和集体之间、个人利益和集体利益之间没有而且也不应当有不可调和的对立。不应当有这种对立，是因为集体主义、社会主义并不否认个人利益，而是把个人利益和集体利益相结合起来。社会主义是不能撇开个人利益的。只有社会主义才能给这种个人利益以最充分的满足。此外，社会主义社会是保护个人利益的唯一可靠的保证。"③ 因此，集体主义道德原则内在地包含了补偿的原则。所谓补偿原则，是针对弱势群体的特殊补充原则，其基本内涵

---

① 《马克思恩格斯选集》第 1 卷，人民出版社 1995 年版，第 119 页。
② 《马克思恩格斯选集》第 1 卷，人民出版社 1995 年版，第 119 页。
③ 《斯大林选集》下卷，人民出版社 1979 年版，第 354—355 页。

是："为了平等地对待所有人，提供真正的同等的机会，社会必须更多地注意那些天赋较低和出生较不利的社会地位的人们。这个观念就是要按平等的方向补偿由偶然因素造成的倾斜。"① 按照"真实的集体"的要求和补偿原则，关怀弱势群体，对弱势群体实施人道救助，改变弱势群体的弱势地位，满足弱势群体的合理需要，维护弱势群体基于人而应该享有的基本权利，为弱势群体的自由而全面的发展创设良好的环境和基础性条件，是集体以及集体中的每一个成员所应当承担的责任和义务的应有之义。

其次，以弱势群体为本是集体主义公正观的根本要求。按照集体主义公正观，所有社会成员包括弱势群体的基本权利，如生存权、机会平等权、就业权、受教育权和社会保障权等，都应得到切实的维护和保障。"因为只有对社会成员的基本权利给予切实的维护和保障，才能够从最起码的底线的意义上体现出个人对集体和社会所做贡献以及对人的尊严的肯定，才能够从最根本的意义上体现社会发展的基本宗旨，即以人为本的社会发展理念。同时也只有建立起公民基本权利的保障机制，才能从底线的意义上保证集体主义道德原则的确立，也就是说集体主义道德原则是以公民基本权利的保障为前提的，没有以社会公正为基础的公民基本权利的保障就不可有集体主义道德原则的确立。"② 弱势群体基于人而应该享有的基本权利不能得到应有的维护和保障是与集体主义公正观相背离的。集体主义公正观在提倡得所当得的同时，也要求贯彻补偿原则，对弱势群体给予权利倾斜性保护，以实现社会公正。可见，以弱势群体为本，对弱势群体实施人道救助，通过这种人道救助使弱势群体的基本权利得到维护和保障，是集体主义公正观的必然要求。

2. 以弱势群体为本与为人民服务的精神是根本一致的

为人民服务作为社会主义道德体系的核心，要求热爱人民群众，对人民群众负责，把人民群众的利益放在首要的位置，以人民群众的根本利益作为衡量自己一切言论行动的最高标准。为人民服务的这种要求必然把"自我牺牲"始终同历史进步的方向联系起来，成为一种对社会发展利益的自觉

---

① ［美］罗尔斯：《正义论》，何怀宏等译，中国社会科学出版社1988年版，第95—96页。

② 张仲涛：《社会公正：弘扬集体主义价值观的前提》，《学海》2005年第6期。

追求，因而也就成为一种人们对自己的社会本质的积极肯定。事实上，在社会主义社会，一个有道德的人，他总是一个能够为他人服务、具有为社会而奉献的精神的人。人们生活在社会生活中，总是要处于各种不同的社会联系之中，处于各种不同的社会组织或社会集团之中，总要同他人发生这样或那样的联系。一个有道德的人，总是心里装着别人，装着国家和社会，能够设身处地，推己及人，与人为善，使他人因为同自己相处而得到益处。这样的行为就是道德的行为，这样的人就是有道德的人。一个有道德的人，在实践服务他人、奉献社会的行为过程中，必然会使自己思想觉悟不断提高，精神境界不断升华，并受到他人和社会的尊重和褒奖，从而使自己的身心获得益处。而这种人在社会主义社会就是一个为人民服务的人。因此，为人民服务决不意味着对个人正当利益的漠视，而是引导人们超越私有制条件下所特有的狭隘眼光的限制，真正把个人正当利益的满足同千百万人民群众的共同利益的实现统一起来，把个人的眼前利益同长远利益统一起来。①

为人民服务的这种要求和精神可以通过不同层次、不同形式、不同方面来践履和表现，但从公益伦理的视域来看，则主要表现为为弱势群体服务，关心弱势群体的正当利益，以弱势群体的正当利益作为我们衡量我们一切言论行动的最高标准。由此可见，以弱势群体为本与为人民服务的精神是根本一致的，在公益伦理的视域中，坚持以弱势群体为本，实质上就是坚持和贯彻为人民服务的精神。

最后，以弱势群体为本反映了公益救助活动的特殊本质和要求。因为公益救助之所以产生，之所以有存在和发展的必要和意义，就在于社会上存在大量的弱势群体；公益救助本质上就是一种以对弱势群体实施人道救助和伦理关怀为宗旨的社会活动（详见本书第一章）。公益救助活动的这种本质就决定了我们在公益救助活动中必须始终贯彻以弱势群体为本的伦理原则。

（二）以弱势群体为本的伦理要求

以弱势群体为本，作为当代中国公益伦理的基本原则，具体来说至少包

---

① 参见唐凯麟：《伦理学》，高等教育出版社 2001 年版，第 291—292 页。

含着公平、仁爱、奉献、诚信等伦理要求。

1. 公平

公平作为人类社会的一种道德理想和价值目标，历来为思想家们所关注，而且已成为衡量一种社会计划或行动是否合理的重要标准。千百年来，人们深受"大道之行也，天下为公"思想的影响，致力于构建一个公平的社会。然而，什么是公平？恩格斯曾在《论住宅问题》中指出："关于永恒公平的观念不仅是因时因地而变，甚至也因人而异。"① 的确，公平问题是一个长期以来争论不休的问题。围绕这个问题，人们从自己的立场和角度作出了这样或那样的解释。

有的将公平理解为财富分配或收入分配的平等。中国传统社会的"均贫富"思想就集中体现了这种公平观。欧洲空想社会主义者提倡的人人平等的公平观也属于此类。有些经济学家在谈到经济效率和公平的关系时也倾向于把公平当成分配的均等来理解。这种公平观所追求的是结果平等。正如许多学者所指出的那样，这种公平不仅是不可能实现的，而且本身包含着很严重的不公平，因为它要求使那些投入少、努力少的人获得与投入多、努力多的人同等的收入，这就意味着前者对后者的剥夺和侵占，其结果必然是造成人们追求效率的兴趣和热情下降的局面。在现实社会生活中，人们根本无法实现收入、财产的平均分配，因为它不仅是一种不合理的平均主义，而且不利于经济效率的提高和社会的发展。更为重要的是，结果均等还可能带来双重的恶果。"一方面，由于结果均等的理想在实践中根本无法实现，或者即使实现也会带来一种人们不愿看到的灾难性的后果，这样很容易使人们对公平的理想产生一种悲观的看法，即公平是根本无法实现的或公平根本不值得向往，于是有人认为'公平'的提法本身就不很现实，不如以'合理'取代'公平'。② 另一方面，它也常常成为为不公平辩护的借口。既然公平会破坏效率，那么公平就会阻碍社会进步，于是不肯默认不公平就如同不能接受死亡一样愚蠢。显然，把公平理解为结果均等不仅扭曲了效率与公平的

① 《马克思恩格斯选集》第 3 卷，人民出版社 1995 年版，第 212 页。
② 厉以宁：《经济学的伦理问题》，三联书店 1995 年版，第 22 页。

关系, 有悖公平的精神实质, 而且在伦理上也站不住脚, 毋宁说是反伦理的。"①

有的将公平理解为机会均等, 就是说, 机会对于所有人都应该是毫无差别、平等地开放的。例如, 在法国资产阶级革命时期流行的 "前程为所有人开放" 的说法强调的就是机会均等。美国著名的经济学家弗里德曼说: "任何专制障碍都无法阻止人们达到与其才能相称的而且其品质引导他们去谋求的地位。出身、民族、肤色、信仰、性别或任何其他无关的特性都不决定对一个人开放的机会, 只有他的才能决定他所得到的机会。"② 中国著名经济学家厉以宁认为, 公平首先就应该意味着机会均等, 即在社会经济生活中, 人们站在同一条起跑线上, 客观上不存在对某些人的歧视。③ 他反对以追求收入和财产均等来理解 "公平"。他说: "收入、财产的平均是平均主义的体现。把平均主义理解为公平, 是对公平概念的曲解。把公平理解为机会均等, 要合适得多。"④ 他还进一步指出, 政府可以在如何实现机会均等方面有所作为, 如政府可以通过法律禁止歧视, 保证竞争的公平性、公开性, 同时对不公平竞争进行处罚。在厉以宁看来, "即使不能完全实现机会均等, 至少可以逐渐接近机会均等, 大体上机会均等的条件也是可以出现的。"⑤ 机会均等的公平观所强调的是机会向所有的人开放, 使人们能够在同一规则下自由竞争, 凭能力去获得自己之所得。相对于强调结果均等的公平观, 应该说它具有较多的合理性, 因为它使人们的所得与自己的努力和才能成正比, 这有利于激发人们付出的积极性, 有利于效率的提高。但是, 机会均等也只能是一种理论假设, 一旦涉及社会现实, 由于人们的天赋不同和所处的环境不同 (包括家庭、社会、地区、教育程度等), 机会均等立刻就

① 郑立新:《理解公平的三种伦理维度》,《哲学动态》2006 年第 5 期。

② [美] 米尔顿·弗里德曼、罗斯·弗里德曼:《自由选择》, 胡骑等译, 商务印书馆 1982 年版, 第 135 页。

③ 参见厉以宁:《超越市场与超越政府——论道德力量在经济中的作用》, 经济科学出版社 1999 年版, 第 92 页。

④ 厉以宁:《超越市场与超越政府——论道德力量在经济中的作用》, 经济科学出版社 1999 年版, 第 92 页。

⑤ 厉以宁:《超越市场与超越政府——论道德力量在经济中的作用》, 经济科学出版社 1999 年版, 第 93 页。

成为一种"乌托邦"般的东西。不仅如此，由于市场竞争的现实条件与未来条件不可割断，上一轮市场竞争的结果必将成为下一轮市场竞争的起点，于是已有的实际上的机会不均等又为今后的实际上的机会不均等准备了前提。机会均等不仅在现实生活中根本无法实现，而且它跟结果均等一样，在伦理上也没有充足的根据。它只不过把某种表面的机会公平突出出来，其结果很可能造成更加深刻的不平等。罗尔斯在批评平等主义的补偿原则时指出："这一论点认为制度的不正义总是存在的，因为自然才能的分配和社会环境中的偶然因素是不正义的，这种不正义必然要转移到人类社会的安排之中。……我认为自然资质的分配无所谓正义不正义，人降生于社会的某一特殊地位也说不上不正义。这些只是自然的事实。"① 的确，人的差异性和无限多样性不仅是一个不可改变的基本事实，而且也正是人的存在的本质属性和人类社会存在、发展的前提与条件。"人性有着无限的多样性——个人的能力及潜力存在着广泛的差异——乃是人类最具独特性的事实之一。"② 承认人的差异和无限多样性这一基本的事实，是我们考虑公平问题的一个基本出发点和依据。真正的公平并不要求社会去努力抹平障碍，使每一个人在竞赛中在同一起点上竞争。"从人们存在着很大差异这一事实出发，我们便可以认为，如果我们给予他们以平等的待遇，其结果就一定是他们在实际地位的不平等，而且，将他们置于平等的地位的唯一方法也只能是给予他们以差别待遇。"③

由此可见，无论是结果还是机会的均等，尽管它们确实是可欲的，并且作为人类的一种理想对人们充满着诱惑力，但它们并没有实现的充足的伦理根据。相反，如果强行去实现这种"公平"理想，则只能带来一种相反的伦理后果。它们至多只是体现了公平的某些外部特性，并没有反映公平的内在精神实质。④

有的将公平理解为一种"应得"。T. 阿奎那说："一种习惯，依据这种

---

①　［美］罗尔斯：《正义论》，何怀宏等译，中国社会科学出版社1988年版，第102页。

②　［英］哈耶克：《自由秩序原理》（上），邓正来译，三联书店1997年版，第103页。

③　［英］哈耶克：《自由秩序原理》（上），邓正来译，三联书店1997年版，第104页。

④　参见郑立新：《理解公平的三种伦理维度》，《哲学动态》2006年第5期。

习惯，一个人以一种永恒不变的意志使每个人获得其应得的东西。"① 当代神学家埃米尔·布伦纳（Emil Brunner）也认为，"无论是他还是它只要给每个人以其应得的东西，那么该人或该物就是正义的；一种态度、一种制度、一部法律、一种关系，只要能使每个人获得其应得的东西，那么它就是正义的。"② 无疑，无论是作为一种精神取向，还是作为一种制度安排，公平（正义）最根本的精神实质是保证人们获得其应得的东西（它可以是利，也可以是害）。简单地说，就是给人以应得而不给人以不应得。但是，对"应得"的理解可以是多元的，"应得会与诸如需要这种其他的标准相冲突，在那种情况下，我们在确定正义的要求时就得在各种不同的标准之间进行相互平衡"③。而理论家关于公平问题争论的焦点就在于究竟什么是"应得的"，不同的应得概念会产生不同的公平概念。因此，我们需要确定一种普遍、稳定、公开的应得标准，这种标准就是公平或正义的原则。

自由主义对公平（或应得）的理解可以概括为基本权利完全平等和非基本权利比例平等。基本权利之所以要完全平等，是因为它是一些基本的人权，实际上源于一种人之为人的基本需要，是对人的尊严、价值的一种基本保障和自由的前提。换句话说，它是人之生存以及体现人之生命意义所必要的基本的善。另外，基本权利完全平等还具有不可低估的社会意义，就像"在法律面前人人平等"一样，它既是个人的基本人权，又是现代社会正常运转的基本保障和现代社会基本价值的体现。"一般性法律规则和一般性行为规则的平等，乃是有助于自由的唯一一种平等，也是我们能够在不摧毁自由的同时所确保的唯一一种平等。"④ 因此，在现代社会，基本自由是首要的、第一位的，具有词典式的优先性（罗尔斯语）。"自由只能为了自由的缘故而被限制。"⑤ 基本权利的完全平等在现代社会已经取得了广泛的认同，

---

① ［美］博登海默：《法理学：法律哲学与法律方法》，邓正来译，中国政法大学出版社1999年版，第265页。

② ［美］博登海默：《法理学：法律哲学与法律方法》，邓正来译，中国政法大学出版社1999年版，第285页。

③ ［英］戴维·米勒：《社会正义原则》，应奇译，江苏人民出版社2001年版，第146页。

④ ［英］哈耶克：《自由秩序原理》（上），邓正来译，三联书店1997年版，第102页。

⑤ ［美］罗尔斯：《正义论》，何怀宏等译，中国社会科学出版社1988年版，第302页。

政府的首要责任就在于保障每一个人基本权利的平等。这既是公平的要求也是自由的要求。

对于非基本权利如何分配则是各种公平理论争论的焦点。自由主义反对非基本权利适用平等原则，主张人们在参与社会合作中有权依据其为社会或他人提供的服务或作出的贡献索取报酬。亚里士多德曾指出："所谓公平合理，就是对方所受到的报酬与他所提供的利益相当，或者他所得到的快乐与他所付出的代价相当。"① 现代新自由主义强调，贡献是一个人获取非基本权利的正当源泉。更为重要的在于，只有按贡献分配非基本权利才能真正保障自由秩序。所以，在非基本权利方面的比例平等就是要求权利的分配应当与个人的贡献成正比。在哈耶克看来，在保障基本权利完全平等的前提下，按贡献原则分配权利既是可行的，又是必需的，因为它是自由的体现和保证。至于物质平等，在哈耶克看来不过是一种妒忌。由于这种平等主义倾向违背自由秩序原理，哈耶克对此进行了尖锐的批判。"当下全力安抚此种不满情绪的倾向而且努力给这种情绪披上一件令人尊敬的社会正义外衣的倾向，正日益演化成一种对自由的严重威胁。"② 一个自由的社会不赞成也不会提供一种物质平等（它包括前面所说的结果均等和机会均等），而倾向于一种贡献原则。"一个自由的社会对行动的结果提供的酬赏标准，具有如下的作用，它们能够告诉那些为这些酬赏而努力的人士付出多少努力是值得的。再者，提供同样结果的人，也会得到同样的报酬，而不论这些人所付出的努力是否相同。"③ 哈耶克的公平观应该说主要是经济意义上的，似乎缺少一种必要的伦理维度。这种公平观在罗尔斯看来就只是自然的自由体系的，实际上是把效率原则当做公平原则，其直接结果就可能是贫富差距的进一步拉大，尽管哈耶克本人也不希望这样的结果。"仅仅效率原则本身不可能成为一种正义观。因此，它必须以某种方式得到补充。在自然的自由体系中，效率的原则收到某些背景制度（background institution）的约束，一旦这

① ［古希腊］亚里士多德：《尼各马科伦理学》，苗力田译，中国社会科学出版社1999年版，第197页。
② ［英］哈耶克：《自由秩序原理》（上），邓正来译，三联书店1997年版，第112页。
③ ［英］哈耶克：《自由秩序原理》（上），邓正来译，三联书店1997年版，第117页。

些约束被满足，任何由此产生的有效率的分配都被认为是正义的。"① 罗尔斯试图调和自由与平等之间的深刻矛盾，构筑一个理想的完美的自由世界。

在罗尔斯看来，正义即"作为公平的正义"。正义的主题或对象是社会的基本结构，它关注的是如何分配公民的基本权利和基本义务以及如何分配由社会合作导致的利益和负担——它体现为一定的政治制度和经济制度设计。他还进一步区分了正义概念和正义观。在罗尔斯看来，正义概念意味着社会在进行权益分配过程中不对人们进行任意区分，意味着要实现权益分配的恰当均衡。对人们进行任意区分的问题和如何实现权益均衡的问题则属于正义观的领域了。

罗尔斯认为，人们的生活前景是不同的，但这种差异不仅是由人们的出生背景、社会地位和自然秉性造成的，而且是由政治体制和一般的经济、社会条件的制约和限制导致的。这些因素对人的一生会产生个人无法自主选择的不平等状况。他尤其指出，正义原则就是为了应对这种不平等现象而被提出来的。具体地说，他所提倡的正义原则是要通过调整社会制度设计来从全社会的层面处理人们在起点上的不平等，尽量消除社会历史和自然条件方面的偶然性因素对人们生活前景的影响。

在制定他的正义原则过程中，罗尔斯继承了洛克、卢梭、康德等人为代表的契约论传统，并在一个更抽象的层面上提出了他的"作为公平的正义"理论。在罗尔斯的理论框架里，人们制定契约的目的并不是为了建立某种特殊的制度或进入某种特定的社会，而是为了选择和确立一种能够指导社会基本结构设计的根本道德原则，即正义原则。罗尔斯在理论建构过程中努力排除社会历史因素和自然因素。在他看来，制定契约的"原初状态"仅仅是一种假设的结果、一种思辨的设计，因此，人们可以对它进行不同理解和解释。他希望通过设想一种理想的最初状态，使人们能够在一种理想的状态中自由选择他的正义原则。他假设人们是在一种"无知的面纱"背后进行这种选择，使人们对个人和社会的信息全然不知。罗尔斯认为，人们在"无知"的状态下选择的正义原则有两个："第一个原则：每个人对与其他人所拥有的最广泛的基本自由体系相容的类似自由体系都应有一种平等的权利。

---

① ［美］罗尔斯：《正义论》，何怀宏等译，中国社会科学出版社1988年版，第72页。

第二个原则：社会的和经济的不平等应这样安排，使它们（1）被合理地期望适合于每一个人的利益；并且（2）依系于地位和职务向所有人开放。"①第一原则是自由原则，是自由主义的基本立场。第二原则又包含两个原则，即差别原则和机会均等原则。罗尔斯的第二原则在处理非基本权利的不平等方面包含了更多的伦理考虑，他希望把自然才能的分配看做一种共同的资产，一种共享的分配的利益。也就是说，罗尔斯在肯定自由秩序的基础上，对自由竞争必然带来的社会的和经济的不平等，不是像哈耶克所认为的那样听之任之，视之理所当然，也不是像平等主义那样希望完全抹平这种不平等，而是希望通过差别原则和机会公平开放原则使这种不平等得到安排，使之合乎社会中的每一个人的利益，尤其是合乎社会中处于最不利地位者的最大利益。在这两个原则中，第一个原则优先于第二个原则，而第二个原则中的机会均等原则优先于差别原则。这两个原则的根本目的是要完全平等地分配各种基本政治权利和公民义务，尽量平等地分配由社会合作所产生的经济利益和负担，使各种职务、职位和地位平等地向所有社会成员开放，仅仅鼓励那种能够给最少受益的人带来最大利益补偿的不平等分配，任何个人或团体只能以有利于最少受益者的方式谋利才能享受更好的生活。这样一来，罗尔斯所说的"作为公平的正义"意味着，正义原则必须是一种在绝对公平的原初状态中得到了一致同意的原则。更进一步说，它必须是一种兼有条件公平、契约公平和结果公平的公平。正义原则是以公平为基础和前提的，它必须是公平的契约。正义原则的实施将给整个社会带来最大可能的公平。

在罗尔斯的正义理论里，"公平"即"平等"。他提倡一种以追求普遍社会价值为目标的公平，要求平等地分配机会、收入、财富，要求使所有人平等地拥有自尊和自由。罗尔斯希望通过提倡他的正义原则为人类政治生活和经济生活确立一个"合乎所有人的利益"的标准，即"合乎最少受益者的利益"的标准。换言之，罗尔斯的正义理论是一种偏爱在社会生活中最少受益者的理论，它把弱势群体置于伦理关怀最突出的位置。

可以说，公平是以弱势群体为本原则的首要伦理要求。当然，这里所说的公平与人们通常意义上所说的公平有所不同。它不是一般地强调所谓结果

---

① ［美］罗尔斯：《正义论》，何怀宏等译，中国社会科学出版社1988年版，第61页。

均等、机会均等或应得公平，而是强调要公平地对待弱势群体。公平地对待弱势群体，关注和关心弱势群体的生活状况，使他们能够具有各种参与社会活动的机会，最终使他们能够生活在比较公平合理的贫富差距限度之内，是以弱势群体为本的基本精神之所在。由此不难看出，上述诸种关于公平的解释中，唯有罗尔斯的偏爱在社会生活中最少受益者、把弱势群体置于伦理关怀之最突出位置的理论较为深刻地揭示了这里所讲的公平之实质。

　　从我国目前的情况来看，因各种自然因素、社会历史因素的影响，我国现阶段还存在着许多歧视弱势群体甚至置弱势群体之道德权利而不顾的不公平现象。如，据腾讯网新闻中心2007年5月23日报道：掌握四门外语，多次获得国家级奖学金，曾多次被媒体报道并被称为"当代张海迪"的北大女博士郭晖在毕业时却面临着找工作的困境。在半年多时间里，她说自己投了上百份简历，"但都因为残疾而被拒"。郭晖12岁时因误诊导致高位截瘫。靠着惊人的毅力，她在轮椅上学完了小学到硕士学位的课程，并掌握了四门外语。2003年，她考入北大英语系读博。在北大这几年，郭晖成绩优秀，被评为"全国优秀大学生"，并获得"五四青年论文竞赛奖"。她的事迹多次被媒体报道，被称为"当代张海迪"。读博之前，通过自学拿到硕士学位的郭晖曾经在家乡河北找工作。父母推着她到一所高校应聘英语教师，而学校领导看了她的简历后冷冰冰地说："我知道她英语水平很高。但她是自学拿到硕士学历的，而且她是残疾人。我们不要这样的人。"于是，郭晖便横下心来要读一个正规的博士，以改变自己的命运，经过努力，终于考上了北大外语系。但是，正如她自己所说："我能改变我的学历，却不能改变残疾。4年之后，我找工作时还是面临同样的结局。"再如，据《中国青年报》2007年4月16日报道：《四川省申请认定教师资格人员体检办法》和《四川省申请认定教师资格人员体检工作指导意见》规定："有下列情形之一者，视为不合格：1. 男子身高低于160厘米，女子身高低于150厘米；男子体重低于45公斤，女子体重低于40公斤者……"四川一所师范院校一名即将毕业的男性大学生，因个子只有158厘米，无法从事教育工作。

　　自由主义经济学家亚当·斯密曾指出："下层阶级生活状况的改善，是对社会有利呢，或是对社会不利呢？一看就知道，这问题的答案极为明显。……社会最大部分成员境遇的改善，绝不能视为对社会全体不利。有大部分成员陷于贫困悲惨状态的社会，绝不能说是繁荣幸福的社会。"① 这就是说，弱势群体生活状况的改善对整个社会的进步和发展是具有积极意义的。从社会成员的相互交往关系和社会改进政策上考虑，如果一个社会改善了弱势群体的生活状况和发展前景，那么，"这种由于自然才能和天赋的不同而导致的不平等，对弱势群体来说也是可接受的。因为假如不让在自然才能和天赋上的幸运者获得其应得的东西，自然才能和天赋上的不幸者的生活状况可能会比当前的处境更差。同时，在社会共同体中，占优势地位的人群亦不应抱怨遵循差别原则和补偿原则来帮助穷人和弱势人群的做法，因为他们的自然优势本身已经就是一种先天的补偿。差别原则体现了社会成员之间的合理的互惠关系，富人和穷人都生活在一个社会共同体中，彼此的合作对各自权利的获得和发展都是重要的。"②

公平是社会主义的重要价值目标，是社会主义的应有之义。当今中国之所以要以社会主义市场经济取代计划经济，其重要原因之一就是要运用价值规律和市场机制推动企业和劳动者开展公平竞争和有效竞争。公平竞争意味着起点公平和机会均等。在计划经济时代，企业生产完全依靠行政指令，人员统包统配，物质统分统配，资金统收统支，企业和劳动者之间不存在竞争，也没有必要竞争。然而，进入市场经济发展阶段之后，公平竞争成为社会经济生活的主旋律，优胜劣汰也成为不可避免的事情，这就把如何确保和维护弱势群体的利益提上了议事日程。如何关心和维护弱势群体的利益不仅关系到弱势群体本身的利益，而且也涉及中国社会主义制度的优越性是否得到应有体现的问题，其重要性是不容忽视的。

在中国社会主义社会里，既要鼓励一部分人、一部分地区先富起来，但也要帮助还没有富起来的人和地区尽快富裕起来。因此，对于那些凭借个人才能、合法竞争等致富的人，我们要予以鼓励和支持，以推进社会主义社会生产力的发展，但我们需要同时兼顾那些在社会经济发展过程中沦为弱势群体的人。"调节强势群体和弱势群体之间的利益关系，根本的问题在于机会

---

① ［英］A. 斯密：《国民财富的性质和原因的研究》上卷，郭大力译，商务印书馆1972年版，第72页。

② 甘绍平、余涌：《应用伦理学教程》，中国社会科学出版社2008年版，第134页。

利用的合理和利益分配的公正。优势与弱势形成的条件不同，有先天与后天的差别，也有历史和现实的原因。其势之强弱，有的带有必然性，有的带有一定的相对性；有的是一时性的，短期就能解决，有的则具有长期性，不是短时期能够解决的。如何合理利用强势弱势发展的机遇和条件，实施机会和利益的公平分配，应根据'效率优先，兼顾公平'的原则，还要有对特殊情况给予特殊对待的政策。既不要挫伤优势者的积极性，也不能不顾弱势者的生存和发展，而要统筹兼顾，在保护优势者的积极性的前提下，注重提高弱势者的能力，保护弱势者的利益，始终把握住共同进步和共同富裕的目标。因为，只有不断提高弱势者的能力，保护弱势者的利益，才能不给强势者增加前进的阻力，降低社会发展的平均水平；只有把握共同进步、共同富裕的目标，才能保持社会主义方向，推进社会主义现代化进程，并为下代人的发展缩小弱势群体的象限，从而不断增强中华民族的素质和力量。这就是说，从社会发展的效率来说，要就高不就低，力求保持优势群体的强势劲头；从分配的公平来说，要就低不就高，力求关照弱势群体的利益。这可以说是采取解决强弱群体利益矛盾的'补差'原则。"①

　　目前，贯彻公平原则，关怀弱势群体，首先要解决的问题是贫富差距问题。"改革开放以来，中国人民的生活水平普遍有了提高。但相比之下，有些人比较富裕，有些人还比较贫困，收入距离拉大，一定程度上显示出两极分化的趋势。……我们允许一部分人先富起来，是遵循经济和社会生活发展的规律，打破阻碍生产力和社会发展的平均主义，但同时又通过政治、政策，以及法律和道德的调节，使先富帮后富，防止两极分化，逐步达到共同富裕。这就是要在社会发展的总体上保持比较合理、正常的伦理关系。"②在社会主义市场经济的发展过程中，虽然要达到财富或收入以及权利的绝对平等分配是不可能的，这也不符合市场经济本身的发展规律，但是我们也应当通过分配机制的调整来避免社会和经济不平等所可能造成的不公平。当今中国，虽然人们从整体上达到了"小康水平"，但是人与人之间的贫富差距仍然严重存在。因此，在有些中国人每逢节庆享受十几万元一桌的"豪华

---

① 宋希仁：《保护弱势群体是"德治"的应有之义》，《前线》2001 年第 5 期。
② 宋希仁：《保护弱势群体是"德治"的应有之义》，《前线》2001 年第 5 期。

大餐"的同时，中国仍然有很多贫困家庭在为孩子的学杂费而苦苦挣扎，这构成了中国社会贫富悬殊的现状。当今中国不仅存在大量的农村与城市贫困人口，而且存在贫富差距仍然在不断扩大的问题。测量贫富差距，通常用基尼系数法。① 改革开放以来，我国在经济增长的同时，贫富差距逐步拉大，综合各类居民收入来看，基尼系数已跨过0.4，达到了0.46，越过了收入分配贫富差距的"警戒线"，突破了合理的限度，总人口中20%的最低收入人口占收入的份额仅为4.7%，而总人口中20%的最高收入人口占总收入的份额高达50%。这突出表现在收入份额差距和城乡居民收入差距进一步拉大、东中西部地区居民收入差距过大、高低收入群体差距悬殊等方面。例如，据《瞭望》新闻周刊记者葛如江等在2007年对农民工所做的一次走访调查，安徽阜南县方集镇北街村的李俊在上海打工已经三年，生于1981年的他算是二代农民工的典型，有一定的知识和文化积累，在上海做室内精装修这样的技术活，每月收入两千元以上甚至更多。这些钱一大半是寄回家维持母亲、妻子以及一岁孩子的生活。"家里的地都淹了，基本上都改种树了。"李俊说。常常发水受灾使种地收入充满风险，全家的生活几乎都要靠他的打工收入。李俊在上海住在一个"基本上只够放个床"的"小窝"，位置就在虹桥机场飞机起落线的下方。"每当有飞机起降，轰鸣声震得心脏都难受"。他出门的交通工具是一辆破旧的自行车，无论多远的活，他都只骑车而舍不得花钱坐车。与李俊的窘迫生活形成鲜明对比的是他的老板，与他

---

① 基尼系数法（Gini Coefficient）是意大利经济学家基尼于1922年提出的，定量测定收入分配差异程度，国际上用来综合考察居民内部收入分配差异状况的一个重要分析指标。其经济含义是：在全部居民收入中，用于进行不平均分配的那部分收入占总收入的百分比。基尼系数最大为"1"，最小等于"0"。前者表示居民之间的收入分配绝对不平均，即100%的收入被一个单位的人全部占有了；而后者则表示居民之间的收入分配绝对平均，即人与人之间收入完全平等，没有任何差异。但这两种情况只是在理论上的绝对化形式，在实际生活中一般不会出现。因此，基尼系数法的实际数值只能介于0—1之间。目前，国际上用来分析和反映居民收入分配差距的方法和指标很多。基尼系数由于给出了反映居民之间贫富差异程度的数量界线，可以较客观、直观地反映和监测居民之间的贫富差距，预报、预警和防止居民之间出现贫富两极分化，因此得到世界各国的广泛认同和普遍采用。按照国际惯例，基尼系数在0.2以下，表示居民之间收入分配"高度平均"，0.2—0.3之间表示"相对平均"，在0.3—0.4之间为"比较合理"。同时，国际上通常把0.4作为收入分配贫富差距的"警戒线"，认为0.4—0.6为"差距偏大"，0.6以上为"高度不平均"。

家同镇不同村的这位"远亲"已然是一位"打工中产"，并在上海曹宝路的好地段买下了一栋三室一厅的房子，一家五口定居上海。"打工里面的富人还真不少，我们那个镇有不少人打工当老板后都在城里买房安家了。"谈起别人的成功，李俊眼中满是羡慕。像李俊和他亲戚在打工中出现贫富分化的情况并不鲜见。在上海一建筑工地打工的安徽太和县人何情告诉记者，他们村100多人，有一半以上都在外面打工，但富的主要是20多个在新疆做废品回收的，一个人一年能挣两万多；其他人都是在外面卖苦力，一年能挣个七八千元算不错了。"这样的情况很多，农民工中有能力运气好的，出去打工一年能挣几万块，运气不好的只挣到几千元。"何情摇了摇头唉息道："现在是穷的穷，富的富，贫富差距比过去大多了！"这种贫富差距扩大的趋势不仅威胁到我国社会的稳定与发展，而且也表明通过分配机制的调整来避免社会和经济不平等所造成的不公平已经成为十分紧迫和重要的课题。

一般来说，市场经济条件下的收入分配可分为三次分配。第一次分配是由市场按照效益进行分配；第二次分配是由政府通过税收和财政支出，以社会保障等转移支付的形式进行的分配；第三次分配是通过个人收入转移和个人自愿缴纳和捐献等自觉自愿的方式再一次进行的分配。第三次分配的主要内容是公益性的慈善捐赠，包括扶贫、助学、救灾、济困、解危、安老等形式。

通过市场实现的收入分配被称为第一次分配，它讲求效率。然而，市场的残酷竞争导致了贫富分化；况且，由于中国处在转型过程中，收入差距、贫富差距并不都是市场甄别的结果，有些问题是制度不完善造成的，这就需要政府通过税收和财政杠杆调节，实行第二次分配。政府第二次分配的目的在于追求公平。近些年来，政府在第一次分配和第二次分配领域采取了一系列调节措施。如在调节初次分配方面，政府在1999年制定了"两个确保"的政策，即确保国有企业下岗职工等低收入人员的基本生活水平和确保国有企业离退休人员得到收入。"两个确保"使原来由各级地方政府根据具体情况确定的下岗职工基本生活保障线、失业救济线、城镇居民最低生活保障线的水平在原有基础上提高了30%。另外，全国机关在职职工人均月基本工资增加120元，机关和企业单位离退休人员的离退休金、事业单位职工固定工资和津贴补助标准也得到了相应提高。至于各地拖欠国有企业离退休人员的养老金，也一次性予以补发。在调节第二次分配方面，政府出台了一系列旨在调节收入分配差距过大的新措施，包括加大社会保障（包括农村医疗保障）资金的投入力度，逐步提高各级预算中社会保障支出的比例，以充实社会保障基金；制定和实施鼓励再就业的税收优惠政策；继续加大对"三农"的投入和政策支持力度；等等。然而，由于中央和地方政府的财力有限，同时政府还需要兼顾和平衡各个阶层和不同群体的利益，比如过高的所得税将会影响效率，降低人们创造财富的积极性，因而政府进行第二次分配的阻力与难度是非常巨大的，第二次分配远远不能解决收入差距过大的问题。另外，在第一次和第二次收入分配过程中，由于存在腐败、垄断、政策偏袒（如公共支出和社会保障向城市居民倾斜）、税制不公平等问题，大量社会财富不公平地转向了少数特定群体，这使我国的分配差距演化为一个十分严重的社会经济问题，成为构建和谐社会、促进社会经济健康发展道路上的严重威胁。中国人比较能够宽容贫穷，却对分配差距的宽容度较低，这就是"不患寡而患不均"的思想传统。当人们感到分配差距过大的主要原因来自许多不合理、不公平的政策与制度因素时，不满和愤怒就会逐步积累和增强，并在一定的条件下以比较激烈的方式爆发出来。①

由于第一次分配和第二次分配并不能最终实现公平，因此，由个人通过慈善捐赠、扶贫、助学、救灾、济困、解危、安老等自觉自愿的方式进行第三次收入分配是必要而重要的。如果说第二次分配是第一次分配的补充，即政府弥补市场之不足，那么，第三次分配则是第二次分配的补充，即以民间捐赠弥补政府之不足。第三次分配是以道德、爱心为基础的分配机制，不是政府行为，而是社会行为，是社会互助，讲的是奉献。"与靠市场分配、劳动所取得报酬而进行的第一次分配和通过国家的社会福利、社会保障政策进行的第二次分配不同，第三次分配强调的是自愿精神，是非营利使命，是助他利他理想的追求，它不但可以从物质上缓解某些群体的困境，还可以从心理上、情感上消除不同阶层的隔阂和对立，进而在价值上形成一定的共

---

① 参见刘晓林：《贫富差距　缩小在即》，《刊授党校》（学习特刊）2006 年第 1 期。

识。"① 因而，发展公益慈善事业对改善贫苦和困难群体的生存状况、缩小贫富差距、推进社会公平起着不可替代的重要作用。

要发挥第三次分配在消灭贫困、推进社会公平中的作用，首先要明确的问题是谁来捐赠、民间捐赠的主体是谁。从国际经验看，凡是第三次分配功能发挥好的国家，民间捐赠的主体通常都是多元的，不仅有公司、企业以组织形式给予的捐赠，也有个人的捐赠；不仅有富人的捐赠，也有普通公众的捐赠。无论是哪个主体，其参与对于第三次分配都有着非常重要的意义。

企业是民间捐赠的主体之一。在传统社会，企业的社会责任仅仅在于创造社会财富。早在几十年前，美国著名的经济学家弗里德曼就撰文指出，企业唯一的社会责任就是增加"利润"，创造社会财富。然而，这一状况在20世纪70年代以后发生了变化。在西方国家劳工不断争取之下，在消费者反复推动之下，在社会舆论强大压力和政府积极引导之下，企业逐渐意识到第二层面的社会责任——即它们对员工的社会责任——以及第三层面的社会责任——即它们对社区和社会的公益责任。例如，安利公司在其发展过程中，始终秉持慈善公益的价值理念，把慈善公益作为其发展的基石。作为安利全球最大的市场，安利（中国）多年来开展了众多富有成效的企业社会责任实践。除了诚信经营、切实保护消费者权益、提供良好的事业机会外，公司也积极投身公益，回馈社会。截至2008年9月，安利（中国）已经累计投入2.5亿元人民币，赞助或举办了4200多项公益活动，荣获各种嘉奖近2800项。为进一步提升各地分公司公益活动水平，进一步推动公司企业社会责任建设，安利（中国）首开企业内部公益评选的先河，在全国范围内开展了公益爱心评选活动。

富人同样是民间捐赠的主体之一。在国外，很多富人捐赠非常慷慨，一些世界知名的大富豪往往同时也是著名的慈善家。富人捐赠通常采用设立私人基金会的形式，如福特基金会、洛克菲勒基金会和盖茨基金会等。富人捐赠的优势在于其捐赠的数额较大。他们的捐赠少则数十万美元，多则上亿美

---

① 李芹：《发展中国慈善事业，构建健康和谐社会》，载何中华：《当代社会发展研究》（第1辑），山东人民出版社2006年版，第208页。

元，这样有助于降低募款成本。而且，由于富人捐赠通常采取私人基金会形式，因此可以永续发展、名垂青史。很多私人基金会由于投资有方，不仅基金本身增值迅速，而且每年用于资助的额度也保持在较高水平。鼓励富人捐资建立各种社会基金，资助公益性事业或慈善事业是实现社会收入转移支付的有效途径。这种基金一旦建立便成为一种社会所有的财产，由专门的基金管理委员会管理，按照基金管理章程规定的用途运作，可用于资助科学研究、文化、教育、医疗、卫生等事业，或用于扶贫帮困、助学、救难等慈善事业。

在所有捐赠主体中，普通公众是最重要的捐赠主体。其实，从国际经验来看，民间捐赠的真正主体既不是企业，也不是富人，而是普通公众的小额捐赠。例如，美国每年两千多亿美元的募款中，70%以上来自于成千上万普通公众每月几美元、几十美元或几百美元的小额捐款。正是普通民众的小额捐赠和志愿参与推动了美国公益慈善事业的发展。

从我国的情况来看，"目前我国民营经济发展迅速，已出现了一批富豪，不少富豪有承担社会责任、回报社会的意愿。然而，我国目前虽然已经建立了一些社会基金，但大多数还是有政府背景，这不利于调动民企的积极性，往往还会有摊派之嫌。而且这些基金数量有限，家底有限，能发挥的作用也有限。因而，我们应该实施更有效的政策，鼓励更多的个人和企业捐款组建公益性或慈善性基金，动员企业、富人、普通公众捐赠，让爱心充分涌流，高效地为社会进行第三次分配，为我们的社会保障提供'最后一道防线'。"① 同时，当前中国自愿性捐赠还非常不足，第三次分配的功能非常弱小。这一方面与国内捐赠文化与捐赠制度的缺位有关，另一方面也与中国民间慈善组织公信度不高有关。2004年3月18日，中国政府颁布了新的《基金会管理条例》，为动员社会各界力量参与国家的公益事业提供了制度与政策基础。新的《基金会管理条例》首次将基金会分为公募基金会和非公募基金会，这实质上为企业和富人的捐赠提供了新的渠道。而且，新条例加强对基金会的监督，强调基金会的公开、透明也有助于基金会树立社会公信度。可以预计，新条例的出台将有助于推动中国公益事业的发展，加速

---

① 刘晓林：《贫富差距 缩小在即》，《刊授党校》（学习特刊）2006年第1期。

中国的第三次分配。当然，新条例的出台仅仅只是一个好的开端，而要达到以新条例动员民间力量参与社会公益事业、实现第三次分配的目的，还需要各方将新条例落到实处，并付诸行动，还需要采取一系列配套的措施。例如，政府通过宣传教育培育中国的捐赠文化与捐赠市场，积极引导企业、富人和普通公众向慈善机构捐赠；通过制定适当的企业和个人捐赠减免税政策，包括制定遗产税制度鼓励企业和个人的捐赠；通过落实对劝募机构的监督评估帮助民间慈善机构提高社会公信度，引导企业和个人的捐赠；等等。

2. 仁爱

"仁爱"，从一定的意义上说，根源于重视人、重视人的生命和存在的人本主义思想。早在中国古代，便已有人本主义思想的萌芽。《尚书·泰誓》曰："惟天地，万物父母；惟人，万物之灵。"《孝经》认为，"天地之性人为贵。"孙膑则说："问于天地之间莫贵于人。"① 那么，人为什么"贵"呢？季彦说："贵有知也。"② 王充则说："夫倮虫三百，人为之长；人，物也，万物之中有智慧者也。"③ 王廷相说："人为万物之灵，厥性智且才，穷通由己。"④ 很多思想家认为，人之为贵，是因为人具有社会性心理素质。荀子说："水火有气而无生，草木有生而无知，禽兽有知而无义，人有气、有生、有知亦且有义，故最为天下贵。"⑤ 董仲舒说："人受命于天，故超然异于群生。人有父子兄弟之亲，出有君臣上下之宜，会聚相遇，则有耆老长幼之施，粲然有文以相接，欢然有恩以相爱，此人之所以贵也。"⑥ 朱熹说："徒知知觉运动之蠢然者，人与物同；而不知仁义礼智之粹然者，人与物异也。"⑦ 陆九渊说："人生天地之间，禀阴阳之和，抱五行之秀，其为贵孰得而加焉。"⑧ 伴随着人本主义思想的萌芽，便产生了关爱人的"仁

---

① 《孙膑兵法·月战》。
② 《孔从子·卷卜》。
③ 《论衡·辨崇》。
④ 《王氏家藏集》。
⑤ 《荀子·王制篇》。
⑥ 《前汉书》卷五十六《董仲舒传》。
⑦ 《四书章句集注·孟子集注·告子上》。
⑧ 《陆九渊集》卷三十《天地之气人为贵》。

爱"观。

仁爱是中华民族传统道德中处理人际关系中的道德原则和伦理精神。从字义看，"仁"字从人从二，故许慎在《说文·人部》中训为"仁，亲也"，即人与人之间的亲爱之情。郑玄注云"相人偶"。"相人偶"就是"相人耦"，大约是汉代末年通行的成语，谓互相致意，表示相亲相敬。段玉裁进一步指出："人耦，犹言尔我亲密之词，独则无耦，耦则相亲，故其字从人二。"在中国古代，由于个体经济极不发达，个人的观念也不发达，特别重视宗族和集体，重视人与人之间的关系。因此，体现人与人之间关系的"仁"字出现得早，并且占据重要的地位。根据现有的资料，在甲骨文中已有"仁"字出现，现今所存的《尚书》中，"仁"出现过五处，即：《仲虺之语》有"克宽克仁"；《太甲下》有"民罔常怀，怀于有仁"；《泰誓中》有"虽有周亲，不如仁人"；《武成》有"予小子既获仁人"；《金縢》有"予仁若考"。虽然这五处之中出现的前四处，都来自被认为是伪书的古文《尚书》，只有《金縢》一篇出自今文，比较可靠，但是这五处出现的"仁"的字义大致相同，都是仁爱、仁厚、仁惠之意。可见"仁"字早在殷周时期已经使用。在《左传》和《国语》等记载先秦事迹的史料中，保留着许多关于"仁"的内容，其中有些甚至认为仁是诸德之和。例如，《左传·襄公七年传》载，晋国的韩无忌（穆子）在推荐韩起为卿时称赞他说："恤民为德，正直为正，正曲为直；参和为仁。如是，则神听之，介福降之。"① 这里韩无忌把"仁"看成是德、正、直三种品德的总和，已经有了后来"仁包诸德"思想的萌芽。②

在中国古代，仁被视之为"众善之源，百行之本"，列为"四德"、"五常之首"，受到高度重视。重仁爱是中国传统道德的重要特色。儒家创始人孔丘一直把"仁"作为他的伦理道德体系的中心范畴，并且把"仁"作为做人的根本，应该"终身行之"。在《论语》一书中，"仁"字是出现频率最多的字之一，前后达109次。在孔子看来，仁的核心内容是"爱人"。《论语·颜渊》载："樊迟问仁，子曰：'爱人'。"在这里，"爱人"是指对

---

① 《左传·襄公七年传》。
② 陈瑛：《中国伦理思想史》，湖南教育出版社2004年版，第81—82页。

他人应该同情、关心、帮助和爱护。同时，孔子又提出"忠恕"作为实行"爱人"原则的根本途径，即所谓行"仁之方"。这样，"爱人"—"忠恕"，或曰"爱人"与"忠恕"的统一，就构成了孔子"仁爱"原则的基本内容。从孔子开创仁学起，仁即有广狭之分。正像后来朱熹所说，有一个"小小底仁"，有一个"大大底仁"①。狭义的仁，是指"四德"、"五常"之一的仁。广义的仁，按照孔子的观点，包含了几乎所有道德规范的内容，包括明智勇毅，见"智者利仁"②，"仁者必有勇"③；包括克己复礼，见"克己复礼为仁。一日克己复礼，天下归仁焉"④；包括刚毅木讷，见"刚、毅、木、讷近仁"⑤；包括牺牲精神，见"志士仁人，无求生以害仁，有杀生以成仁"⑥；包括正派耿直，见"巧言令色，鲜矣仁"⑦；包括言语谨慎，见"仁者，其言也讱"⑧；包括先难后获，见"仁者先难而后获，可谓仁矣"⑨。此外，它还包括恭、宽、信、敏、惠，见"子张问仁于孔子。孔子曰：'能行五者于天下，可为仁矣。''请问之?'曰：'恭、宽、信、敏、惠。'"⑩如此等等。无怪乎《庄子·缮性》说："德无不容，仁也。"宋儒陈淳也说："孔门教人，求仁为大。只专言仁，以仁含万善，能仁则万善在其中矣。"⑪因此，仁被视为"全德之称"，它既是一切道德的根源，又是一切道德的总纲，是人的最高精神境界。

　　尽管仁有广狭之分，但两者的基本精神是一致的，其内容与要求是爱人。⑫自从孔子以爱人释仁后，儒家的几位大师孟子、荀子、董仲舒也都认为：

---

①　《朱子语类》卷六。
②　《论语·里仁》。
③　《论语·宪问》。
④　《论语·颜渊》。
⑤　《论语·子路》。
⑥　《论语·卫灵公》。
⑦　《论语·学而》。
⑧　《论语·颜渊》。
⑨　《论语·雍也》。
⑩　《论语·阳货》。
⑪　《北溪字义·仁义礼智信》。
⑫　参见张锡勤：《中国传统道德举要》，黑龙江教育出版社1996年版，第145页。

"仁者爱人"①，"仁者，爱人之名"②。先秦的道家、法家虽不以儒家的仁义为然，但他们也是以爱人来理解仁的。《庄子》说："爱人利物谓之仁"③，韩非说："仁者，谓其中心欣然爱人也。"④ 可见，以"爱人"释仁，不仅是儒家的传统解释，也是其他各家的共同理解。

《中庸》说："仁者，人也。"这就是说，仁的道德首先是承认他人是人，将他人当做人来对待。有了这一前提，就能关怀、同情、尊重、体贴他人，这乃是仁德的基本要求。所以，孟子说："恻隐之心，仁之端也。"⑤ 作为一个仁者，对他人的同情、关怀、体贴是无微不至的。《论语·卫灵公》有这样一段记载："师冕见，及阶，子曰：'阶也。'及席，子曰：'席也。'皆坐，子告之曰：'某在斯，某在斯。'"其意思是说，一位名叫冕的乐师去拜访孔子。当他走到阶前时，孔子及时告诉他，前面是台阶；走到席前时，孔子及时告诉他，前面是坐席；坐定后，孔子又一一告诉他，某人在这里，某人在那里。这种对盲者的细微、周到的关怀，正是仁者之心。

仁爱他人的具体表现，就是尽己之心、尽己之力去助人、利人，特别要关怀那些丧失劳动能力、难以自立、处境悲惨的人。当人们同处困境时，更应相互帮助，相濡以沫。在是否利人方面，最起码的要求是不可有损害他人之心。所以，孟子说："人能充无欲害人之心，而仁不可胜用也。"⑥ 在利人方面，高要求则应做到视人犹己。先哲常讲视他人之饥溺犹己之饥溺，以他人之痛痒为己之痛痒，进而"老吾老，以及人之老；幼吾幼，以及人之幼"⑦。这也就是以爱己之心爱人。北宋张载曾说："以爱己之心爱人则尽仁。"⑧ 先哲认为，人们一旦有这样的品德、胸怀，自然能自觉利人，也就达到了仁。⑨ 孟子曾指出："所以谓人皆有不忍人之心者，今人乍见孺子将

---

① 《孟子·离娄下》、《荀子·议兵》。
② 《春秋繁露·仁义法》。
③ 《庄子·天地》。
④ 《韩非子·解老》。
⑤ 《孟子·公孙丑上》。
⑥ 《孟子·尽心下》。
⑦ 《孟子·梁惠王上》。
⑧ 《正蒙·中正》。
⑨ 参见张锡勤：《中国传统道德举要》，黑龙江教育出版社1996年版，第147页。

人于井，皆有怵惕恻隐之心。非所以内交于孺子之父母也，非所以要誉于乡党朋友也，非恶其声而然也。"① 而这种出自内心的"恻隐之心"、"不忍人之心"，就是仁的起源，"仁"也就是这种"恻隐之心"、"不忍人之心"的扩充和发展："仁者以其所爱，及其所不爱；不仁者，以其所不爱，及其所爱。"② 在这里，孟子深刻地揭示了这么一个道理：仁爱需要善心。诚然，在现实生活中，善心会以各种各样的方式体现出来，但主要体现在关心他人、爱护他人、帮助他人的情感态度上。

也许有人会问：我们为什么要关心、爱护、帮助他人呢？这里涉及如何处理人我关系的问题。

关于人我关系，人类思想史上曾出现过多种多样的学说或理论。在古代中国，有孔丘的仁爱论（"己欲立而立人，己欲达而达人"），庄周的无我论（"忘己"、"丧吾"），墨翟的兼爱论（"兼相爱，交相利"），杨朱的贵己论（"拔一毛利天下而不为"），等等。在西方，有居尼克派（犬儒派）哲学家狄奥根尼的天下一家说和晚期斯多亚派哲学家奥勒留的世界公民说，基督教创始者们的爱邻如己说和爱仇如邻说（"别人打你的左脸，你把右脸也转过来让他打"，"别人抢你的外衣，你把内衣也脱下来送给他"），霍布斯所描述的自然状态中"人对人是狼"的理论，斯宾诺莎所描述的自然状态中"大鱼吃小鱼"的理论，边沁所提倡的文明利己主义，密尔所倡导的最大幸福原则，费尔巴哈所呼吁的共同幸福说，斯宾塞的利己与利他和解之说，等等。这些学说或理论大体可归为五类：第一类是完全以自我利益为中心而毫不顾及他人利益的极端利己主义（损人利己），如杨朱的贵己论、霍布斯的"人对人是狼"之说、斯宾诺莎的"大鱼吃小鱼"之说；第二类是以自我利益为核心但不损害他人利益甚至有时还照顾他人利益的合理利己主义（利己不损人），如费尔巴哈的共同幸福说；第三类是在追求自我利益时兼顾他人利益以达成互利互惠的互利主义（利己且利人），如孔丘的仁爱说、墨翟的兼爱论、斯宾塞的利己与利他和解之说；第四类是通过有限地增进他人利益来更好地实现自我利益的有限利他主义（利人以利己），如边沁的文明利

---

① 《孟子·公孙丑上》。
② 《孟子·尽心下》。

己主义、密尔的最大幸福原则；第五类是完全以他人利益为中心而忽略甚至损害自我利益的单纯利他主义（损己以利人），如基督教创始者们的爱邻如己说和爱仇如邻说。

所有这些观念孰是孰非呢？回答这个问题的关键在于弄清自我与他人的真实关系究竟是怎样的。一般来说，自我与他人的真实关系主要包含着下面三个方面的内涵：第一，我、你、他都是特定社会中相互依赖和彼此协作的成员。虽然每个人都是独立自在的个体，但是，在特定社会中，我、你、他并不是孤立自存的，而是彼此共在的。人们在生活、劳作以及其他一切活动中相互依赖和彼此协作，任何人的生存和发展都有赖于其他人的配合和协助。第二，人际合作的可能性大于冲突的可能性。因为在特定社会中人们可以有相同的基本需要和其他需要，可以有一致的根本利益和其他利益，其权利分配可以协商，其地位差距可以调整，其思想、意志、信仰和情感可以交流和融合。"人同此心，心同此理。"既然国际战争都可以通过谈判消除，那么人际冲突更可以通过对话来解决。第三，每个人都应尊重和维护他人的正当权利。不必说，每个人都有权追求和维护他自己的正当利益，但有必要指出，这种权利是以不损害他人的同样的权利为限度的。密尔认为每个人的自由都以他人的同样的自由为限度，就是这个意思。尊重和维护他人的正当利益，可以说是文明社会里每个人不言而喻的重要义务之一。因为若非如此，他自己的正当权利也将得不到尊重和维护。这样，整个社会就真的会陷入霍布斯所说的"一切人反对一切人"的战争之中。

自我与他人的真实关系要求在应对人我关系时，人们应当遵循互利主义，即"我为人人，人人为我"的原则。互利主义又称己他两利主义，它要求人们超越他人与自我的对立，在追求自我利益的同时兼顾他人利益，以达成互利互惠。互利主义是处理人我关系应当遵循的基本原则。其目的是实现自我利益与他人利益的协调，同时把自我和他人既当做目的也当做手段，促进自我与他人的共同发展。

在践行互利主义的过程中，人们应注意以下事项：其一，区分正当的与不当的自我利益。不能笼统地反对一切自利的行为，但必须反对那些追求不当自我利益的行为。其二，辨别正当的与不当的他人利益。认真说来，并不是一切利他的行为都值得赞赏，那些为他人谋取不当利益的行为就不值得赞赏。互利主义鼓励人们维护和增进的是他人的正当利益而非其不当利益。如果它为他人的不当利益辩护，它就是充当了恶行的保护伞。其三，避免自我利益或他人利益与集体利益发生冲突。互利主义兼顾了自我利益和他人利益，这是值得肯定的。但仅仅这样还不够，它还应当避免对集体利益造成损害。如果互利主义充分照顾了自我利益和他人利益但却损害了集体利益，那么它在后果上就与各种利己主义无异。

以互利主义来理解仁爱，意味着关爱他人和帮助他人总是一种善行。一方面，不管关爱他人和帮助他人的人是否希望得到回报，他们的行为会受到人们的称赞和肯定；另一方面，当关爱他人和帮助他人的人陷入困境的时候，人们也会向他们伸出援助之手。事实上，所有人都是作为社会存在物而存在的。人与人之间不可避免地会发生这样或那样的联系，因此相互关心和相互帮助可以使大家共同受益。金钱不是万能的。一个人无论有多少钱，他都不能脱离人群而存在，更不能缺少人与人之间的相互关心和相互帮助。从这种意义来讲，尊重别人就是尊重自己，关心别人就是关心自己，帮助别人也就是帮助自己。

仁爱是一种高尚的道德品质。仁爱可以使人超越物质生活的羁绊，从封闭的自我变成开放的自我，从自私自利的自我变成利人利他的自我，从以自我为中心的小我变成以他人和社会为价值目标的大我。任何人要想获得人生幸福，都必须与整个社会通达，而这种"通达"就包括对他人的关爱和帮助。对他人仁爱并不应局限于物质上的帮助，它还包括对他人给予精神关怀的情感态度和实际行动。作为一种道德品质，仁爱不仅可以使我们超越物质生活，而且可以使我们在精神生活方面变得高尚起来。

以弱势群体为本的伦理原则要求我们在公益活动中发扬我国古人所提倡的这种仁爱之德。从公益伦理的意义上说，仁爱他人，就是要对弱势群体给予同情、关心和爱护，在他们需要帮助的时候尽可能给予必要的帮助。仁爱之德的一个重要要求，就是强不执弱，众不劫寡，富不侮贫，贵不傲贱。人们在对待弱势群体上应当重视他们作为人的价值，把他们当成自己的同类来对待，而且更要求人们关心他们的生存状况，帮助他们减少人生疾苦，帮助他们增进幸福。

社会分层理论认为，导致社会分层的直接根源是社会差别，即社会不平等。任何社会都存在社会差别，因而弱势群体的存在是一种普遍社会现象。由于弱势群体普遍存在，因此如何关注弱势群体的问题早已成为了一个全球性议题，并受到了诸多社会科学的重视。

在马克思主义伦理学发展进程中，注重弱势群体问题一直是一大优良传统。早在1842—1844年间，恩格斯在对英国曼彻斯特等十多个城市的工人生活状况进行考察的基础上写成了著名的《英国工人阶级状况》一书，对资本主义社会的"弱者"群体（工人）的生活状况进行了十分详尽的实证研究。马克思晚年写作的《工人调查表》也是一个范例。20世纪20年代，毛泽东在对中国农村社会进行了广泛调查基础上写出了《中国社会各阶级的分析》、《湖南农民运动考察报告》、《兴国调查》等著作和报告，对中国半殖民地半封建社会的"弱者"群体（农民）的生活状况进行了十分深刻的实证研究。当代中国马克思主义者邓小平提出的"共同富裕观"也体现了社会主义社会对弱势群体的极大关注。

西方社会学家往往从社会分层理论的层面上来研究社会弱者问题。最早提出社会分层理论的是德国社会学家马克斯·韦伯。他以财富、权力、声望三位一体的分层尺度划分社会阶层，对后来西方社会学界关于社会弱者问题的研究产生了深远影响。20世纪40年代，美国社会学家沃纳运用韦伯的分层理论，根据由财产和收入等指标组成的综合性标准，对美国一个小镇的居民分层状况进行了分析，提出了六个阶层的划分方法，即上上层、下上层、上中层、下中层、上下层、下下层。其中，"下下层"指的是非熟练工人和其他依靠领取救济金维持生活的人。其实，沃纳所说的"下下层"就是美国社会的"弱者"阶层。此外，美国社会学家帕森斯、米尔斯、贝乐还分别以职业、权力、技术为标准，对美国社会的"弱者"阶层进行过一些研究。然而，由于其阶级局限的羁绊，西方社会学家往往只承认资本主义社会中有"穷人"阶层，而不承认有"贫困"现象，因而，他们往往对弱者持否定态度、不保护态度，宣称"穷人这些脆弱者群体是竞争中的劣质群体"。①

法学家们则往往从权益保护角度来研究弱势群体问题。在法学家看来，

---

① 陈成文：《论社会弱者的社会学意义》，《电子科技大学学报》（社科版）2000年（第Ⅱ卷）第2期。

凡是需要法律来保护其正当权益的人（如儿童、残疾人、妇女和老年人等）都是社会弱者。早在 1959 年 11 月，联合国大会就通过了《儿童权利宣言》；1975 年 12 月，发布了《残废者权利宣言》；1979 年 12 月，又通过了《消除对妇女一切形式歧视公约》。我国自 20 世纪 90 年代以来，随着法制建设进程的加快，对社会弱者的权益保护问题也被提上了议事日程。全国人民代表大会常务委员会先后于 1990 年 12 月、1991 年 9 月、1992 年 4 月和 1996 年 10 月，分别通过了《中华人民共和国残疾人保障法》、《中华人民共和国未成年人保护法》、《中华人民共和国妇女权益保障法》和《中华人民共和国老年人权益保障法》。1992 年 5 月，武汉大学法学院还成立了社会弱者权利保护中心。

无论从哪一种角度来关注弱势群体，从仁爱的视角来看，首要的是维护他们作为人的尊严。只有维护了弱势群体作为人的尊严，才谈得上去关怀、同情、尊重、体贴他们。按照契约主义道德理论，所有的社会道德及法律规范，"只要能够得到论证，都必须理解为人类社会服务于人的或其他生物的实际利益的发明或发展形式，而不能理解为先于人而存在的更高的现实图景或实现"①。"因而所有的道德义务最终都根源于当事人的利益需求。而在人类的需求中，生存、安全、自由、自尊处于核心的地位。与自尊相关的人的尊严所体现的是一种精神上的需求。"② 康德曾经指出：你应当"这样行动，无论是对你自己还是对其他任何人，在任何情况下都要把人永远作为目的，绝不仅仅当做手段"③。在康德看来，人的尊严与人本身固有的价值相联系，所有的人都具有尊严，并且每个人都有保有自身尊严和维护人的尊严的义务。也就是说，那种把人当做纯粹的物或手段而不将其作为自主主体或目的的观点或行为是错误的。的确，由于"人不仅是自由的，而且也是独一无二的存在"，因而尊严是包括弱势群体在内的所有人的一种本质性的特征，"它体现了一种核心的道德顾及，展示了人权的一个重要方面"。④ 德国伦理

---

① Norbert Hoerster：*Ethik des Embryonenschutzes*, Stuttgart 2002, S. 70 - 71.

② 甘绍平：《人权伦理学》，中国发展出版社 2009 年版，第 155 页。

③ See H. J. Pation, *The Moral Law*（Kant's Groundwork of the Metaphysic of Morals：first published, 1785），London：Hutchinson, 1948, p. 91.

④ 甘绍平：《人权伦理学》，中国发展出版社 2009 年版，第 161 页。

学家尼达-吕梅林（Julian Nida-Ruemelin）说："我将以人的尊严、以对每位人类个体的尊重的规范性取向，视为一种伦理的（人道的）核心。"① 德国学者哈克尔（Hill Haker）也认为："的确，人的尊严是一种标志着现代化特征的价值立场的表达。这种价值立场来自于所有的人的普遍权利。"② 因此，关注弱势群体就要维护他们的尊严。尊严是包括弱势群体在内的所有人基于人而应该享有的普遍权利。一般来说，弱势群体基于人而应该享有的尊严权主要包括以下三个方面的内容：其一，有权享有个人尊严和人格的自由发展所必需的政治、社会和文化方面的权利，这构成了弱势群体有权享有人的尊严的权利基础。其二，有权获得一个符合人的尊严的经济生活条件，这构成了弱势群体有权享有人的尊严的生存基础。其三，应该得到人道的及尊重其固有的人格尊严的对待，这保障了弱势群体同一般主体一样有权享有人的尊严。

"从积极的意义上讲，尊严意味着维护自我"，"从消极的意义上讲，尊严意味着避免侮辱"。③ 弱势群体的尊严没有得到维护，在一定程度上也就意味着弱势群体处于"侮辱性状态"。"所谓侮辱性状态，就是由绝对贫困、家庭悲剧、病痛折磨以及精神崩溃所引发的自我完全失控的状态。我们知道，所谓自我意味着自己属于自己、自己支配自己。但维护自我则需以一定的物质或精神条件为前提。"④ 而一般说来，弱势群体的生存状况（包括物质条件和精神条件）使他们的自我根本就没有得到持存的可能，他们根本无法行使其自主的权利。因此，要维护弱势群体的尊严，使弱势群体摆脱侮辱性状态，就必须对弱势群体施以仁爱之心，关注弱势群体的生存状况，改善他们的物质条件和精神条件。关注弱势群体的生存状况，改善他们的物质条件和精神条件可以说是维护弱势群体的尊严的前提条件。

当今中国的弱势群体是一个结构复杂、分布广泛的贫困群体，他们一般由以下几部分人构成：一是收入较低的贫困农民，他们生活困难，居住条件

① Julian Nida-Ruemelin: *Wo die Menschenwuerde beginnt*, in: Tagesspiegel, 02. 01. 2001.

② Hill Haker: *Ein in jeder Hinsicht gafaehrliches Verfahren*, in: Christian Geyer（Hg.）: Biopolitik, Frankfurt am Main 2001, S. 148.

③ 甘绍平：《人权伦理学》，中国发展出版社 2009 年版，第 155—156 页。

④ 甘绍平：《人权伦理学》，中国发展出版社 2009 年版，第 157 页。

恶劣，生病无钱医治。二是贫困的失业人员，即城市中的失业者贫困阶层。近年来，随着企业的改制，一个以失业人员为主体的新贫困阶层逐步形成，他们没有稳定的收入来源。三是"体制外"的人员，即那些从来没有在固定单位工作过，靠打零工、摆小摊养家糊口的人，以及残疾人和孤寡老人。四是进城务工的农民工。他们没有享受到城里劳动者的同等待遇，劳动权益得不到保护，单位并没有按照《劳动法》为他们缴纳各种社会保险。他们有工作，但受到各种各样的歧视。五是较早退休的"体制内"人员。这部分人主要是从集体企业退下来的，当初退休时工资水平非常低，加上各种补助也不多，生活非常困难。六是久病、重病而无钱医治的人及其家属。按照仁爱的伦理要求，所有这些弱势群体的生存状况都值得我们关注和重视。

3. 奉献

一般来说，奉献是指为了正义和真理，为了国家、群体的利益而献出自己的一切，甚至不惜牺牲生命的精神。切实地承担起自己对社会的责任和义务，即所谓"尽伦尽职"，是奉献的最基本要求。一个人的伦和职不必相同，只要担当好自己的社会角色，就是具有奉献精神的人。奉献精神的集中体现就是勇于牺牲自己的生命。生命对于每一个人来说只有一次，当自己的生命与真理、理想、正义、民族利益、国家和民众利益发生冲突时，要不惜牺牲自己的生命来维护那些比生命更为重要的东西。

人之所以应当提倡一种奉献精神，归根到底是由人存在的二重性所决定的。人并"不是单个人所固有的抽象物"，它的存在始终具有二重性。一方面，任何人都是一种个体存在物，正如世界上找不到两片相同的树叶一样，世界上也找不到两个完全相同的人，这是由每个人都是作为一个独立的自然机体所决定了的；另一方面，任何人绝不是"纯粹的个人"，而只有在社会中才能存在，这就是说，人同时又是一定社会的成员，是一种社会存在物。① 人存在的这种二重性正是个人同社会的必然关系决定的，它反映了这样一个基本的事实：社会离不开个人，如果没有个人通过他们的交互活动发生一定的联系和关系，"社会"就只能是一种主观的空洞的抽象。个人又离不开社会，如果否认个人同社会之间的必然的联系，也就否认了人之所以为

---

① 参见唐凯麟：《伦理学》，高等教育出版社 2001 年版，第 31 页。

人的最一般的规定，个体也就同样是一种想象中的没有区别、没有任何规定性的抽象；或者只是一些单纯的生物个体，其活动也只不过是与其肉体存在直接同一的单纯的生命活动，而不可能是真正的现实的人的活动。现实的具体的个体的活动总是社会性的，总是发生着并表现出活动的个体之间的社会的联系和关系。这种在活动中发生和表现的社会关系即社会，"社会本身，即处于社会关系中的人本身"，个人"不过是处于相互关系中的个人"。①因此，现实中的个人绝不是离群索居、各自孤立存在的个人，而是在一定的社会关系中存在和活动的个人。现实的人的存在尽管在感性直观上是作为个人而存在的，但又是作为社会存在物而存在的。"如果力图想象出一个与全部社会生活绝缘的个人，那将是徒劳无益的。甚至荒岛上的鲁宾逊实际上也一直与他人接触着，因为他从破船中抢救出的那些物件（没有这些物件他就不能生活），仍把他保持在文明的范围内因而也是社会的范围之内。"②既然个体不能脱离社会而存在，那么，个体也就必须依赖社会和他人而生活，个体生存所需要的物质财富、生活所需要的良好秩序，以及自我发展所需要社会文化环境等都有赖于社会物质生产和文明的进步，个体为了维持自己的生存和发展，首先就必须维持社会共同体的生存和发展。因此，奉献是人作为社会存在物之所应当具备的一种伦理品性。

以弱势群体为本的伦理原则也要求我们在公益活动发扬奉献精神，不过，这里的"奉献"并不是从一般意义上强调对社会承担责任和义务，而是有所特指，即强调在公益活动中，我们应当切实承担起对弱势群体给予人道救助和伦理关怀的责任和义务。具体来说，公益伦理学视域中的奉献主要包含以下道德要求。

首先，勇于承担救助弱势群体的社会责任。一个人所要承担的社会责任就是他对同自己存在某种关系或者说共在的人和社会群体包括弱势群体负责。正如上面所说，人都是社会存在物，都是个体性和社会性的统一体。人与人之间总是存在这样或那样的联系。人的社会性必然使人们之间相互承担

---

① 《马克思恩格斯全集》第 46 卷（下），人民出版社 1980 年版，第 226 页。

② ［法］亨利·柏格森：《道德与宗教的两个来源》，王作虹等译，贵州人民出版社 2000 年版，第 8 页。

着责任。具体地说，"你"对我有责任，"我"也对你有责任。弱势群体特别是缺乏社会选择、社会竞争能力、劳动能力以及遭受各种灾难的弱势群体的基于人而应所有的道德权利不仅得不到应有的保障，甚至还遭受到严重的威胁，无法过上合乎人类尊严的生活。作为同类，我们应当见义勇为，即有义务捍卫弱势群体的价值和尊严，绝不应在他们身陷苦难时袖手旁观，"这是人性的要求，也是人道的信念，人不仅对自己，也应对社会、对他人负有责任"①。这种责任感与使命意识，表现出一种对道德的深刻体认以及践履之的庄重承诺。如果说"道德就是义务"，那么对此义务的自觉担当，显然表明了人的道德的成熟，用黑格尔的说法，即意味着人超越了直接、原始的"第一性"的动物存在，人进化为具有了"第二性"，即道德的属性。②

其次，济世利民。一个人如果只顾自身利益而不济世利民，他是不可能顺利地实现自己的利益的。奉献并不都是惊天地、泣鬼神的壮举，更多的是一个人的举手之劳，更多的是他在日常生活和日常工作中所作出的济世利民之举。救助弱势群体既是济世利民精神的基本要求，也是济世利民精神的重要表现。是否具有济世利民精神，不仅在很大程度上影响着一个人参加公益活动的自觉性，而且也决定着一个人在公益活动中能否真正将弱势群体的冷暖放在心上，急弱势群体之所急，想弱势群体之所想。因此，切实履行救助弱势群体的道德义务需要有一种济世利民的精神。

最后，勇于牺牲自己的利益。自我牺牲是奉献的最高境界，它是指个人为了维护他人利益或社会整体利益而自觉舍弃自己的利益甚至不顾生命危险的行为。自我牺牲有各种各样的表现：扶贫济困，帮助孤寡老人和因贫困失学的儿童，是自我牺牲的行为；为了维护社会秩序和社会发展，为了真理和正义而不顾个人得失，路见不平、拔刀相助，舍己为人，舍生取义，也是自我牺牲的行为。应该指出的是，这里所说的牺牲并非无谓的牺牲，也不是鲁莽的牺牲，而是指那些能够维护他人和社会的利益、有利于社会存在发展的具有重要道德价值的牺牲。公益伦理中所讲的自我牺牲，一是指我们应当主动去帮助、救助和关怀弱势群体，不能因害怕有损个人利益或小团体利益而

---

① 胡发贵：《论慈善的道德精神》，《学海》2006 年第 3 期。

② 参见［德］黑格尔：《历史哲学》，王造时译，商务印书馆 1963 年版，第 79—80 页。

不去履行救助弱势群体的义务；二是指对弱势群体的救助应当是无私或纯粹利他的，换言之，对弱势群体的救助应当是无偿性的或非权利动机性的，如果出于某种目的或者说出于个人或小团体的某种利益才去救助弱势群体，那么这种救助也就失去了其应有的道德意义，而变成了一种非道德的行为。这种非道德的行为与公益伦理所讲的自我牺牲精神是格格不入的。

作为以弱势群体为本原则的重要伦理要求的奉献，体现的是一种以社会救助方式关爱和帮助弱势群体的价值取向和具体行为。社会救助工作作为社会工作的一部分，其价值观念与社会工作价值体系在很大程度上具有一致性。社会救助和其他社会工作具有基本相同的价值取向，如重视人的价值和尊严；承认人的潜能和权利；人与人之间相互依存并具有相互的社会责任；每个人都有权利参与社会活动并通过合适的手段实现自己的基本权利；社会有义务促进个人的自我实现；等等。① 毋庸置疑，对弱势群体的救助是各级政府义不容辞的职责，各级政府也无疑是救助弱势群体的主体。政府应当通过财政转移支付等方式带头提供更多的公共产品，提供更优质的社会保障服务。和谐社会应当注重将人们的仁爱之心转化为政府和社会的扶贫、助残、帮困、敬老、爱幼的工作机制，从根本上体现社会的温暖和祖国大家庭的温馨。然而，我们不能因此而忽略社会的救助。相对于政府救助而言，社会救助更能体现奉献精神。社会救助作为一项社会公益事业，需要各种社会团体、企业和广大民众的爱心奉献。一次爱心奉献能使某个人得到帮助，长期的爱心奉献则能使无数的人感受温情。社会救助需要全社会用爱温暖阴冷的角落，用真心孕育更多爱心。爱人之心是人类具有的一种崇高情感。因为有爱心，我们才会对社会弱势群体慷慨付出，才能甘愿奉献。爱的情感是奉献的前提，奉献是爱的实现。从这种意义上来说，奉献是公益伦理所提倡的公平和仁爱的自然延续。公益伦理的核心是无条件利他主义价值观，公民德性作为公民行为的内在价值尺度和动力机制，直接产生了公民在社会活动中的公益行为。自发性、自愿性、利他性、公益性为公民公益行为的基本特性。现代社会公益事业价值取向的基础不再是传统意义上的道德规范，也不是个

---

① 参见徐道稳：《论我国社会救助制度的价值转变和价值建设》，《社会科学辑刊》2001年第4期。

人之间的感恩戴德，而是公民追求美好生活的共同价值目标、寻求社会公正的一种普遍互助的价值观念、公民对公共事务积极主动的参与意识，即公民的社会责任感。因此，在公益奉献里没有人身依附的约束，也没有私人间感恩图报的负担，其产生的社会后果是公民对其所属社会群体的认同。

公民的奉献精神源于公民内心的德性精神，这种德性精神倡导人们追求真善美、热爱生命、匡扶正义、对社会负责，引导人们不断提高其道德水准。不断强化公民内心的这种德性精神，大力弘扬公民奉献精神，对促进我国公益事业的发展，构建社会主义和谐社会有着非常重要的意义。

4. 诚信

诚，在中国传统思想中，包含着两层含义：其一，诚是一个表述宇宙本体特性的哲学范畴。《礼记·中庸》说："诚者，天之道也。"① 朱熹注："诚者，真实无妄之谓，天理之本然也。"② 这就是说，"诚"就是实际有、实际存在、真实无妄的意思，意味着自然宇宙是物质性的，实实在在的有，不以任何人的意志为转移。自从宇宙形成之后，它就按照自己固有的规律和节拍运动、变化和发展，人承认它是那样，人不承认它还是那样。实有是天道最基本和最根本的特点。第二，诚是一个表述人的基本德性和精神状态的道德范畴。诚作为道德范畴，其指向不再是宇宙自然界而是人本身。古人认为，天道的本质特性是诚，是实有，人是天地的产物，因而人在德性上也保存了天道的本质特征，但没有达到天然具足的程度。人作为万物之灵，能够体认自己的内在本质及其不足，并通过后天的努力，不断培育诚的德性，并把它发扬光大。作为传统道德的范畴，诚是个体德性和精神的内在实有。其含义有三：其一，诚是与天道本质特点密切联系的人的真诚无妄的德性；其二，诚是人的自我统一性，是身心内外的合一不二；其三，诚是诚敬严肃的精神和心理状态。③

"信"，在金文词典中，从人从言，或者从人从口，或者从言从口，或者从严从声，均作诚实解。其实，"信"字原本讲的是人在神面前祷告和盟

---

① 《礼记·中庸》。
② 《四书章句集注·中庸章句》。
③ 参见邹建平：《诚信论》，天津人民出版社 2005 年版，第 74—76 页。

誓的诚实不欺之语。古人认为，神灵具有人所不可企及的智慧和能力，人在神面前只能老老实实，否则必有灾祸降临。这种对于鬼神讲信的行为方式运用到人际关系之中，讲求人际之间的言而有信，也就是人际信用伦理，"有所许诺，纤毫必偿；有所期约，时刻不易，所谓信也"①。我国古典文献中出现的最早的"信"见于《尚书·商书》中。商汤在伐桀的誓言中说："尔无不信，朕不食言。"② 其中的"信"，解释为"可信、相信"，即商汤请人们相信，他会信守诺言。"信"从春秋开始已经高频率地出现，《论语》中的"信"达38处之多，《左传》中的"信"达217处之多。这些"信"，大多表达的是"诚信"的意思。在《说文》中，许慎把信归入"人"部，因为在许慎看来，"人，天地之性最贵者也。"③ "信"理所当然地成为"天地之性最贵者"的品质，所以，《说文·人部》说："信者，诚也。"段玉裁将"信"归入"言"部。段注曰："信，诚也。释诂诚信也。从人言。会意曰信武是也。人言则无不信者，故从人言。"孔子说："人而无信，不知其可也。"这里的"信"指的是信用、信誉，表达了人无信无以立、无以行的意思。汉代董仲舒把"信"与"仁、义、礼、智"并称为五常，扩大了"信"的含义，把它上升为普遍的道德品质，从而确定了"信"在我国的文化体系中的含义与地位。至此，"信"的基本含义发展为承诺与践诺的统一。④

由此可见，"诚"与"信"二字在古代意思相近，是相通的，其倡导与追求的都是真实、实在、说到做到。《说文解字》是这样解释"诚"与"信"的，"诚，信也，从言从声"，"信，诚也，从人从言"。"现代汉语中，人们已经广泛使用'诚信'概念，现代人对'诚信'的使用大多不再基于'诚'超越层面的本体论意义，而是从规范层面取其'诚实守信'的基本意义。诚然，严格而论，'诚'和'信'还是存在细微差别并各有侧重的。'诚'更多地是指'内诚于心'，'信'则偏重于'外信于人'；'诚'

---

① （宋）袁采：《袁氏世范》。
② 《尚书·商书》。
③ 《说文·人部》。
④ 参见齐春燕：《诚信及诚信教育概念初探》，《内蒙古农业大学学报》（社会科学版）2008年第1期。

更多是指对道德个体的单向要求，'信'更多是指针对社会群体提出的双向或多向要求；'诚'更多指道德主体的内在德性，'信'更多是指'内诚'的外化，体现为社会化的道德践履。不过，这种区分并不具有绝对的意义，就是说，'诚'与'信'是相互贯通，互为表里的。'诚'是'信'的依据和根基，'信'是'诚'的外在体现。"① 正如北宋理学家张载所言："诚故信，无私故威"②，非诚无以示信，非信无以明诚。"诚信"作为一种道德规范，它是指在立身处世、人际交往及政治活动中以诚实不欺、信守诺言为准则进行自律和他律的一种道德法则。

从公益伦理学的意义上说，诚信也是以弱势群体为本原则的重要伦理要求。它要求人们在对弱势群体实施人道救助和伦理关怀的公益慈善活动中真心实意去履行自己的义务和责任，不仅不应以谎言骗人，不应说那些不能兑现或无用的大话，不应面诺背违、阳非阴是、"口惠而实不至"③，时时事事均要体现求真求实的务实精神，做到"有所许诺，纤毫必偿；有所期约，时刻不易"④，而且还要对公益事业真心实干，全心全意，精益求精。也就是说，对公益慈善要有一种如"饥之求食，渴之求饮"那样的真情，要"真心实作"、"实用其力"，全身心地投入，尽到自己最大的努力，发挥最大的热情。对公益慈善敷衍塞责、马马虎虎、表面应付即是不诚。"有诚方有德，无诚则无德。"⑤ 公益慈善活动是一种以爱心为基础的道德活动，离开了"诚信"，不仅所谓爱心、所谓道德势必沦为空伪，而且公益慈善活动也不可能正常开展。之所以如此，就在于爱心之所以为爱心，道德之所以为道德，爱心、道德之所以具有不可替代的巨大的社会功能，全在于真实。

尽管诚信是以弱势群体为本原则的重要伦理要求，尽管在实际的公益慈善活动中，绝大多数人都能够自觉地遵守诚信道德，但也存在着不少有违诚信的现象。又如，2008 年审计署发布的第 1 号汶川地震抗震救灾资金物资审计情况公告显示，2008 年 5 月 15 日，安阳县工商业联合会、安阳县红十

---

① 夏湤耘：《中国古代诚信源流考》，《光明日报》2002 年 4 月 10 日。
② 《张载集·正蒙·天道》。
③ 《礼记·表记》。
④ 袁采：《袁氏世范》卷二《处己》。
⑤ 张锡勤：《中国传统道德举要》，黑龙江人民出版社 1996 年版，第 189 页。

字会接收到河南利源焦化公司等 3 家企业共 60 万元抗震救灾捐赠资金。之后，该负责人未经联合会领导班子集体研究，擅自将这些捐赠资金中的 27.11 万元用于购买物资。其中，17.95 万元由该负责人经办，购买了服装、火腿肠、矿泉水、方便面和棉被。其购买的 4.15 万元服装全部是其弟为法人代表的安阳北关区罗蒙服饰专卖店（该店营业执照已于 2007 年 7 月被该区工商分局注销）经销的，所出具的销售发票为假发票；其从另一家商店购买的 9.5 万元火腿肠，所出具的销售发票也是假发票。以上物资，按照河南省红十字会和四川省红十字会商定的发往地点，由该负责人经办于 5 月 16 日直接发往四川广元市红十字会。审计抽查这些物资中的衣物发现，有的是他人定做的服装，有的是旧服装。① 再如，2003 年 1 月 12 日上午，太子奶集团在北京人民大会堂举行捐赠仪式，宣布向"希望工程"和"母亲健康快车"项目各捐款 100 万元。可截至 2003 年 8 月，该集团的慈善捐赠依然没兑现，中国妇女发展基金会愤而将其告上法庭。而该集团旗下的北京太子童装有限公司同时承诺向中国青少年发展基金会"希望工程"捐赠的 100 万元，也只到账 20 万元首期款，其余 80 万元仍不见踪影。2004 年 7 月《华西都市报》报道了当年 6 月 11 日在四川成都举办的一场大型慈善义演中，部分演职员竟然收取出场费的事实。② 矫正和克服公益活动中的这些有违诚信的现象，除了借助必要的法律手段以外，还必须借助富有成效的诚信建设来营造良好的诚信氛围，培养人们的诚信之德，提高人们参与公益慈善活动的诚信度。

二、当代中国公益伦理的价值取向

当代中国公益伦理应当确立什么样的价值取向，是一个事关当代中国公益事业能否持续健康发展的重要问题。基于当代中国的国情及公益伦理的现状和发展趋势，我们认为，当代中国公益伦理应当以实现社会公共利益、促进人的幸福和发展、维护社会公平和正义、推动社会进步与和谐为价值

---

① 参见《安阳县干部"以灾谋利"始末》，《瞭望东方周刊》2008 年 7 月 14 日。
② 参见《中国慈善现象调查》，《法制日报》2007 年 4 月 29 日。

取向。

（一）实现社会公共利益

公益伦理语境中的个人利益是指施助者和受助者的个人利益，他们的个人利益虽然不同，但对于公共利益来说，都包含于公共利益之中，公共利益都不能把哪一方的个人利益排除在外，他们作为社会成员的类存在性质，决定了基于人道主义的个人利益完全是相同的。当然，这不是说公益伦理语境下的公共利益与个体利益是没有区别的，虽然公益伦理语境下的公共利益包含了个人利益，但又有着不同于个体利益的性质，相对于个人利益来说，它具有超越性。这种超越性在私有制下是有限的，但在公有制下，它所体现出来的超越性主要着眼于它能够成为一切人的自由和全面发展的条件。它是社会中最广泛、最普遍存在的利益关系，是社会成员对社会发展成果要求共享的那部分利益。社会成员要求享有适当利益的权利，如生存权、安全权、受教育权、知情权以及诉求社会为他们提供的医疗、保险、福利等方面的保障与服务等，是完全正当的，因为社会发展的每一个成果都直接或间接地与每个公民有关。这些权利和要求不是公民个人对哪一部分人或哪些群体提出的，而是向整个社会提出的。换言之，社会成员要求的这些利益是超越于任何个人和群体的，它是人人都应享有的利益。极其广泛的普适性造成了公共利益的超越性，它超越于个体、群体、阶层、阶级，超越于地位、身份、财富，是对社会成员最基本利益的俯视与关照。它所具有的普泛性，决定了它的中立性。因此，在公共利益的享有上，每个人都是平等的，也应该是公平的。

个人利益和公共利益的结合产生出利益实现的公益性。符合公益伦理的个人利益和公共利益都是公益性的，但是这种公益性只能通过利益的转移才能体现，即个人利益和公共利益结合的时候，公益价值就得到了实现。公共利益的"主体"同样是公益伦理的主体，他的身份不同于进入市场的"私人"的机构与组织；它的运作方式有别于"市场"经济的行为，它不遵循市场中通行的等价交换、追求利润等营利性的定律，是以非营利的服务性为主的；公共利益的价值取向的核心是社会普遍意义上的公正、平等，它确保的是社会发展的成果，能够最大化、最公平地为社会全体成员所享用。所以，它的价值取向的确立依赖的是社会成员对公正、平等的渴望以及建立于其上的公共责任意识；是社会主体在公共责任感、公共价值观的指导下而提倡、捍卫的社会利益；这种社会利益在一定程度上等于社会弱者的个人利益，它在保护社会成员应有利益的同时，也提倡社会成员对它的维护和捍卫；它倡导的是"社会造福于公民、公民受益并回报于社会"的价值取向，无功利的付出与无"交换"的受益、回报是公益伦理所关注的公共利益的特点。因此，在这种个人利益与公共利益的关系上，我们必须对原有的个人利益和公共利益关系的看法作些调整。我们要改变对公共利益的抽象化理解、认为任何时候公共利益都高于个人利益的观念。公益伦理视角下的公共利益是针对特定社会成员和特定条件和环境的。在一些特定的条件、环境下，社会公共利益、集体利益要对个人或群体的利益作出一定的牺牲。公益伦理视角下的公共利益对任何个人都不是绝对一致、无任何差别的。社会是群居的，由无数个人组成，复杂特殊的情况使得不同的个人、群体在享用公共利益的多少、先后上是有差别的。很多时候认可他人利益的优先权、倾斜性是合理的。如社会对妇女、儿童权益的保护，对弱势群体的保护等，就体现了社会整体对部分人、部分群体利益的适度倾斜与保护。社会公正不是"天然"的，它要通过社会后天的"校正"来获得。既然人的"先天"禀赋是有差距的，是"既定"的，甚至是靠人力无法改变的，这时一视同仁的无差别显然是不公正的。所以，社会公正是以"后天"弥补的方式向这样的人群倾斜，以弥补他们在事实上所处的不平等的起点和障碍，求得任何人在社会"天平"上的平衡。这样才可以更好地体现、落实社会的公正。在当代，社会公共利益越是受到重视和保护的国家，针对人与人之间、群体与群体之间的差异性的倾斜政策、法律也就越完善和严密。①. 那么，作为公益行为价值表达的公益伦理应该强调，对特殊人群特殊利益的实现，对弱势群体生存和发展的关怀是符合社会公共利益的举动。因为"在所谓公共利益中，最主要的是人民的生存。因为任何人对自己的出生都没有责任。所以，为了使现在已生存的所有

---

① 参见郑俊田、本洪波：《公共利益研究论纲——社会公正的本体考察》，《理论探讨》2003 年第 2 期。

人都得到充分的物品，即使要那些持有多余物品的人牺牲一些金钱，这也是应该的，不能说是太大的牺牲"。①

不容忽视的是，当今的中国已经出现了比较严重的贫富分化，造成社会结构某种程度的失衡。因此，有理由也有责任在兼顾社会各阶层利益的前提下，充分发挥社会公共权力的调节功能和来自民间的第三次分配，防止贫富两极分化。因为当社会出现严重的贫富差距时，必然引起社会的动荡，不仅社会底层的利益会受到损害，而且整个社会的公共利益都将受到损害。从这个意义上说，突出弱势关怀是符合公共利益的，也是实现公共利益的重要途径。

突出弱势关怀，在当前就是要关心社会弱者，努力解决他们的各种实际困难，切实维护他们的利益。胡锦涛总书记曾在"三个代表"重要思想理论研讨会上明确提出，要时刻把群众的安危冷暖挂在心上，对群众生产生活面临的这样或那样的困难，特别是对下岗职工、农村贫困人口和城市贫困居民等困难群众遇到的实际问题，一定要带着深厚的感情帮助解决，切实把脱贫解困的各项政策措施落到实处。② 本着经济发展的实际水平和当代中国的国情，对弱势人群进行一定的利益倾斜既是政策的需要，也是公益活动的目的。当然，这里值得指出的是，这种利益倾斜应该有个标准或者限度，至少应遵循以下两条原则：其一，效益原则。公益的捐赠要能够和经济的发展一致，并且尊重经济的规律。对于弱势群体的公益行为绝不是"劫富济贫"，吃"大锅饭"，搞平均主义，而是使强势群体与弱势群体的利益之间取得一种积极的平衡，使利益双方获得"双赢"的局面。在公益伦理的角度，"增促社会进步，减缩社会代价"是一个重要的理念。在我国改革与发展的过程中，社会代价往往在多数情况下是由社会弱势群体来承担的，尤其是改革过程中所谓新产生的弱势群体往往更强烈地感受到改革的代价，感受到来自经济、社会、心理等方面的压力。对于他们采取利益保护措施，其效果不是消极的，而是积极有为的。使强者更强，弱者变强，这是对弱势群体利益保

---

① J. 穆勒：《政治经济学原理》上卷，赵荣潜译，商务印书馆1991年版，第404页。
② 参见吴鹏森、吴海红：《在兼顾各阶层利益的基础上突出弱势关怀》，《毛泽东邓小平理论研究》2004年第7期。

护的真正目的，也是公益伦理本身具有的价值蕴涵。其二，有度原则。公益是善业，但行善也有限度，特别是本着把有限的钱物用到最需要的地方和人的身上来说，合理有度就是公益伦理的价值预设。虽然体现特殊利益倾斜和补偿原则的"善意行动"给弱势群体带来了福音，但是如果这种善行过分猛烈，缺少社会理解，很可能产生"另一种歧视"——"反向歧视"的嫌疑。在现实生活中，我们可以看到，很多处于困境中的人对于捐助都是谨慎的。另外，合理的限度还在于要避免受助者形成对救助的依赖性，捐赠如果能够在帮助救助对象渡过难关的基础上扶持他走一段就是适度的。中国有句古语：矫枉过正，过犹不足。这也适用于公益伦理的要求。

在公益伦理价值的引导下，我们要对公益组织进行一定的文化和工作方式的整合。公益组织的公益性特性，往往是从某一个角度出发，而且各种不同社会公益组织有各自不同的视角，它们往往缺乏作为一个整体从社会全局视角出发。"存在于个人和国家之间的各种志愿性协会，这些协会是公民向国家乃至整个社会表达自己意愿和利益的基本手段。"[1] 由于社会公益组织并不是一个整体，严格说甚至不存在一个明确的界定，它们是多元的、竞争的、相互独立的，由各种不同关注、不同取向、不同动机的人群发起，自下而上地构建的，基本上是一种"发现问题—寻求解决"的行动方式，因而在行为模式上，它们不像政府部门全局安排，统一考虑，一致执行，而更类似于企业"需求—满足"的行为方式，以社会公共利益的需求为导向开展活动。这种组织形态的优势是反应灵活、迅速、应变能力强、高效率，及时体现社会生活方方面面的问题，达到社会需求的各个细节。但它们满足的社会需求，或者体现的公共利益，只是从某一个角度、某一个侧面出发的，因而，这一部门不能完成需要达成社会一致的任务。因此，公益伦理还应该起到引导公益组织的作用，使公益组织对什么是公共利益、公共利益范围的、公共利益关涉的对象等的认识达成一致，以符合公益伦理的价值主张。

---

① Berthin, G. et al., *Civil Society and Democratic Development: A CDIE Evaluation Design Paper*, US-AID, Center for Development Information Evaluation, February, 1994, p. 1.

（二）促进人的幸福和全面发展

所谓"幸福"，既可以指物质生活的安全、富裕和快乐，也可以是精神上、道德上的一种状态；同时，它还与整个社会相关联，"不单单表现为心情等主观因素，而是作为人们主动追求人间幸福生活权利的基础、机会和条件，以及在日常生活中所做的各种必要的努力"①。从社会角度来看，"幸福"就更超出了个人幸福的范畴，它要求在社会的层面上解决如何使人们过上一种"幸福的生活"。它涉及社会如何帮助人们过上幸福生活，需要通过什么样的制度和政策来安排、保证他们生活得幸福；社会的财富、机会和各种物品如何在社会成员中进行分配等问题。就其一般意义而言，"幸福"就是不虞匮乏、充分就业、安全、健康、快乐、受教育、社会平等及有序地生活等有关人类幸福的事项的充分实现，既是个人的某种状态，也应该是社会的正常状态。而贫困、疾病、失业、无知、懒惰和犯罪则是不幸福（diswelfare）的社会病态。消除这种病态，恢复及发展社会的正常状态正是社会公益组织的主要目标。在这个意义上，社会公益事业积极促进人的"幸福"，保障人民的权益、基本需要满足和实现全面发展，正是要求实现"共同的善"的极大努力。

幸福实际关涉人的活动的价值和生活的意义②，它内在地与人的本质问题密不可分。马克思关于人的本质有三个基本的具有内在一致性的科学论断。第一，"自由的自觉的活动"是"人的类特性"。③ 马克思揭示了"劳动这种生命活动、这种生产生活本身"作为人的谋生手段、生命表现及生命价值实现的多重含义。生存性劳动，导因于外，自由较低，幸福有限。创造性劳动能使人的天赋才能得以充分发挥，其动力主要来自自我决定、自我实现以及主体的兴趣、激情、热情这些人的本质力量得以外化并发挥作用，因而能达到更高程度的自由。劳动创造是生活享受和需要满足的前提和基

---

① ［日］一番ヶ瀬康子：《社会福利基础理论》，沈洁、赵军译，华中师范大学出版社1998年版，第2页。

② 参见王旭丽：《人的全面发展与人的幸福》，《中州学刊》2004年第5期。

③ 《马克思恩格斯全集》第42卷，人民出版社1979年版，第96页。

础，劳动是衡量人的发展水平和幸福程度的尺度。第二，"他们的需要即他们的本性"①。马克思指出："在现实世界中，个人有许多需要，正因为如此，他们已经有了某种职责和某种任务。"②"因为你是具有意识的，你的需要只有通过你的活动来满足，而你在活动中也必须运用你的意识。"③ 在马克思看来，人的自身的实现，在一定意义上就"表现为内在的必然性、表现为需要"④，人的需要体现着人的能力、人的个性、人的自由发展水平，因而是人们的本性。人的需要作为一种内在的必然性全面地规定着人的活动。第三，人的本质"是一切社会关系的总和"⑤。马克思阐明了人的社会本质是人自己的实践活动的产物，其社会本质的发展程度取决于生产活动和交往活动的深度和广度，人的发展有赖于交往的普遍发展，随着生产和交往的发展，"狭隘地域性的个人为世界历史性的、真正普遍的个人所代替"⑥。人只有投入到社会关系中，并使自己一定程度地社会化，才能积极地展开他的生命活动，同时形成各种能力，实现自身价值。从马克思的上述论述中，我们不难发现公益伦理所内含的对于社会弱者的幸福和个人发展的意义。

首先，作为个人的主观感受上的一种满足和愉悦状态，首先和主要是与劳动和创造连在一起的。公益救助要使那些失去劳动能力的人们获得社会的关爱，以弥补劳动和物质生活、精神生活断开后的不幸；同时，公益救助应该积极为弱势群体的劳动创造条件，改善弱势群体的劳动环境、提高弱势群体的劳动技能，以使弱势群体从劳动中获得物质生活资料和创造价值的喜悦。劳动是人最基本的身心活动、生活的主要内容，就现实人生来说，职业与兴趣爱好契合的人生是幸福的人生，创造是人的本质的最高体现和表征；就幸福的深度和持久性而言，幸福与创造活动相连，人们在"活动时享受了个人的生命表现"，"感受到个人的乐趣"。⑦

其次，公益行为对公益伦理的遵循还在于要为弱势群体的全面发展创造

---

① 《马克思恩格斯全集》第3卷，人民出版社1960年版，第514页。
② 《马克思恩格斯全集》第3卷，人民出版社1960年版，第326页。
③ 《马克思恩格斯全集》第3卷，人民出版社1960年版，第328页。
④ 《马克思恩格斯全集》第42卷，人民出版社1979年版，第129页。
⑤ 《马克思恩格斯全集》第3卷，人民出版社1960年版，第5页。
⑥ 《马克思恩格斯全集》第3卷，人民出版社1960年版，第330页。
⑦ 《马克思恩格斯全集》第42卷，人民出版社1979年版，第37页。

条件，不能仅仅满足于让他们生存，而且要让他们懂得生活，并且使他们追求值得过的生活，为社会和国家作出贡献，实现自己的人生价值。比如，公益对弱者的医疗救济和教育扶持等。

再次，公益的行为所倡导的伦理价值还有在力所能及的条件下为弱势群体的交往创造条件，尽量扩大弱势群体的交往范围，引导弱势群体形成正确的交往观，在交往中获得全面发展自己的能力和机会。

最后，人的幸福在于物质生活和精神生活的满足及其二者的和谐统一，其内容是丰富的，其目标是综合的。人对幸福的追求，具有从生物性需求向社会、精神、文化性需求扩展的内在趋势。不同层次需要的满足都能令人得到幸福的感觉，处于不同境界的人在为不同的幸福内容而奋斗着，但从根本上说，幸福与人的精神生活的满足、与人自身的发展相连。幸福具有个人性，幸福的感受只能是个体的，幸福的实现则具有社会性，人的幸福是个人发展与社会发展辩证统一的过程。就社会公益行为来说，它的一种价值也在于能够满足弱势群体的精神需要，为弱势群体提供某种心灵的慰藉。

马克思、恩格斯曾指出："任何人的职责、使命、任务就是全面地发展自己的一切能力，其中也包括思维的能力。"[1] 个人的全面发展"使自己的成员能够全面发挥他们的得到全面发展的才能"[2]。这就是说，作为人的本质力量体现的能力是人的全面发展的核心内容，发展人必须发展人的各种才能。社会的共同发展和个人的现实生活要求人们应具备自主学习能力、表达能力、思想创新能力、审美能力、心理能力等，这些能力的培养和具备不能把弱势群体排除在外，而公益慈善事业在一定程度上可以起到为人们形成这些能力提供相当平台的作用，从而在一定程度上为弱势群体的幸福和全面发展创造可能。人的幸福在于给予和分享，自己不给，无从分享；别人不给，无法享有。人的全面发展与人的幸福是并列并存、一体两面的，正是因为有了"全面发展"，才产生了幸福。社会个人走向全面发展是自身幸福的需要。[3] 社会公益作为一种合乎道德的分配，更能让人们在分享中获得幸福

---

[1]　《马克思恩格斯全集》第3卷，人民出版社1960年版，第330页。

[2]　《马克思恩格斯选集》第1卷，人民出版社1995年版，第243页。

[3]　参见王旭丽：《人的全面发展与人的幸福》，《中州学刊》2004年第5期。

感，同时也更能使人们在具备条件的情况下，把自己的幸福和别人分享，体现出某种"助人为乐"的价值意味。

因此，社会舆论也应充分发挥其积极作用，大力倡导扶贫济困的先进典型，对于那些在扶助弱势群体工作中成绩显著的个人和组织要加大宣传和表彰的力度；对于那些漠视弱势群体和损坏群众利益的个人和组织要充分发挥宣传舆论的作用，不仅要让他们的名利和形象受到应有的批评和影响，而且还要使他们成为众矢之的、无地自容。此外，弱势群体往往要承受比一般社会成员大得多的精神和社会压力，这就需要政府和社会更加重视弱势群体的精神需求，给他们更多的精神关爱和人文关怀，减轻他们的精神负担，通过政府组织和非政府组织向他们送温暖、送关怀，为他们提供释放压力的机会和渠道。对弱势群体的道德扶助和伦理关怀除了政府和社会要做的"输血"努力外，更重要的是增强主体的造血功能，以增强他们适应竞争社会的技能和信心。主要是对他们及其子女进行与其他群体一样的教育，对他们进行不同程度和不同类型的职业技能培训，提高他们的文化素质和接受社会新事物、新观点的能力。特别重要的是要关注他们的子女的教育问题，千万不能因为父母是弱势人员而减少或放松了对子女后代的教育，否则，在竞争日益激烈的社会发展中，他们的子女又将沦为新的弱势群体，那才是我们社会的悲哀。因此，我们的政府和社会在对弱势群体进行物质利益补偿的同时，要加大对他们实行教育扶助的力度，要求各级各类学校降低对他们及其子女的收费或实行教育扶助和智力扶贫，以便对弱势群体实施根本性的扶助和真正的道德支持。此外，弱势群体自身也要积极适应社会的变革，增强自我心理调适的能力，增强心理承受能力，积极参与社会竞争，自立自强，在外部因素的帮助下提高自身的生存和生活的能力，走出困境，成为生活的强者。这才是解决弱势群体问题的根本性出路。

（三）维护社会公平正义

保护弱势群体是社会公平正义的基本价值诉求。社会公平正义的最基本要求就在于使每个社会成员过上合乎人类尊严的生活。人类自从脱离动物界以后便形成了自己独有的种属尊严，即类本质。从人的种属尊严必定会引出人人平等的理念，这是现代意义上的公平正义原则的首要理念依据和基本底线。"作为人，我们都是平等的。我们作为个人是平等的，在人性上也是平等的。一个人，在人性和个性上都不可能超过他人或低于他人。我们认指他们作为人在尊严上的平等。……人生而平等的说法是真实的只限于能够实际证实人与人平等这个方面。也就是说，他们都是人，都具有人种的特性，尤其是他们都具有属于人种一切成员的特殊性质。"① "一切人，或至少是一个国家的一切公民，或一个社会成员，都应当有平等的政治地位和社会地位。"②

按照公平正义的理念，"桥的承载力是根据最不牢靠的桥墩加以测定的，社会的质量乃是根据最弱的社会成员的福利状况加以测定的。"③ "考察我国社会各个领域的公正问题，既不能以富裕阶层为标准，也不能以绝大多数人的情况为标准，而是应当把弱势群体尤其是对不幸者的慈善救助，作为衡量的唯一尺度。"④ 任何公民都不能因不幸事件而失去正常生活的权利。社会公益所担负的职责，从根本上说，是为了维护社会公平正义。保护弱势群体正是实现社会公平正义的需要。在保护弱势群体以达致社会公平正义的目标途径上，社会的首要义务就是要通过建立社会保障体系等方式来满足人们的基本需要，以维持人们的生命和提供给人们从事各种社会活动的必要条件。作为制度安排的社会保障能够从最起码的意义上体现出对社会弱势群体的伦理关怀，是社会公平正义的基本显现。但是，作为民间行为的公益活动，是不同于制度保障的另外一种伦理关怀，这种伦理关怀的意义是高于社会保障制度的。因为它所彰显的是整个社会的道德水平和个体对人类基本道德价值的认同。这种社会道德价值是公益伦理的具体内容，也是公益伦理作为社会伦理一个分支的根据。社会弱势群体是社会的一个特殊群体，其基本的生存与发展问题若解决不好，公正理念便无法实现。追求社会公正不仅是追求普遍性的程序公正，更应该进一步帮助那些在社会处境中最不利的成

---

① [美]艾德勒：《六大观念》，郗庆华等译，三联书店1998年版，第200—202页。

② 《马克思恩格斯选集》第3卷，人民出版社1995年版，第444页。

③ [英]齐格蒙特·鲍曼：《现代性与矛盾性》，邵迎生译，商务印书馆2003年版，第398页。

④ 程立涛：《爱心实现与慈善救助的现代意义》，《河南师范大学学报》（哲学社会科学版）2006年第3期。

员，使其获得更多利益，从而实现一种真正的社会公平正义，使社会成为一种关怀弱势群体的人性社会。

公平正义是社会主义的应有之义。马克思、恩格斯早在《共产党宣言》中指出：随着无产阶级取得胜利，"代替那存在着阶级和阶级对立的资产阶级旧社会的，将是这样一个联合体，在那里，每个人的自由发展是一切人自由发展的条件"①。恩格斯在《在大陆上社会改革的进展》中明确地提出了公平正义是人类社会的崇高境界，也是社会主义和共产主义的首要价值之所在。"真正的自由和真正的平等只有在共产主义制度下才可能实现，而这样的制度是正义所要求的。"②"从一定意义上讲，公平正义是社会主义的代名词。没有对公平正义的价值追求就没有社会主义。"③由前述可知，在我国现阶段，不仅弱势群体呈现出扩大的趋势，而且他们的物质生活和精神生活都处于低水平、低层次，他们的道德权利也在相当的程度上被忽视。这种情况不仅反映了我国社会公平正义实现方面存在的问题，也使社会主义的公平正义原则受到严峻的挑战甚至严重的侵蚀。我国现阶段弱势群体的存在，除自然性弱势群体外，从社会转型的意义上说虽然有其不可避免性，但在相当程度上是由非正常因素如社会救助体制不完善以及某些具体的社会管理制度不尽合理等造成的。大量弱势群体的存在及其在我国现阶段所呈现出来的扩大趋势，将会使社会成员对社会公平正义等基本价值理念产生消极的认识，将转型社会视作是缺乏公平正义的社会，也将影响到社会主义和谐社会的构建。胡锦涛总书记在党的十七大报告中指出："构建社会主义和谐社会是贯穿中国特色社会主义事业全过程的长期历史任务，是在发展的基础上正确处理各种社会矛盾的历史过程和社会结果。要通过发展增加社会物质财富、不断改善人民生活，又要通过发展保障社会公平正义、不断促进社会和谐。实现社会公平正义是中国共产党人的一贯主张，是发展中国特色社会主义的重

---

① 《马克思恩格斯选集》第 1 卷，人民出版社 1995 年版，第 294 页。
② 《马克思恩格斯选集》第 2 卷，人民出版社 1995 年版，第 610 页。
③ 何建华：《公平正义：社会主义的核心价值观》，《中央社会主义学院学报》2007 年第 3 期。

大任务。"① 如何才能保障和实现社会公平正义呢？诚然，这涉及诸多方面，但就我国目前的社会现实而言，可以说，解决弱势群体问题是最为关键、最为重要的课题。之所以如此，就在于公平正义是社会制度的首要美德，而一种公平正义的制度应该通过各种社会安排来改善弱势群体的处境，增加他们的希望，缩小他们与其他人之间的分配差距，形成全民性的"公平底线"②，切实保证弱势群体的基本权利，使他们过上合乎人类尊严的生活。尽管社会公平正义不能脱离必要的物质条件而得以充分地实现，受生产力水平的限制，现在想要彻底解决弱势群体的公正状况问题是不现实的，但是，无论如何，在目前我国现有的条件之下，只要予以重视，社会公平正义程度仍有可能得到明显的提高，弱势群体的公平正义状况尤其是基础层面的公平正义状况必然会得到明显的改善。

"没有正义的慈善是不可能的，没有慈善的正义是扭曲的。"③ 在伦理学视野中，社会公平正义"主要涉及社会制度或体制的道德性质，着重阐明社会或国家在政治、经济、文化、社会生活诸方面对社会成员应负的道德责任，表达社会成员对于社会应然状态的道德期待"④。它不仅是衡量社会合理性和进步性的一个基本标志，而且是弱势群体能否得到伦理关怀和有效救助的重要道德前提。在实际生活中，我们经常看到歧视人、嘲笑人、欺骗人的现象，尤其是很多人把弱势群体看做是社会的累赘，甚至有的学者也把新时期出现的下岗职工、失业人员等新增弱势群体看做是改革的必然结果，是社会发展的必然代价。这种观念和做法不仅和社会公平正义的精神相违背，而且以这种观念为指导，就会置弱势群体的权利和利益而不顾，更谈不上对

---

① 胡锦涛：《高举中国特色社会主义伟大旗帜　为夺取全面建设小康社会新胜利而奋斗——在中国共产党第十七次全国代表大会上的报告》，人民出版社 2007 年版，第 17 页。

② 所谓公平底线，就是指"全社会除去个人之间差异之外的共同认可的一条线，在这条线下的部分是每一个公民的生活和发展中共同具有的部分。一个公民如果缺少了这部分，就保证不了生存，保证不了温饱，保证不了为了谋生所必需的基本条件"。这种底线是个人的基本权利，因此"是政府和社会必须保障的，必须承担的责任意义上而言的，它是责任的底线"。（参见景天魁：《论底线公平》，《光明日报》2004 年 8 月 10 日。）

③ ［英］齐格蒙·鲍曼：《后现代性及其缺憾》，郇建立等译，学林出版社 2002 年版，第 55 页。

④ 程立显：《伦理学与社会公正》，北京大学出版社 2002 年版，第 51 页。

弱势群体的伦理关怀和有效救助。诚然，"社会的发展确实需要付出一定的代价，但是，发展的代价不应只由弱势群体来承担，或者，即使必须由一部分人来承担，他们也理应获得相应的补偿和回报，而不应成为社会发展的牺牲品。"① 改革和发展的最终目的是为了人的自由而全面的发展，而对弱势群体的人道救助和伦理关怀则是人的自由全面发展中的应有之义。从一定的意义上说，社会公益之所以有存在和发展的必要，就在于只有公正地对待弱势群体，通过社会救助和伦理关怀使广大弱势群体摆脱弱势地位，过上合乎人类尊严的生活，才能真正实现人的自由全面发展。可以说，维护社会公平正义是社会公益的应有之义。

　　社会公益对公平正义的维护主要表现在以下三个方面。② 第一，维护弱势群体的基本权利。人的基本权利是人的生存和发展的前提，基本权利不能得到满足，则会造成对人的尊严和价值的蔑视。在此意义上说，维护弱势群体的基本权利是公益伦理的起点。第二，维护机会平等。机会实际上是指社会成员发展的可能性空间。机会直接影响着未来的分配状况，机会的不同将导致未来发展的可能结果的不同。因此，机会平等在整个公正体系中有着重要意义，它为每个社会成员的具体发展提供一个统一的规则。机会平等有两个层面的含义，一是共享机会，即从总体上来说每个社会成员包括弱势群体在内都应有大致相同的基本发展机会；二是差别机会，即社会成员之间的发展机会不可能是完全相等的，应该有着程度不同的差别。第三，维护分配平等。社会公益组织应该立足于社会的整体利益，对于第一次和第二次分配后的利益格局进行一些必要的调整，也就是所谓的"第三次分配"，使社会成员特别是弱势群体普遍地、不断地得到由发展所带来的收益，进而使社会的质量不断提高。我国是社会主义国家，保证全体社会成员共同富裕是社会主义制度道德合理性的一个重要标志，"共同富裕"的本质要求我们树立公平意识，坚决防止和反对贫富差距的扩大，这就需要我们对弱势群体给予特别的关怀和保护。

---

① 孟凡平：《伦理关怀：弱势群体问题的现代视角》，《齐鲁学刊》2006年第6期。
② 参见王正平、周中之：《现代伦理学》，中国社会科学出版社2001年版，第240页。

（四）推动社会进步与和谐

公益慈善事业的发展与我国社会的进步与和谐是紧密地联系在一起的。实践表明，公益慈善事业的欠发达，弱势群体问题的突出是影响我国社会进步与和谐的重要因素。我们之所以强调发展公益事业，对弱势群体实施道义救助，维护弱势群体基于人而应当享有的基本权利，其中一个重要的原因就在于弱势群体问题不能得到有效的解决，我国社会进步与和谐的目标就永难实现。为了推动我国社会的进步与和谐，就必须大力发展公益事业，妥善解决弱势群体问题，让广大弱势群体过上合乎人类尊严的生活。

在改革的过程中，由于市场机制在收入分配中的影响不断加强，结构调整带来的不可避免的结果以及初次分配秩序混乱等多种因素的共同作用，使得弱势群体不断扩大。体制改革和社会转型的实质就是利益的重新分配和重新整合，获取更多的社会资源和利益是每个社会成员运用个人能力自觉和自愿从事的。但是，由于弱势群体缺乏资金、技术、权力、能力和社会关系，在激烈的社会竞争中就会处于劣势地位，并且仅仅靠自己的力量很难摆脱这种劣势，因而在社会财富中所占份额就会相对减少，在政治、经济和文化生活中的影响力相对下降。对利益最大化的追求和依靠自身力量难以改变弱势地位的现实使弱势群体面对改革产生强烈的社会挫折感；而社会上种种不平等现象的常常发生又起到了推波助澜的作用，使得弱势群体觉得"共同富裕"的道德目标虚无缥缈或遥遥无期，觉得自己是市场竞争中的失败者，感到自己被社会所抛弃。同时，由于弱势群体所占社会资源和本身能力的限制，往往处于竞争社会的最底层，很难享受到改革发展所带来的先进成果，相反，却最先且最强烈地感受到了社会改革和社会发展的成本和代价——失业率与通货膨胀率之和。这种状况不仅严重影响到中华民族整体素质的提高，延缓甚至阻碍着我国人的全面发展的进程，而且也会严重挫伤弱势群体勤奋工作的主动性、积极性以及参与经济发展和社会进步的热情，从而使我们的社会主义改革和建设事业很难顺利向前推进。

弱势群体的存在和贫困的加剧，对一个社会来说也是不和谐的音符。漠视弱势群体的利益必然会使各个社会群体之间利益增进呈相反方向发展而不是同一方向，即会拉大贫富差别的距离，不是各个阶层共同进步。这就势必造成社会各个群体之间的道德隔阂和情绪抵触。当社会各个群体之间的道德隔阂和情绪抵触积累到一定程度时，必定会进一步损害社会各个群体之间的团结与合作，直接影响到社会主义建设的安定团结和社会稳定，社会安全运行的道德机制就会遭到破坏。同时，由于社会贫富差距不断拉大，弱势群体的生活日益贫困化，而造成弱势群体相对剥夺感不断加强，再加上弱势群体的经济承受力低、风险抵御力弱、政治地位低、情绪怨言缺乏正常的表达渠道，使弱势群体这一庞大队伍中隐藏着巨大的社会安全隐患，极易因为社会道德的"水桶效应"而成为社会动荡的"火药桶"。社会弱势群体或者不幸者，很容易为不良情绪所主宰，精神上的压抑会导致以破坏手段来发泄愤怒①，从而极易成为社会冲突的导火索。从社会安全运行的角度来分析，"少数人闹事"属于社会聚合行为，社会生活中的不公平、不公正现象则是发生聚合行为的根本原因。现阶段我国一些地方发生弱势群体集体上访、堵交通、围政府等事件就是一种社会聚合行为。这种现象的不断出现说明解决社会弱势群体问题，已经成为改革过程中不容回避的问题，社会安全运行和和谐发展的道德基础正在面临严峻的考验。对各种风险可能造成的恶果，人们应保持高度警惕。充分认识风险、有效地预防和化解风险，也是公益慈善活动的内在要求。"为消弭贫富差距扩大给社会稳定带来的潜在威胁，一方面党和政府要不断改革收入分配制度使之更加注重公平，合理调整国民收入分配格局；另一方面，社会要充分发挥慈善的作用，动员社会成员在自愿的基础上拿出自己的部分财富，去帮助弱势群体改善生活、教育和医疗的条件，通过大力发展慈善事业，营造尊重他人、理解他人、关心他人，热爱集体、热心公益活动的氛围，让发展的成果惠及每一个社会成员，让弱势群体与普通人一样共享社会发展成果，增强社会凝聚力和向心力，促进社会的稳定和谐。"②"爱心作为人道主义精神的核心，在慈善救助过程中，能够消除

---

① 参见［美］夏洛特·托尔：《社会救助学》，郗庆华、王慧荣译，三联书店1992年版，第9页。

② 孟兰芬：《倡导贫民慈善的意义及其实现途径》，《吉首大学学报》（社会科学版）2007年第4期。

差异，增强共识、促进合作，形成互补性的社会救助力量。"① 以爱心为基础的公益慈善事业，对于理顺情绪，调节矛盾，抚慰烦躁的心灵，帮助弱势群体克服暂时的困难，以理性思维和长远眼光谋划未来，都发挥着不可替代的作用。

总而言之，实现社会公共利益、促进人的幸福和发展、维护社会公平正义、推动社会进步与和谐是当代中国公益伦理应有的价值取向。它们是社会道德的一般价值在公益领域的特殊表现。它们的实现不是公益活动或者公益组织本身能够单独完成的，既赖于公平正义的社会制度的建立，又赖于积极的社会公德和慈善道德教育；既需要政府的支持，又需要各种公益主体的积极参与。具体到当代中国的实际情况来看，有些条件已经具备，有些还显得非常不足。因此，当代中国公益伦理在确定自己的价值取向以后还要积极地进行调查研究，理论联系实际，为当代中国公益事业的发展和实现对弱势群体的关怀作出努力。

---

① 程立涛：《爱心实现与慈善救助的现代意义》，《河南师范大学学报》（哲学社会科学版）2006 年第 3 期。

第四章　当代中国公益伦理所
面临的问题与挑战

伴随着我国公益事业的发展，一些伦理问题如诚信问题、参与公益活动的道德自觉性问题、公益活动资源配置的公平问题、公益活动中施助者和受助者的权利、义务及其关系问题等日益凸显出来。同时，在新的历史条件下，当代中国公益伦理也面临着诸多挑战。了解、分析和研究这些问题和挑战，对于促进我国公益事业的繁荣以及当代中国公益伦理建设有着十分重要的意义。

一、当代中国公益的发展状况

中国改革开放以来，建立在国家控制全部社会资源基础上的政府供给（公共产品）模式开始向多元的社会供给模式的发展为各种中介组织、社团协会、民间自组织等第三部门的崛起提供了合法性和活动空间，促进了我国公益事业的长足发展。

（一）公益组织得到较快发展

公益组织作为公益行为的载体和桥梁，它的数量和实力是衡量一个国家公益事业发展水平的重要指标。近年来，公益组织在中国大地上如雨后春笋般涌现。截至 2007 年年底，依法登记的公益组织已达到 38 万余个，其中社会团体 21 万余个，民办非企业单位 17 万余个，基金会 1340 个。① 截至

---

① 参见《民政部副部长：公益组织要当好"矛盾调解员"》，中国新闻网，2008 年 12 月 20 日。

2008 年年底，我国共有各类基金会 1531 家，比上年同期增加 162 家；建立经常性捐助工作站（点）和慈善超市 3 万多个，初步形成了社会捐助网络。

尽管我国的公益组织得到了较快发展，但从目前的情况看，我国公益组织的发展还面临着诸多问题。除了面临资金短缺和资源分配不合理的双重挑战以及公益事业还缺乏不能很好地支持其组织技能培养的相关培训项目和资源中心外，实践发现，我国公益组织在发展过程中还面临三大"瓶颈"。① 一是法律"瓶颈"。社会捐赠的公益性，要求其使用过程和结果始终置于社会监督之下。由于法律尚无明确的规定，一些慈善机构在处理捐赠物资和开展募款活动时心存顾虑，不知哪些是法律允许做的，哪些是法律不允许做的。此外，国际大型的公益团体大多通过成立永久基金会，将社会捐赠的投资增值部分用于慈善和公益事业。而国内一些公益组织在这方面做得不够，社会捐赠大多是现款现用，不利于公益事业的长效发展。二是税收"瓶颈"。国外对企业捐助社会公益事业，采取减税政策。我国在这方面也有规定，但力度还很不够，影响了企业支持公益事业的积极性。三是道德"瓶颈"。现在，市场都在呼唤诚信原则，其实，公益事业更要以信任为基石。尽管我国现有的许多公益组织特别是知名组织都能很好地贯彻诚信原则，获得了广大群众和社会的信任，但总体而言，目前我国公益组织公信力的现状是令人担忧的。②

（二）公益事业运作机制向现代化转型

长期以来，我国的公益慈善事业主要局限于济贫救困和兴办基础教育事业。而近二十年来，公益事业逐渐扩及医疗卫生、教育培训、环境治理、科学技术、文学艺术、文娱体育、社会治安、法律咨询以及社会进步等现代公益的各个方面，逐步深入到社会各个领域；在举办主体上，由政府包揽到民间积极参与，"小政府，大社会"正在形成，公益事业越来越多地依靠于民间资源而加强其自主权，民间化、社会化、自治化特色日显；公益事业的网

---

① 参见田泓：《公益组织，以信任为基石》，《人民日报》2002 年 9 月 11 日。
② 参见陈宇廷、潘临峰、吴海：《企业应与民间组织紧密结合》，《中国青基会通讯》2007 年第 2 期。

络化支持系统正在形成，伙伴关系的内涵和外延都在扩大；国际交流日益增多，20世纪90年代中期以来，中国各公益组织逐步走向世界，积极参与国际间的公益事业合作，并对国际公益事业的发展作出了应有的贡献。

（三）党和政府对发展公益事业高度重视

无论是在马克思主义经典作家的论述中还是我党的方针政策里，对公益事业都是持正面肯定意义和积极鼓励的。

马克思曾在《哥达纲领批判》中指出："如果我们把'劳动所得'这个用语首先理解为劳动的产品，那么集体的劳动所得就是社会总产品。现在从它里面应该扣除：第一，用来补偿消耗掉的生产资料的部分。第二，用来扩大生产的追加部分。第三，用来应付不幸事故、自然灾害等的后备基金或保险基金。……剩下的总产品中的另一部分是用来作为消费资料的。在把这部分进行个人分配之前，还得从里面扣除：第一，同生产没有直接关系的一般管理费用。……第二，用来满足共同需要的部分，如学校、保健设施等。……第三，为丧失劳动能力的人等等设立的基金，总之，就是现在属于所谓官办济贫事业的部分。"①

对公益事业的高度重视也体现在我党的一系列方针政策和领导人的重要讲话中。例如，《全面建设小康社会，开创中国特色社会主义事业新局面》中指出，"建立健全同经济水平相适应的社会保障体系，是社会稳定和国家长治久安的重要保证"，要"多渠道筹集和积累社会保障基金"，"发展城乡社会救济和社会福利事业"。②《中共中央关于加强党的执政能力建设的决定》中指出，要"建立体现科学发展观要求的经济社会发展综合评价体系"，"健全社会保险、社会救助、社会福利和慈善事业相衔接的社会保障体系。加强和改进对各类社会组织的管理和监督"；"要发挥社团、行业组织和社会中介组织提供服务、反映诉求、规范行为的作用，形成社会管理和社会服务的合力，坚持最广泛最充分地调动一切积极因素，不断提高构建社

---

① 《马克思恩格斯选集》第3卷，人民出版社1995年版，第302—303页。
② 江泽民：《全面建设小康社会，开创中国特色社会主义事业新局面——在中国共产党第十六次全国代表大会上的报告》，《人民日报海外版》2002年11月18日。

会主义和谐社会的能力"。① 江泽民同志曾在党的十五届六中全会上语重心长地说："关心群众,首先要关心困难群众的疾苦,为广大人民谋利益,首先要为困难群众谋利益。因为他们眼前最困难,最需要帮助",并亲自倡导建立经常性捐赠机制,带头捐赠。② 胡锦涛同志在中国共产党第十七次全国代表大会上的报告中指出:"合理的收入分配制度是社会公平的重要体现。要坚持和完善按劳分配为主体、多种分配方式并存的分配制度,健全劳动、资本、技术、管理等生产要素按贡献参与分配的制度,初次分配和再分配都要处理好效率和公平的关系,再分配更加注重公平。逐步提高居民收入在国民收入分配中的比重,提高劳动报酬在初次分配中的比重。着力提高低收入者收入,逐步提高扶贫标准和最低工资标准,建立企业职工工资正常增长机制和支付保障机制。创造条件让更多群众拥有财产性收入。保护合法收入,调节过高收入,取缔非法收入。扩大转移支付,强化税收调节,打破经营垄断,创造机会公平,整顿分配秩序,逐步扭转收入分配差距扩大趋势。"③2008 年"两会"期间,温家宝总理在政府工作报告中再次明确国家"鼓励和支持慈善事业发展"。2008 年 4 月,回良玉副总理接见了 2007 年度中华慈善奖部分获奖代表,中央电视台对颁奖典礼进行了播出。汶川地震发生之后,中国政府高度重视慈善捐赠对抗震救灾的作用,对国际援助采取高度开放和欢迎的态度。2008 年 12 月 5 日,胡锦涛总书记、李克强副总理等党和国家领导人会见出席中华慈善大会的代表,胡锦涛总书记发表重要讲话,回良玉副总理出席中华慈善大会并作重要讲话。所有这些都表明了党中央对人民群众生活问题和公益慈善事业的高度重视和关注,也必将推动我国的公益慈善事业向前发展。

---

① 《中共中央关于加强党的执政能力建设的决定》,中国共产党十六届四中全会 2004 年9 月 19 日表决通过。

② 参见胡延森:《大力发展慈善事业,促进社会文明进步》,《发展论坛》2002 年第 11期。

③ 胡锦涛:《高举中国特色社会主义伟大旗帜　为夺取全面建设小康社会新胜利而奋斗——在中国共产党第十七次全国代表大会上的报告》,人民出版社 2007 年版,第 38—39 页。

二、当代中国公益伦理面临的问题

公益伦理是公益活动的价值表达和规范体系，公益活动是社会公益伦理价值的实现方式，是建立有关公益的道德关系的活动。从伦理的视角，围绕公益活动的参与，对公益活动的主动者和受动者的关系、公益资源的分配、社会公众的支持等方面的考察可以发现，当前我国公益伦理还面临着一些不可忽视的问题，为确保公益活动的正常进行和实现公益的价值，解决这些问题又显得非常迫切。

（一）诚信问题

"仁"以"诚"才立，对弱势群体的伦理关怀不能仅仅停留在表面上、形式上，更不能弄虚作假，而应当是实实在在地给予，否则对弱势群体的人道救助和伦理关怀不仅难以落到实处，而且还会阻碍公益事业的可持续健康发展。事实上，公益事业的发展具有"乘数效应"，它能够通过连锁反应发展壮大，激发社会的爱心，通过爱的力量改善弱势群体的生活境况。反过来，如果公益事业在发展过程中出现问题——尤其是与诚信有关的问题，也会产生相反的"乘数效应"，抑制人们的爱心，制约公益事业的发展。因此，诚信对公益事业的意义是十分重要的。从我国目前的情况来看，虽然在公益慈善活动中绝大多数公益组织和个人能够自觉地遵守诚信原则，但也存在着不少有违诚信的现象和行为。对此，我们可以从公益组织的诚信、施助者的诚信和受助者的诚信三个方面具体分析。

1. 公益组织的诚信

诚信不仅对个体立足社会十分重要，而且对一个组织的生存和发展也至关重要。社会公益组织既具有一定的经济职能，也是社会道德实践的重要主体，这种特点决定了公益组织必须重视自身的诚信建设。虽然从我国目前来讲，与社会公益组织有关的重大法律和管理条例主要有"公益事业捐赠法"、"信托法"和"社会团体登记管理条例"、"民办非企业管理条例"等，但仔细地审阅现有法律和条例，不难发现非营利公益组织的发展还是缺少强有力的法律保障，诚信机制不能建立，特别是监督系统薄弱，致使其步履艰难，筹资环境不佳。从个人和集团捐赠的动机看，至少其道德动机是为了救助处于困难和灾害环境下的个人或者群体，但由于诚信机制的不完善，个人和集团捐赠的目的物得不到有效使用或者即使使用了也得不到相应的反馈，这样就会大大降低个人和集团捐赠的积极性。作为中国目前的社会公益组织，其机构本身还处于一个初级发展阶段，在处理与捐赠者、受益人和政府的关系方面还显得没有经验，机构的运作也没有引入完善的诚信管理，缺乏对自身发展的战略定位。当前，我国各类公益组织可谓形形色色，数量不少但规模较小，从业人数不多但分散性大，流动性大而稳定性较小。这些因素造成社会公众对其行为特征和实际状况难于了解，也使政府对其监管的难度加大。目前我国社会公益组织在发展过程中还存在法制观念、社会责任有待加强，内部管理制度不够完善，自律机制不够健全，组织行为不够规范，甚至信誉缺失等问题，而且由于在社会转型中受到价值观失范、诚信缺失等影响，目前公益组织公信力的现状令人担忧[1]：一是募捐不坚持自愿原则。由于目前许多社会公益组织实质上是政府部门的延伸，往往面向干部职工和公务员队伍采取摊派形式开展募捐，违背自愿精神；二是善款去向不公示，规章制度不够健全，管理不够科学，运作不够透明，监督机制不够完善，缺乏公信力，挫伤民众参与公益事业的热情和信心；三是专业和专职人员缺乏。公益组织行政色彩浓厚，不注重捐献文化培育，自律机制不健全，捐献制度缺位等，造成公益组织的公信力持续不高，反映了我国民间组织发展还处在起步阶段。

公信力是公益组织生存的生命线，也是公益事业的生命力所在。丧失了公信力，公益组织就会丧失资源，丧失民众，丧失价值，公益事业也不可能得到可持续健康发展。公益组织亟须提升公信力，一直为业内专业人士所呼吁。而提升公益组织公信力的关键所在，就是公益组织能不能实实在在地实行透明化管理。什么信息都不公布或信息公开不够透明的公益组织是难以得到民众的广泛支持的，甚至也难以得到资金支持者的支持，也就没有什么公信力可言。但是，目前许多公益组织对捐赠者所捐钱物的去向不公示，缺乏

---

① 参见黄毅敏：《当前社会公益组织面临的问题与对策》，《中国红十字会报》2009 年 2 月 6 日。

反馈，使捐赠者对捐物的使用情况无从了解。更有甚者，一些公益组织在利益的驱动下，不负责任，不注重服务质量，只顾自身利益，侵蚀客户利益；有的甚至违规违法运作，对政府和社会公众进行欺骗，攫取不义之财，从而给公益组织的公信力带来很大的伤害。其中表现最为突出的就是捐赠没有"专款专用"、"专物专用"，而是被挪为他用；不是用在急需解决的问题上，而是用在其他非必需的消费上。

公益组织的诚信问题，直接关系到公益事业的健康发展、社会生活品质、中国公益事业在国际上的地位和声誉，解决公益组织的诚信问题已刻不容缓。根据美国组织和团队发展咨询公司的总裁、著名律师派特·麦克米兰先生的研究，对于社会公益组织来说，如何管好捐款和保持机构的公信度是最重要的问题，也是最为困难的问题。这里涉及捐款者、公益机构和受助者的关系，可以简单地用下图来表示它们之间的关系：

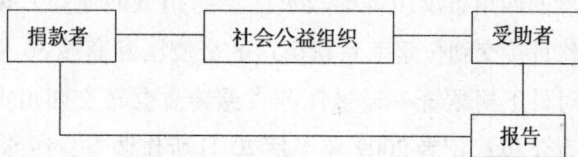

```
┌────────┐        ┌────────────┐        ┌────────┐
│ 捐款者 │────────│ 社会公益组织 │────────│ 受助者 │
└────────┘        └────────────┘        └────────┘
     │                                       │
     │                                  ┌────────┐
     └──────────────────────────────────│  报告  │
                                         └────────┘
```

图解：上图的捐款者可以是个人、企业、基金会等，中间是接受捐款的公益组织，它把捐款用于需要救助的人，或者称受助者。公益组织，从捐款人那里募集到金钱，作为捐款人最关心的事情是这些钱到哪里去了？使用是否得当？是否令人满意？效果如何？因而需要公益组织提供给捐款者一个好的报告。大多数情况下，只要报告是好的，捐款人就会继续捐款；如果没有一个好的报告，就会造成捐款者停止捐款。所以，如果捐款者停止了捐款，一般是因为没有收到报告，或者收到了他们不相信的报告。该报告要详细介绍一年来的机构状况、筹款状况、项目活动和基金使用情况。特别是每个公益组织都有自己的章程，此章程是该组织应该遵循的最起码规则。它主要包括三个方面的内容：（1）公益组织必须言行一致。即公益组织的目的应该和章程内容中所表述的相互一致，应该是一种稳定的和具体的说明。（2）公益组织要定期进行工作评估。主要是为了适应社会和工作的变化，提高应变力。（3）对项目本身进行评估要遵循综合考虑宗旨、效率和成本的原则。①

　　2. 施助者的诚信

　　施助者是指公益组织之外的参与公益救助的集体和个人。施助者的诚信也是公益领域诚信问题的一个重要方面。不可否认，绝大多数施助者在公益慈善活动中本着诚信的精神，切实承担和履行着救助弱势群体的道德责任和义务，但也有不少施助者总是借公益慈善之名行谋私利之实，作出了许许多多的有违诚信的行为。如，2008 年 5 月 15 日，汶川特大地震发生后，经请示力联集团负责人翟韶均，力联集团发出了《关于开展向四川省汶川等地震灾区慈善捐款的通知》，号召广大员工向灾区捐款。这一倡议得到了广大员工的响应和支持，很快，捐款源源而来。在指定的捐款截止日期——5 月 16 日 16：00 前，公司募集到了地震捐款 41423.1 元。力联集团有限公司发出的《关于开展向四川省汶川等地震灾区慈善捐款的通知》说，集团号召员工将所有捐款直接交到位于南京新街口的金鹰国际商城 36 楼的机要档案室内，集团将对员工捐款统一通过江苏省慈善总会转交四川灾区人民。但是，据《中国青年报》记者 2009 年 4 月 20 日所作调查，江苏省慈善总会、省红十字会、南京市慈善总会、市红十字会以及力联公司所在地的南京市鼓楼区慈善分会和红十字会等 6 家单位的负责人都说：他们查遍了所有的记录，均未发现有"力联集团"、"翟韶均"等交来的捐款。②

　　在施助者不诚信的行为中表现最为突出的是"伪慈善"。如，2006 年年底，云南丽江市政府的一项审计报告表明：因抚养数百名孤儿而闻名的"中国母亲"、中华绿阴儿童村的创始人胡曼莉把约 33 万元社会捐款说成是自己的个人捐款，不据实列出开支的数额亦达 33 万元；在孤儿个人账户上仅凭存折复印件提取的资金近 10 万元；在支出中应按固定资产核算而未核算的资金达 43 万余元；胡曼莉对十余名孤儿投了 28 万余元的商业保险，作

---

　　① 参见戚小村：《"仁"以"诚"立：社会公益组织的诚信》，《湖南师范大学社会科学学报》2006 年第 2 期。

　　② 参见《江苏力联集团老总被指侵占员工地震捐款》，《中国青年报》2009 年 4 月 24 日。

为学校的一次性支出,在财务上却隐瞒了分红,也隐瞒了五年后可以全额返还的事实;电脑服务部的数年收入也没有入账。在没有合法票据的情况下,孤儿学校凭一般通用收据、付款证明单、商品调拨单等票据支出的金额达42万余元。[①]

3. 受助者的诚信

受助者或者公益活动受益人的诚信问题主要表现在:第一,受助者是假的,即受助者本身并不需要救助,而为了得到更多的钱物欺骗公益组织和捐赠人。如,2007年3月30日,在中国教育发展基金会成立大会上,吉利控股集团捐助了5000万元,寻访1000名家庭贫困、品学兼优的高中毕业生,资助他们完成大学学业。为了使用好这5000万元,吉利控股集团有关负责人表示,对于受助对象的确认工作,将主要由吉利集团操作,为此还专门成立班子,除了捐助5000万元外,还准备花费更多的金钱和精力到全国各地寻找真正需要帮助的贫寒学子。他们之所以这样做,是因为他们上过当:"穷孩子"摇身一变,原来是当地领导之子。2001年,李书福要求北京吉利大学创办宏志班,免费供读贫困学子。这个班级招收的对象是延安、遵义等革命老区的贫寒学子,学校免除全部学费和住宿费。第一届招收30多人。对当地有关部门送来的学生,北京吉利大学并未怀疑,也未到学生家庭核实,以为有相关部门公章,应该没什么问题。结果,虽然学生中大部分符合要求,但也有一些人并不贫寒;有些学生学习不刻苦,却穿着奇装异服,配备手机,出手阔绰。吉利控股集团副总裁、北京吉利大学校长罗晓明说,贫困原因有几种,有懒惰致贫的,有因病致贫的,而前者并不是吉利要资助的对象。更有甚者,有的学生竟然是当地某领导的子女。[②] 第二,经过救助,原来的弱者逐步走出弱势群体的行列,但仍然隐瞒真相,继续享受组织和个人的捐赠。

(二)参与公益活动的道德自觉性问题

根据 Giving USA Foundation 发布的年报,2007年美国人的慈善捐赠总计

---

① 参见《中国慈善现象调查》,《法制日报》2007年4月29日。
② 参见《中国慈善现象调查》,《法制日报》2007年4月29日。

3063.9 亿美元。其中，来自个人的捐赠占到了捐赠总额的 75%。基金会的捐赠则占到了 12.6%，其捐赠金额达到了创纪录的 385.2 亿美元。① 值得一提的是美国富豪对慈善事业的热衷。据美国《慈善纪事》在 2009 年 1 月初所公布的美国 2008 年度捐赠最新数字显示，在美国本土，至少有 16 个人在 2008 年捐赠超过 1 亿美元，这个数字是《慈善纪事》发布捐赠数字 12 年以来亿元捐赠人数最多的一年。在过去的 12 年，接近这个数字的只有 2006 年的 15 人和 1998 年的 12 人。数据表明，这 16 位捐赠人在 2008 年的捐赠总额也远远超过前一年。捐赠数额超过 80 亿美元。在 2007 年，捐赠总额仅为 41 亿美元。在 2008 年，单笔捐赠最多的捐赠人是来自美国著名的发明家、投资家詹姆斯·索林森的遗赠，他将 45 亿美元的遗产全部捐给在盐湖城的家族基金会。单笔捐赠第二多的捐赠人是黑石集团的创始人、金融家彼得·G. 彼得森，他捐赠 10 亿美元给自己同名的慈善基金会。② 事实上，在美国，捐赠已成为一种社会风气，富人把它看成是回报社会的方式；企业把它看成是提高公司形象、改善社会名誉、增强员工士气的主要途径；普通百姓则把它看成是宗教信仰和个人善心的表达。

我国的慈善捐助情况怎么样呢？据《2007 年度中国慈善捐赠情况分析报告》初步估计，2007 年度，我国公众和企业的慈善捐赠（款物）总额，达到了 223.16 亿元，约占我国去年 GDP 的 0.09%，而来自境外的捐赠（款物）总额达到 86.09 亿元。两项相加，即 2007 年度我国接受来自国内、国际的社会捐赠总额超过 309 亿元。此外，与慈善事业有关的彩票公益金总额 356 亿元，彩票系统的带捐赠性的社会责任投资约 200 多亿元。四项相加，2007 年度我国慈善市场资金总额达到约 865 亿元，约占 2007 年全国 GDP 总量的 0.35%。其中，全国平民捐赠额近 32 亿元，人均捐款近 2.5 元。

上述统计数据在相当程度上表明，我国公益慈善事业与美国等发达国家相比还存在着比较大的差距。尽管我们不能通过这些统计数据贬低甚至否定我国公民的公益慈善之心，事实上，公益救济自古以来是中华民族的优良传

---

① 参见《美国 07 年慈善再创新高》，《华尔街日报》2008 年 7 月 3 日。
② 参见《美国富豪 2008 年捐赠仍创新纪录》，《公益时报》2009 年 1 月 14 日。

统，并且近些年来我国慈善市场获得了前所未有的发展，无论慈善大环境、公众与企业界的捐赠热情、慈善组织，都呈现出加速发展的局面（注：事实上，导致这种局面呈现的最主要因素是政府的倡导），现实中富有公益慈善之心的事例也不胜枚举，但是这些数据也在一定的程度上说明，我国公民和有关企业参与公益活动的道德自觉性还是不够理想的。导致这种情况的原因是多方面的，概而言之，主要有以下几个方面。

1. 传统伦理及社会结构的影响

从宏观层面来说，公益慈善是一种制度安排，"深受伦理及社会结构的影响"[1]。因为"道德观念是在社会里生活的人自觉应当遵守社会行为规范的信念。它包括着行为规范，行为者的信念和社会的制裁。它的内容是人和人关系的行为规范，是依着社会的格局而决定的。从社会观点说，道德是社会对个人行为的制裁力，使他们合于规定下的形式行事，用以维持社会的生存和绵续。"[2]

梁漱溟曾在《中国文化要义》中指出，中国是一个伦理本位的社会，"举整个社会各种关系而一概家庭化之，务使其情益亲，其义益重。由是乃使居此社会中者，每一个人对于其四面八方的伦理关系，各负有其相当义务；同时，其四面八方与他有伦理关系之人，亦各对他负有义务。全社会之人，不期而辗转互相连锁起来，无形中成为一种组织"。[3] 梁漱溟认为，在这种伦理本位的社会中，各人都有各自的伦理关系，个体只对与自己有伦理关系的人有义务，有情有义，陌生的求助者应该求助于自己所属的伦理关系。"中国则各人有问题时，各自寻找自己的关系，想办法。而由于其伦理组织，亦自有为之负责者。因此，有待救恤之人恒能消纳于无形。"[4] 在梁漱溟看来，求助者的福利需要可以被伦理本位的社会所满足，当个体面临困境时，与其有各种伦理关系的人应负责该个体的福利需求，求助者要找到能为自己负责的关系，而非求助于社会的公益事业。即使是伦理关系中的救助

① 仲鑫：《中国公益慈善事业发展的宏观环境及微观环境》，《理论界》2008 年第 5 期。
② 费孝通：《乡土中国》，北京出版社 2005 年版，第 42 页。
③ 梁漱溟：《中国现代学术经典》（梁漱溟卷），河北教育出版社 1996 年版，第 309 页。
④ 梁漱溟：《中国现代学术经典》（梁漱溟卷），河北教育出版社 1996 年版，第 311 页。

也要视救助者和被救助者之间的亲疏关系而定，是有亲疏等差的。"其相与
为共的，视其伦理关系之亲疏厚薄为准，愈亲厚，愈要共，以次递减。"①
也就是说，救助行为是否能够发生，取决于救助者和被救助者之间的伦理关
系，只要在伦理关系中，就能够受到救助的覆盖，但覆盖的大小和程度则根
据其所享有的伦理关系的亲疏程度而定。对于不在伦理关系中的陌生人，则
无从分享这种救助。由此可见，在伦理本位的社会中所强调的伦理义务是发
生在有关系（或者扯得上关系）的熟人之间的，没有给生人预留尽伦理的
义务，缺乏使陌生人受益的公益伦理价值，陌生的求助者应该按照伦理本位
在自己的熟人圈子里进行求助，对于被求助者而言通常也假定该陌生求助者
自有其自己的熟人圈子，自有为其尽义务的人，能够解决其问题，而自己的
义务则应留给与自己有各种关系的人。在这种情况下，人们对于公益事业的
态度自然而然是消极的。

　　与这种伦理本位相适应，中国的社会结构是一种"差序格局"的社会
结构。费孝通指出，中国社会的"格局不是一捆一捆扎清楚的柴，而是好
像把一块石头丢在水面上所发生的一圈圈推出去的波纹。每个人都是他社会
影响所推出去的圈子的中心。被圈子的波纹所推及的就发生联系"。② 它
"以'己'为中心，像石子一般投入水中，和别人所联系成的社会关系，不
像团体中的分子一般大家立在一个平面上的，而是像水的波纹一般，一圈圈
推出去，愈推愈远，也愈推愈薄"。③ 在差序格局的安排中，陌生人处于以
"己"为中心的圈子的最远的外围，远到无法被个体圈子的波纹所触及，陌
生人与"己"的关系也因距离的"愈远"而"愈薄"，以至于无。在费孝
通看来，"从己向外推以构成的社会范围是一根根私人联系，每根绳子被一
种道德要素维持着。社会范围是从'己'推出去的，而推的过程里有各种
路线，最基本的是亲属：亲子和同胞……向另一个路线推是朋友"。④ 这就
是说，在差序格局的安排中有生人（家人）与熟人（陌生人）的远近关系

---

① 梁漱溟：《中国现代学术经典》（梁漱溟卷），河北教育出版社1996年版，第311页。
② 费孝通：《乡土中国》，北京出版社2005年版，第32页。
③ 费孝通：《乡土中国》，北京出版社2005年版，第34页。
④ 费孝通：《乡土中国》，北京出版社2005年版，第45页。

分别，关系的远近也决定了依附于其上的道德义务要求，陌生人由于与"己"之间没有任何私人联系的绳子（关系），因之，也就没有与这种绳子（关系）相对应的道德要素。正因为"一个差序格局的社会，是由无数私人关系搭成的网络。这网络的每一个结都附着一种道德要素，因之，传统的道德里不另找出一个笼统性的道德观念来，所有的价值标准也不能超越于差序的人伦而存在了"①，所以，普世的仁爱概念很难在这样差序格局的社会结构中找到位置。这正如费孝通所指出："不但在我们传统道德系统中没有一个像基督教里那种'爱'的观念——不分差序的兼爱；而且我们也很不容易找到个人对于团体的道德要素。"②

　　总而言之，在中国伦理本位和差序格局的社会结构中，公益慈善所遵循的是帕森斯的特殊主义原则而非普遍主义原则。在这种原则下，公益慈善所需的普遍主义的爱缺乏可以依附的基础。这种环境使得民间的公益慈善活动带有浓厚的乡里情结和家族情结，所突出的主要是街坊邻里熟人之间的互助，而缺乏对与己无关的陌生人的人道主义、普世主义的关爱。

　　2. 中国人的社会行为取向的影响

　　从微观层面上，"行善助人是一种个人的社会行为，个人是否愿意对陌生人行善、是否愿意帮助陌生人受其社会行为取向的影响"③。南京大学社会学系教授翟学伟曾在研究中国人的行动逻辑时指出，中国人所有的社会行为都受到权威、道德规范、利益分配和血缘关系这四个因素的支配。在翟学伟看来，权威包括了对身份、地位、等级及辈分的重要性的强调。道德规范是以孝忠为核心。利益分配则包含着对经济、社会和心理上获得平均性和均衡性的计较。血缘关系包括真正的、扩大的或心理认同上的血缘关系。在翟学伟看来，中国人在同他人及社会群体互动时会对这四个因素进行不同的组合，来确定其社会行为的方向。"把以上配置用于对个体中国人的助人行动——对陌生人的行善——进行研究时，我们不难看出，这四个因素都缺乏

---

① 费孝通：《乡土中国》，北京出版社 2005 年版，第 49 页。
② 费孝通：《乡土中国》，北京出版社 2005 年版，第 47 页。
③ 仲鑫：《中国公益慈善事业发展的宏观环境及微观环境》，《理论界》2008 年第 5 期。

激发个体中国人参加公益活动的内在使命感和自觉性。"① 在权威这一因素上，中国人之于陌生人的公益性社会行动取向是偏向于瓦解的。之所以如此，就在于中国的许多公益项目是通过向机关单位硬性规定捐款或捐物的最低数额来动员资源的。这种自上而下运用权威的筹款方式尽管能在较短时间内筹集到更多的慈善资源，但从公益事业的长远发展来看，耗费了行动者参加其他公益活动的潜在热情，将慈善事业等同于公家的事情。因为多数人在捐款的时候是不情愿的，也不关心捐款的去向，仅把捐款当做一种工作任务来完成。行善助人这种公益行为本应出自行动者的自愿，出自行动者的善心及对需要帮助的陌生求助者的同情，如果助人行为出自权威的压力，并带有硬性摊派性质，这种行为就失去了可持续的基础，甚至引起人们的反感。从道德规范这一因素看，个体在行善助人社会行为的道德取向上是偏向于失控的。之所以如此，就在于中国人对个体社会行为的道德要求是根据个体的角色而定的，并且要依据当时的情境。这种以角色为基础的道德规范对于不同的角色提出了不同的行善助人要求。对于承担道德教化义务或者本身就代表道德的官或绅，有在自己的义务范围内行善助人、推行公益的道德要求，否则就是尸位素餐。对于普通老百姓，则要做好自己的本分工作，相信官或绅能够把地方公益做好，不鼓励越位行善，道德规范上缺乏对普通老百姓行善助人（帮助陌生人）的道德要求，所谓不在其位，不谋其政，或者说这种以角色为基础的道德规范更加关注角色安排的稳定，担心民参与公益事业会损害官的权威，打乱角色安排。从利益分配因素来看，在中国的施或舍的助人行为中，存在着一个重要的概念——报。报在封闭的社会中强调行为的指向性，强调行为发出去后导致的未来物质或关系上的收益。中国传统社会是一个封闭的结构，"封闭结构的最大特点是报的指向性会有一个比较明确的而固定下来的反应对象……如果对象不明确或容易消失，那么施予者就不知道自己的投资回报在哪里。反之，回报者也找不到给予者在哪里。"② 由于对陌生人的帮助无法确定是否能得到回报（物质上的或关系上的），助人者和被助人之间就无法建立施与报的关系，助人者可能是白白救助了陌生人，

---

① 仲鑫：《中国公益慈善事业发展的宏观环境及微观环境》，《理论界》2008 年第 5 期。
② 翟学伟：《报的运作方位》，《社会学研究》2007 年第 1 期。

这就导致了利益分配上的不均，即在这种关系中，助人者由于无法确定自己能否得到回报而吃亏了。所以公益性社会行动在利益分配因素上，对于个体来说这一配置是偏向于不均的。从血缘关系这个因素来看，翟学伟认为，这种以血缘情感为基础的差等格局由于具有了明显的内外之别和亲疏远近的取向，因而必然导致行动者将根据血缘关系的远近对不同的人采取不同的社会行为：对与其有血缘关系的人表现出亲密，对与其没有血缘关系的人，则表现出冷漠，从而在现实人际关系上出现了一种双向并存的局面——"有情和无情、熟人和生人、热忱和冷漠、利他和利己、真诚和虚伪、重义和重利、和谐与冲突等"。① 把血缘关系因素放到行善助人这种公益性社会行动的考虑上，我们不难看出，因为个体与陌生的求助者之间缺乏血缘联系，所以其行为取向不再是基于血缘关系所表现出的热忱、利他、真诚、重义或和谐，而是基于利的考虑所表现出的冷漠、利己、虚伪与冲突。因此，从血缘关系这一因素出发，中国人在助人这一公益性社会行动的表现上是偏向于冷漠的。总而言之，中国人之于陌生人的公益性社会行动取向在权威、道德规范、利益分配和血缘关系这四个因素上的配置分别倾向于瓦解、失控、不均和冷漠，接近于个人主义者。这种配置必然导致中国人对公益事业采取的是帕森斯所谓的特殊主义态度，从而使得个体将公益所需要的普遍主义的爱置换成特殊主义的爱，将无条件的爱置换成为有条件的差等之爱，无法将行善上升到博爱的慈善层次。

3. 个人和企业的经济能力和负担问题

进行捐赠，献身于公益事业，无疑需要有一定的经济能力和实力作为基础。但是，我国当前正处于社会主义初级阶段，绝大多数老百姓才刚刚从温饱向小康迈进，在人们的意识里，"备荒"的概念不可能立即丢掉。而激烈的社会竞争和日益加重的教育、医疗、住房负担，也使许多人无暇顾及或难以拿出更多的精力来关注公益事业。对于中国大陆的富豪来说，也有类似的原因。有学者曾指出，一般企业发展要经历三个阶段：原始积累阶段；追求规模，做大企业阶段；企业公民建设阶段。中国的企业绝大多数还处在前两个阶段，属于事业的上升期，在上升过程中会有很多风险，也由于中国社会

① 翟学伟：《中国人的行动逻辑》，社会科学文献出版社 2000 年版，第 245 页。

环境正处于巨变之中，他们感到经济基础尚不稳定，担心捐助会增加自己的风险，因而也就较少投身于公益事业。①

4. 慈善信息不够公开透明

慈善信息不够公开透明也是影响人们捐赠积极性，导致我国慈善捐赠不足的一个重要因素。

中民慈善捐助信息中心于 2009 年 8 月 13 日发布了一个《全国性慈善组织信息披露监测报告》。报告显示，28 家可以开展"5·12"地震募捐活动的社会组织中，对于公众最关心的捐赠实际支出或转移，只有 12 家组织在网站上公示，不足半数。报告认为，28 家社会组织的各项信息披露，均不够公开透明，其中对"捐赠来源的公示"做得最好，这与"捐赠来源的公示"的易得性有极大关联。但从常规信息的披露情况看，包括中华慈善总会和中国红十字总会在内的 82 家全国性组织中，在其网站上披露机构年报和机构财务报告的分别只有 29 家和 23 家，均不足 40%，而 6 家机构甚至没有官方网站。报告认为，当前中国慈善组织通过网络平台公开信息的程度较低，尤其是汶川地震款项使用方面，在其官方网站公布远远不到位。

2009 年 8 月 11 日，《新京报》与网易论坛联合发起关于"5·12"地震捐款情况的调查。截至 2009 年 8 月 12 日，共有 1184 名网友参与调查。其中，96.54% 的被调查者不了解捐款最终流向哪个组织，96.28% 的网友不了解捐款使用情况。对于"捐款使用情况由谁披露你更信任"，84.56% 的网友把票投给了公益组织，另有 10.49% 的网友选择信任审计部门。绝大多数网友（95.34%）认为，目前一些人捐赠意识不强的原因在于对捐出去的钱不放心。

（1）你共为"5·12"地震捐了多少钱？

A. 200 元以下　57.28%

B. 200—1000 元　32.88%

C. 1000 元以上　9.84%

（2）你了解捐款最终流向哪个组织了吗？

---

① 参见刘美萍：《当前我国慈善捐赠不足的原因及对策研究》，《行政与法》2007 年第 3 期。

A. 了解　3.46%

B. 不了解　96.54%

（3）你了解捐款的使用情况吗？

A. 了解　0.61%

B. 不了解　96.28%

C. 部分了解　3.11%

（4）捐款使用情况由谁披露你更信任？

A. 具体募捐单位　4.08%

B. 公益组织　84.56%

C. 审计部门　10.49%

D. 其他政府部门　0.87%

（5）你认为一些人捐赠意识不强的原因是什么？

A. 不知道去哪捐　0.57%

B. 对捐款不放心　95.34%

C. 经济能力有限　4.09%①

5. 有关公益事业方面的法律法规严重滞后和缺乏

国际经验表明，公益事业的发展需要政策法规的规范与推动。现阶段有关中国公益事业发展的政策法规，主要有《中华人民共和国公益事业捐赠法》、《民办非企业单位登记管理暂行条例》、《基金会管理条例》（自2004年6月1日起施行）以及财政部、民政部、国家税务总局、海关总署等部门制定的有关规章。这些法律和行政规章初步搭建了中国公益事业发展的法规政策环境。然而从总体上看，我国公益事业的政策法规仍滞后于公益事业发展的客观需要。一是全国还未制定专门用于鼓励和规范公益事业发展的综合性的法律、法规，公益事业发展难以上升到国家基本政策层面。二是全国还未形成较为完善的公益事业政策法规体系。较为完善的公益事业政策法规体系，至少应该包括四个层次，即促进公益组织蓬勃发展的政策法规，完善社会慈善捐赠激励机制的政策法规，鼓励慈善义工发展的政策法规以及公益事业监督管理方面的政策法规。目前上述四个方面的内容只散见于相关的法

---

① 参见《民政部酝酿出台慈善信息公开办法》，《新京报》2009年8月14日。

律、行政规章和有关"通知"等条款中，尚不集中和完备，有的至今仍无全国性的专项法规。三是现行的公益事业政策法规中，有部分规定不利于公益慈善事业的更大发展，需要尽快完善。① 上述问题造成中国公益事业发展的整体法制环境欠优，构成制约人们参与公益慈善事业自觉性的一个重要因素。

6. 现行纳税制度的束缚

世界各国对慈善活动均给予了政策上的优惠，其中重要的一种方式就是税收优惠。美国人之所以愿意从事公益慈善事业，是因为首先在税收上能够得到政府的鼓励和优惠，而我国《企业所得税暂行条例》规定："纳税人用于公益、救济性的捐赠，在年度应纳税所得额 3% 以内的部分，准予扣除。"按此计算，一个年利润为 1000 万元的企业，如果捐赠 100 万元，还需对其中的 70 万元进行纳税。这就形成企业捐赠越多，纳税越多的矛盾。正是这种不合理的慈善捐赠纳税制度，使得很多企业最终选择了放弃做慈善捐赠。② 目前在我国给予慈善机构捐赠全额免税的，仅限于中华慈善总会、中国红十字会等五家慈善机构。由于捐赠的善款也要纳税，这就在一定程度上挫伤了大多数中小慈善机构和公众的捐助热情。

另外，公益活动参与的自觉性也往往与行为主体的动机有着关联。如何处理行善及其达到的效果，也是公益活动中的核心伦理问题。中国有句古语："有心为善虽善不赏，无心为恶虽恶不罚"，这是典型的唯动机主义。这种道德评价的传统思维模式深深地影响着人们对道德行为德判断。其实，在具体的公益活动中，各方的动机不是同一的，政府、施助者、受助者和公益组织等可能对具体的公益行为抱有不同的期盼，如何协调这些不同动机之间的关系，对具体的公益行为进行道德价值的定位也是一个值得研究的问题。

（三）公益活动资源配置的公平性问题

公益活动属于第三次分配。这种分配虽然不是政府主导的行为，但同样

---

① 参见任振兴、江治强：《中外慈善事业发展比较分析》，《学习与实践》2007 年第 3 期。

② 参见周丽萍：《中国的慈善事业：问题与对策》，《北京观察》2006 年第 11 期。

涉及一个资源配置的公平性问题。因为公益活动所能支配的资源是非常有限的，在一定意义上可以说是社会成员节俭行为的成果。如何配置这些资源关涉到他们的爱心能否实现以及这些有限的资源能否发挥其应有的功能。这就要求公益活动组织者切实进行调查研究，把有限的资源用到最需要的地方和最需要的人身上。特别是避免对单个社会弱者的过量救助，更反对为了除了公益以外的动机或者目的而针对某一个体的重复救助。这种公平是公益本身的伦理要求，区别于社会—政治的公平，但又和社会—政治的公平有着共同的理念。从社会同一性的角度看，公益活动的公平理念不能脱离社会公平道德所达到的水平，因此受到普遍公平价值的节制。所以，社会公益活动和公益组织的管理部门，应该积极参与公益活动和公益组织行为章程的制定和监督，为保障公益活动中公平价值的实现作出贡献。

（四）公益活动中施助者和受助者的权利、义务及其关系问题

在现代社会，任何个人都是一个权利主体，也是一个义务主体。在相互的关系中，不同的权利和义务主体对其他的权利和义务主体有着不同的认识和评价。公益活动虽然是一类特殊的社会活动，但是参与其中的人也不能逃脱这种关系。在施助者和受助者之间，权利和义务呈现为某种相对比较复杂也更有道德意味的特点。比如，施助者享有什么权利，他对受助者的救助行为是道德权利还是道德义务？受助者享有什么样的权利，他的权利依据是什么？他在接受救助的时候，应该还履行什么样的义务？施助者和受助者的权利有什么不同，施助者和受助者的义务有什么不同，二者的关系如何？从道德的意义上说，他们的权利和义务有什么关联？这都是需要伦理学作出回答的问题，也是现实的公益活动中实际存在的道德问题。

三、当代中国公益伦理面临的挑战

随着我国公益事业的发展，公益伦理的理念和规范也正在进行着调整，并在此过程中面临着诸多挑战。

（一）全球化时代中国传统公益伦理面临认同困难

20 世纪 60 年代末 70 年代初，全球化概念开始在国际经济、政治和文化学中使用，并逐渐规范化，到 80 年代，全球化概念演变成一个概括未来时代的基本概念。英语中的"globalization"，意即"全球化"或"全球性"，它由形容词"global"（全球的，世界的）派生而来。而"global"又来自拉丁语中的"地球"概念。俄罗斯著名的全球性问题的研究专家阿·恩·丘马科夫经过考证后指出，在词源学上，"全球性的"这一术语来自拉丁语"地球"，到 20 世纪 60 年代，世界出现大动荡、大分化和大改组，特别是70 年代石油危机的冲击，世界经济、政治、文化中的全球因素成为社会科学普遍关注的焦点，这样，全球化术语开始在重建的社会科学中得到普遍使用。

所谓全球化，它是指人类社会生活跨越国家和地区界限，在全球范围内展现的全方位的沟通、联系、相互影响的客观历史进程与趋势。尽管这一概括不尽完整科学，还只是一种现象的描述，但它毕竟指出了全球化最为主要的质的规定性，也就是将全球化理解为一种客观历史进程与趋势。换言之，不管人们相信不相信、理解不理解、赞同不赞同，全球化都只会是按照自身逻辑向前推进，不会以任何人的主观意志为转移。全球化不仅是不依人们意志为转移的大趋势和潮流，而且已经成了无可争辩的客观存在的现实，几乎世界各国都在不同程度上参与了全球化进程。其基本特征主要有：①全球化过程是一个充满矛盾和冲突的过程，世界在多元中共存，在同一中分异。也就是说，在全球化进程或发展的初始阶段，世界经济、政治、文化更多的是在多元化发展中，通过彼此的撞击与磨合，才逐渐形成了互相适应、互相理解、互相提高、互相依赖的动态格局。人们也正是通过对世界各个民族、国家和地区经济、政治、文化的互相适应、互相趋同，通过对这一系列矛盾的协调和消解才发现了全球化这一事实。从资本主义与全球化的关系看，"全球化"不等于"全球性"，全球化不等于全球资本主义，资本主义有着全球化倾向。全球性是一个目标概念，而全球化是过程概念。在这一过程中，资本主义的全球化将由于其他文明的崛起受到挑战，未来的全球化可能应该是多种文明共存。在当今世界，社会主义的文明已经是一种与资本主义的文明平起平坐的、具有强大生命力的、代表人类文明发展方向的文明。②全球化是在特定条件下人们思考全球性问题的独特的思维方式，成为考察现代性和后现代性的新背景。换言之，全球化是一个跨学科的命题，具体科学的解释不足以囊括全球化的全貌。但作为一种思维方式，可以多系统、多视角、多层次、广范围地考察和思考复杂多变的纷繁世界，考察现代性和后现代性的趋势和特征，从而进一步影响和改变人类运动的方式，特别是生活方式和思维方式，并进而推动世界全球化进程，推动世界历史进步。③全球化是现代化的特有现象。进入 20 世纪以来，现代化的内涵不断丰富，表现为新兴产业的崛起更迭及从经济层面向政治文化层面的全面发展。经济的现代化也要求政治的现代化和文化的现代化。同时现代化的外延也在扩展，这就是全球化的过程使越来越多的国家或地区被卷入现代化过程之中，现代化显然成为世界各国和地区孜孜以求的目标。当今世界的现代化，是在更高层次表现为世界一体化。全球化作为世界现代化过程是一个不可逆转的必然的历史趋势。①

全球化代表了开放，内含着一种全球共同发展的趋势，社会发展的一切方面都不得不寻求与全球化的关联。在此背景下的世界文化在广度和深度上都呈现出前所未有的变化态势。作为社会转型期的中国，一方面要进行内部的全面改革以实现现代化，另一方面要应对全球化带给我们的影响以融入全球化。以利他价值观为核心的中国传统公益伦理文化也会经受着这股浪潮的冲刷。

在全球化的背景下，中国传统的公益价值体系必然被重新整合。为适应全球化的发展，公益伦理价值必须作出相应的调整，而这种调整是以某种制度化的形式出现的。制度化是我国公益伦理面临的一个新课题，对人们出于"爱心"的公益行为会带来深刻的影响。在此过程中的任何社会和个体的公益观可能会遇到道德的困境。特别是全球化背景下的普世伦理与民族公益价值观的矛盾可能会凸显。一方面，民族固有的落后的公益价值观和行为方式因难以融入全球化过程而显得尴尬（如弱势群体的自我尊严问题）；另一方

---

① 参见周从标、贾廷秀：《全球化的含义及其本质特征刍议》，《湖北社会科学》2001 年第 12 期。

面，民族固有的公益伦理文化精华也可能因暂时不被接纳而显得落寞。

因此，在全球化背景下如何发展我国传统公益伦理，实现全球化与我国固有的传统公益伦理的合理双向交流是我国当前公益伦理面临的新挑战。

（二）社会主义和谐社会的构建对公益伦理提出了新的要求

党的十六届四中全会提出了"构建社会主义和谐社会"的新的发展目标。这是我们党从全面建设小康社会、开创中国特色社会主义事业新局面的全局出发提出的一项重大任务，适应了我国改革发展进入关键时期的客观要求，体现了广大人民群众的根本利益和共同愿望。社会主义和谐社会的总要求是民主法治、公平正义、诚信友爱、充满活力、安定有序、人与自然和谐相处。社会主义和谐社会的理念与我国的公益伦理有着内在的关联，我国的公益伦理如何在建设社会主义和谐社会的实践中得到落实是一个值得深入研究的课题。其中与公益伦理有关的问题，比如社会分配的公平问题、人们的物质生活和精神生活的平衡问题、权利的平等享受问题、公益援助与环境保护问题等都对公益活动和公益伦理提出了新的要求。

目前，我国正处于并将长期处于社会主义初级阶段，人民日益增长的物质文化需要同落后的社会生产力之间的矛盾仍然是我国社会的主要矛盾，统筹兼顾各方面的利益，任务艰巨而繁重。特别要看到，我国已经进入改革发展的关键时期，经济体制深刻变革，社会结构深刻变动，利益格局深刻调整，思想观念深刻变化。这种空前的社会变革，在给我国发展进步带来巨大活力的同时，也必然带来这样或那样的矛盾和问题。如何在建设社会主义和谐社会的视域内厘清哪些人是弱势群体，弱势群体权益的满足以及对弱势群体的救助对于和谐社会的构建产生什么样的积极意义，如何在确定弱势群体概念的内涵和外延的基础上调整公益伦理的内涵和实践规范等，如何以和谐社会的伦理观丰富公益伦理的内涵，是我国当前的公益伦理建设亟须努力的。

（三）当前的公益伦理理念迫切需要与公益慈善事业的发展相适应

改革开放特别是近些年来，我国公益慈善事业有了较大的发展，这其中政府的推动力起了很大的作用。与其他国家公益组织来自民间并发展于民间不同，中国至今还是公募公益基金的一统天下，公益机构的官方色彩非常浓厚。在公益行为还没有蔚然成风的阶段，这样的体制有利于基金的募集。在这个意义上说，公益伦理在某种程度上是政府倡导的伦理理念和价值规范。但是，这无疑也存在着很大的弊端，即忽视了民间公益组织的生长和独立发展，忽略了公益伦理的世俗化力量。社会学家卢汉龙认为，公益事业应该做"市场不为，政府不能"的"第三部门"事情，但在中国，公益事业还具有强烈的政府主导色彩，公益钱物的募集带有明显的行政命令性质。

随着社会的发展，随着社会人群分化的加剧，随着人们物质力量的增强和道德素质的提高，公益组织成长于民间已属必然。2004年，在多年来各方呼吁、听取专家意见的基础上，并借鉴国际经验而制定颁布了新的《基金会管理条例》，纯民间的公益基金会的地位首次得到承认，而且首次把基金会包括在内；对基金会的组织、运行、监督和透明度等做了详细的规定，接近国际通行的标准；明确规定允许基金会进行合法、安全、有效的投资增值，使基金会的持续性有所保证；税收优惠待遇比以前明确，并把基金会、捐赠方和受益者都包括在内；等等。① 新条例的颁布推动了许多民间公益组织的诞生，如温州市叶康松慈善基金会、复旦大学发展教育基金会、福岛自然灾害救助基金会、吴孟超医学科学与技术基金会以及上海自然与健康基金会，等等。2005年，温家宝总理第一次提出要发展公益慈善事业，各级政府重视并把公益慈善事业提上日程，纷纷以各种方式宣传和推动，加快了公益慈善事业民间化、大众化的速度。但在此局面面前，公益伦理需要做的工作还很多，如受助者对民间公益组织的认同问题、民间公益组织的价值定位问题等，这些都需要随着我国公益事业的发展不断得到改善。

---

① 参见李彬：《当代中国公益伦理的研究主题及其面临的挑战》，《湖南师范大学社会科学学报》2008年第3期。

第五章　当代中国公益伦理
建构的应有视角

解决当代中国公益伦理面临的问题，应对当代中国公益伦理面对的挑战，迫切需要立足于当代中国的国情和公益事业发展的状况、趋势和特点，建构适应和推动当代中国公益事业发展的公益伦理。而建构当代中国公益伦理必须从当代中国的客观现实出发，批判地继承和借鉴中国传统的公益伦理思想以及世界各国特别是西方的公益伦理思想。也就是说，我们应当立足于传统、全球和现实三个视角来建构当代中国公益伦理。

一、传统视角

"传统"一词，从字源意义上来考察，不论在西方或中国，都表示着后来的人们在生活中所面对的，由前人所创造、形成并长期存在的社会政治制度、经济制度、价值观念、道德思想和生活方式。中国古代汉语所说的"传"，是"传递"、"传授"、"传播"的意思，也表示由前人传示后人的意思。《论语·子张》说："君子之道，孰先传焉？"这就是说，"君子之道"是由什么人传示给后人的。中国古代汉语所说的"统"，有着世世代代相继不断，和事物之间一脉相承、连续发展的意思。《孟子·梁惠王下》说："君子创业垂统为可继也。"意思就是说，有德的君子创立功业并传之子孙，正是为着一代一代地能够承继下去。英文中的"传统"一词是"tradition"，词根"dit"是"给"的意思，"tradition"一词，也有世代相传的意思。一般来说，传统既包含着旧的、过时的、与新的时代精神相违背的糟粕，也包含着优良的、人民的、与新时代精神相一致、能够在新时代发挥作用的精华。这就是说，传统既包括着过时的、阶级的、偏下的谬误，也包含有科学的、共同的、为全社会所需要的合理的因素；传统既有其特定的、历史的局限性，又有其能够在整个人类社会长期发挥作用的积极内容。① 所谓传统视角，就是指当代中国公益伦理的建构必须批判地吸收和借鉴我国传统道德文化，主要是传统公益伦理思想。

（一）中国传统公益伦理思想的传承与演变

从一定的意义上说，中国是世界上最早展开公益事业的国家之一。约在公元前 11 世纪的西周，即有专门官职救济贫病之民。乐善好施、扶贫济困、守望相助等公益活动从政府到民间均有显著的表现。早期，公益慈善事业基本上由官方举办，如南北朝的六疾馆和孤独园，唐朝的悲田养病坊和宋朝的福田院等公益慈善机构。到宋朝皇祐年间出现了完全由个人乃至宗族兴办的，且没有宗教背景的公益慈善事业。明朝万历年间，出现了最早的以劝善行善为宗旨的民间慈善社团——同善会。明末清初，慈善事业逐渐发生了变化，最为重要的是民间社团主持的慈善活动趋于兴盛，善堂善会的数量迅速增加，慈善机构种类繁多，慈善活动内容丰富，在维持社会生产和秩序方面发挥了重要的作用。

与此相适应，我国的公益伦理思想也源远流长。根据王卫平等学者的研究②，从三皇五帝的传说到商汤时期实行的"饥者食之，寒者衣之，不资者振之"的公益观念，从三代之治开始形成的大同理想到西周时期的民本主义，后发展至春秋战国时期的儒家仁爱精神都蕴涵着公益慈善的伦理思想。自佛教传入中国后，中国慈善思想更是融合了佛教的慈悲观念和因果报应说，使社会众生行善积德的观念更加普遍。特别是宋代以后，儒、佛、道三教出现合流趋势，尤其在道德伦理方面，佛、道二教走上了儒化道路，三教逐渐合一。可见，中国传统文化的基本结构是由儒释道三大基本板块共同契合而成的。这一文化特性必然深刻影响传统公益慈善伦理的面貌和结构特征。当代中国公益伦理的建构不仅是对社会现实需要的反映，而且与中国传统文化的思想资源息息相关。作为我国传统文化的主体的儒家、佛教、道家

---

① 参见罗国杰：《我们应怎样对待传统》，《道德与文明》1998 年第 1 期。
② 参见王卫平：《论中国古代慈善事业的思想基础》，《江苏社会科学》1999 年第 2 期。

和道教的思想或教义都体现出了对公益慈善的高度关注。

1. 儒家的公益伦理思想

（1）仁爱思想的利他情怀。儒家的"仁爱"精神可以视为中国传统公益伦理思想的价值之源。"仁"或"仁爱"范畴作为儒家学派的核心范畴，其内容极其复杂。儒家学派的创始人孔子常常针对不同的条件作出非常灵活的解释，其后继者孟子等历代大儒对此均有独特的阐发。在众多儒家思想家对"仁"或"仁爱"的阐述中，我们可以看到其所蕴涵的对公益伦理的高度关注。

"仁"是孔子的终极关怀。一方面，孔子把"爱亲"规定为"仁"的本始："君子务本，本立而道生，孝弟也者，其为仁之本与。"[①] 另一方面，孔子又把"仁"规定为"爱人"。由"爱亲"而推至"爱人"，首先表现为"泛爱众"。《学而》载："子曰：'弟子入则孝，出则弟，谨而信，泛爱众而亲仁……'"不仅如此，孔子还要求行"仁"德于天："能行五者（恭、宽、信、敏、惠）于天下为仁矣。"[②] 仁者"爱人"之适用于治民，就是"养民也惠"。"惠"是"仁"的五个德目之一，包括"富之"、"教之"[③]，"使民以时"[④]，"敛从其薄"[⑤]，"因民之所利而利之"[⑥]，甚至要求"博施于民而能济众"[⑦]。总之，孔子以"爱"释"仁"，"仁"作为普遍的伦理原则，体现为一种含有多层次的"爱"的道德要求。同时，孔子又提出"忠恕"作为实行"爱人"原则的根本途径，即所谓行"仁之方"[⑧]。忠是爱人的积极体现，指的是"己欲立而立人，己欲达而达人"[⑨]，即自己想要立住，须使别人也能立住；自己希望显达，须使别人也能显达。譬如，自己求饱，须知人之饥而使人得饱；自己求温，须知人之寒而使人得温；自己求逸，须

---

① 《论语·学而》。
② 《论语·阳货》。
③ 《论语·子路》。
④ 《论语·学而》。
⑤ 《左传·哀公十一年》。
⑥ 《论语·尧曰》。
⑦ 《论语·雍也》。
⑧ 朱贻庭：《中国传统伦理思想史》，华东师范大学出版社2003年版，第40页。
⑨ 《论语·雍也》。

知人之劳而使人得逸。恕是爱人的消极体现，指的是"己所不欲，勿施于人"①，即自己不想要的东西，不能强加于人。《礼记·大学》中说得更为具体："所恶于上，毋以使下；所恶于下，毋以事上。所恶于前，毋以先后；所恶于后，毋以从前。所恶于右，毋以交于左；所恶于左，毋以交于右。"由此可见，忠恕之道所体现的就是推己及人的精神，也就是人们常说的"将心比心，设身处地为他人着想"。换句话说，凡事不能只想到自己，也要想到别人，要尊重别人，关心别人，帮助别人。这种"忠恕之道"正是公益慈善得以展开的道德心理基础。

孟子继承了孔子的"仁"的思想，认为人皆有"恻隐之心"，也就是"不忍人之心"，这种"心"是一种发自内心的道德情感："所以谓人皆有不忍人之心者，今人乍见孺子将入于井，皆有怵惕恻隐之心，非所以内交于孺子之父母也，非所以要誉于乡党朋友也，非恶其声而然也。由是观之，无恻隐之心，非人也……"② 而这种出自内心的"恻隐之心"、"不忍人之心"，就是"仁之端也"。而"仁"就是这种"恻隐之心"、"不忍人之心"的扩充和发展：孟子希望"乡井同田，出入相友，守望相助，疾病相扶持，则百姓亲睦。"③ 把人与人的互助作为"仁"的内容。

汉朝时期，"仁"所蕴涵的人人相互救助的思想被视为天之意志，认为人应效仿上天之仁，无私地去爱护人、救助人。如董仲舒说："天者，群物之祖也。……故圣心法天而立道，亦溥爱而无私。""仁之法，在爱人，不在爱我。……人被其爱，虽厚自爱，不予为仁。"④ 认为只有这样，才能使"老者安之，朋友信之，少者怀之"⑤。

宋以后的儒家进一步丰富了儒家传统的社会慈善救助思想，提出以爱己之心爱人，视人犹己，视人之父母兄弟犹己之父母兄弟，以博施济众为己任的泛爱思想。张载主张"以爱己之心爱人则尽仁"，爱心应当尽可能地予以

---

① 《论语·颜渊》。
② 《孟子·公孙丑上》。
③ 《孟子·滕文公上》。
④ 《春秋繁露·仁义法》（第二十九）。
⑤ 《论语·公冶长》。

推广普及，"大仁所存，盖必以天下为度"。① 程颢则主张博施济众，如爱己之手足一样爱人。王阳明认为，良知即仁心和良心，主张致"视人犹己"之良知，以救助天下之人为己任的泛爱救助思想。他说："良心之在人心，无间于圣愚，天下古今之所同也。"② 只有致良知，才会"视民之饥溺犹己之饥溺，而一夫不获若己推而纳诸沟中者"③，进而"视天下之人，无内外远近，凡有血气，皆其昆弟赤子之亲，莫不欲安全而教养之，以遂其万物一体之念"④。儒家的这种具有普遍性和利他指向的仁爱思想成为我国封建社会时期慈善公益伦理的深厚理论基础。

儒家仁爱伦理思想对公益的关怀在个人的修身、齐家以及治国方面都得到了充分体现。

儒家的道德实践程序或修养过程在儒家的重要经典《大学》中得到明确的阐述："大学之道，在明明德，在亲民，在止于至善。……古之欲明明德于天下者，先治其国；欲治其国者，先齐其家；欲齐其家者，先修其身；欲修其身者，先正其心；欲正其心者，先诚其意；欲诚其意者，先致其知；致知在格物。物格而后知至，知至而后意诚，意诚而后心正，心正而后身修，身修而后家齐，家齐而后国治，国治而后天下平。自天子以至于庶人，壹是皆以修身为本。"⑤ 儒家之所以把修身作为道德生活实践的根本，是因为儒家把道德作为个人的安身立命、社会的治国安邦和经世济民的基础，赋予社会的一切实践活动以道德意义；即便是"格物致知"的认识活动从根本上说都是道德的活动。北宋理学家朱熹把"格物致知"解释为"穷理尽性"，认为对客观对象的知识探求是为了揭示认识主体自身的内在本性；明儒王阳明更是把致知直接视为"致良知"，即让主体自身所固有的道德良知呈现出来。儒家倡导个人修身的目的是要以自己的道德实践造福他人和社会。以仁义立身，以仁义行于天下。"故士穷不失义，达不离道。穷不失义，故士得己焉；达不离道，故民不失望焉。古之人，得志，泽加于民；不

---

① 《张子正蒙注》卷四《中正篇》。

② 《传习录·答聂文蔚》。

③ 《传习录·答聂文蔚》。

④ 《传习录·答顾东桥书》。

⑤ 《礼记·大学》。

得志，修身见于世。穷则独善其身，达则兼善天下。"① 修身只是手段，齐家、治国、平天下或兼善天下、造福他人才是目的。

儒家的齐家思想并不是我们现在意义上的小家庭，而是包括现代小家庭在内的大家族或宗族。由儒家仁爱思想衍生出来的家族伦理是传统中国的公益慈善活动的重要理论根源。"它来源于个人内心的慈悲，比如我们强调父慈子孝、兄友弟恭，老吾老以及人之老，幼吾幼以及人之幼"②，由仁爱所衍生出来的有差等的爱首先在宗族或家族内展开。宗族色彩一直是中国传统公益慈善的一大特色，历史上以家族照顾为特点的慈善事业长盛不衰，中国宗法社会特有的宗族制度为公益慈善活动的实行提供了一套有效而便利的血缘亲属制度或结构框架。宗族制度从西周建制以来，绵延两千多年。宗法意识深深地浸透于中华文化的血脉之中，作为社会的一种基础结构或组织，它在中国古代社会公益慈善和保障体系中扮演了极为重要的角色。古代宗族把整个社会置于一个大家庭中，自近及远地扩散为整个社会的慈善保障系统。"族者何也？族者凑也，聚也。谓恩爱相流凑也，上凑高祖下至玄孙，一家有吉，百家聚之，合而为亲。生相亲爱，死相哀痛，有会聚之道，故谓之族。"③ 由血缘亲情之爱所促发的传统中国慈善照顾模式，为老弱病残和鳏寡孤独提供了及时而必要的照顾，"其基础是家庭和合理的照顾网络。正是这种照顾方式，形成了中国特有的家庭照顾制度和以地域性社区（村庄、邻里）或家庭（家族）为单位的自助式基本福利供应和生活安全保障制度。这种互济互助的传统，为我们今人开展社区照顾模式奠定了文化和社会历史的基础。"④

作为儒家知识分子，不仅在道德上要以身作则，而且在经济上要着眼于整个大家族的共同利益。北宋时期范仲淹于 1050 年在苏州创建义庄，以十余顷良田每年所得租米供同族人衣食和婚嫁丧葬之用，成为我国封建社会义

---

① 《孟子·尽心上》。

② 郑功成：《社会保障学——理念、制度、实践与思辨》，商务印书馆 2000 年版，第 91 页。

③ 《白虎通》卷八。

④ 郑功成：《社会保障学——理念、制度、实践与思辨》，商务印书馆 2000 年版，第 31 页。

庄之起点；其规模后来在南宋嘉熙年间达到三千余亩。梁漱溟先生在《中国文化要义》一书中谈到中国封建社会的财产所有方式时曾指出，中国除帝王一人拥有全部土地和属民外，所有其他社会成员几乎不具有财产的个人所有意识，对财产的支配除共财与通财外，施财也是一种非常重要的方式。共财是指在夫妇、父子之间财产不分，通财则是指亲戚朋友邻里之间彼此有无相通。施财是指社会成员之间彼此顾恤、互相救助的伦理性的占有和使用财产的方式，如义庄、义学、社仓之类。除共财外，施财与通财这两种方式都明显地受到了儒家仁爱伦理的影响，特别是在施财这一形式中，更是充分地体现了着眼于社会公益的儒家仁爱伦理对社会经济的影响。

　　儒家思想在治国方面要求统治者实行仁政德治，仁民爱物。一方面，"仁政"强调其道德基础是来源于人心自然而有的"仁爱"精神，"爱人"是"仁"的基本出发点。以此为基础，孔子主张"养民也惠"，即要求统治者施行惠民政策。孟子继承并发展了孔子的"仁"说，把"仁"和"义"当做基本的政治范畴和道德规范，并因而把施行仁政提到极端重要的地位，认为"三代之得天下以仁，其失天下也以不仁。国之所以废兴存亡者亦然。"[①] "先王有不忍人之心，斯有不忍人之政矣，以不忍人之心，行不忍人之政，治天下可运之掌上。"[②] 孟子从"人皆有不忍人之心"出发，完成了从道德到政治的推导，也就是说，君主有了"仁爱之心"，方能施行仁政。这种仁政当然包括"老吾老以及人之老，幼吾幼以及人之幼"[③]。另一方面，对"仁政"的实施采取理性主义和一定实用主义的态度，强调统治的稳定和合法性，确立了"失民者亡"的社会慈善救助的思想。荀子有一段话讲得很清楚："有社稷者而不能爱民，不能利民，而求民之亲爱己，不可得也。民不亲不爱，而求其为己用，为己死，不可得也。民不为己用，不为己死，而求兵之劲，城之固，不可得也。"[④] 意思说，国君无爱民之仁心和利民之仁政，要想得到百姓的爱戴是不可能的；其统治也是不可能稳固的。另

---

① 《孟子·离娄上》。
② 《孟子·公孙丑上》。
③ 《孟子·梁惠王上》。
④ 《荀子·君道》。

外孟子"老者得衣帛食肉，黎民不饥不寒，而不王者未之有也"、"得其民斯得天下"① 的"政在得民"的思想和唐甄提出的"封疆，民固之，府库，民充之，朝廷，民尊之，官职，民养之，奈何见政不见民也！"② 表明只要有利民的仁政，就一定能得到百姓的拥戴。把仁爱原则贯彻到政治生活中，就是要关心民众疾苦，为社会谋福利。

儒家的仁政思想中具有血缘亲情的性质，明显地融合了家庭伦理的内容。所谓一即君，即父。"君，国之隆也，父，家之隆也。"③ "一国则受命于君。"④ 以"仁爱"为基础的传统父爱倾向和血亲宗法思想是中国传统公益伦理的另一个重要特色。自西周以来，中国传统社会结构的特征是家国一体，由家及国。因此，中国古代政治文化中的整体是以"君"、"父"为代表的。换句话说，"君"、"父"就是整体。在这一理想中，国家的统治者承担着国家治理和百姓幸福的责任，有责任也有权利确立社会的基本价值和理想，并据此指导人民过一种高尚、和谐、富足的生活，而绝不能在政治和道德领域做为所欲为的暴君。"在西方是宗教慈善事业，基督教、天主教、佛教等教会组织将救苦救难作为自己的一项职责，教徒则把行善当做自己的必修功课；在中国则是官办的慈善事业，中国被称为充满着父爱主义的国家，官吏被称为父母官，老百姓被称为子民，救灾济贫一向被认为是官方应当承担的一项职责。"⑤ 因而，自古以来中国历代王朝均把对社会弱势群体的救护看做是政府的责任，从而较早地介入和干预。在一定的意义上说，我国社会传统的慈善公益活动是血缘家庭伦理的推广和表现。

儒家一贯把"民为邦本"作为自己的政治理念。孟子主张"民为贵，社稷次之，君为轻"⑥。荀子认为，民众的存在不是为了国君，而国君的存在却是为了民众。民本主义成为儒家仁政学说的基石。自商朝取代夏朝以来，统治者已经开始重视民的作用，而采取保民政策，"至汤而不然。夷境

---

① 《孟子·离娄上》。

② 《明鉴》。

③ 《荀子·致士》。

④ 《春秋繁露》卷十一《为人者天四十一》。

⑤ 郑功成：《社会保障学——理念、制度、实践与思辨》，商务印书馆 2000 年版，第 91 页。

⑥ 《孟子·尽心下》。

而积粟，饥者食之，寒者衣之，不资者振之，天下归汤若流水。此桀之所以失其天下也。"① 商汤的赈恤饥寒措施，可视为中国古代慈善公益事业的滥觞。及商以后的周朝初期，周公旦即提出"敬德保民"思想，要求统治者在治理国家的过程中注重德性。周文王力行仁政，采取了惠民、保民政策，"昔者王之治岐也，……老而无妻曰鳏，老而无夫曰寡，老而无子曰独，幼而无父曰孤。此四者，天下之穷民而无告者。文王发政施仁，必先斯四者。"② 爱护鳏寡孤独之人是周文王施政的核心。周文王因此而得到了民众的拥护。所谓"文王怀保小民，惠鲜鳏寡，……用咸和万民"③，"欲至于万年惟王，子子孙孙永保民"④，"一曰慈幼，二曰养老，三曰振穷，四曰恤贫，五曰宽疾，六曰安富"⑤ 等，都显示了对社会慈善公益事业的高度重视。后世历代统治者和思想家，无不从"民为邦本"（即民本主义）的指导思想出发，强调赈贫恤患，救助老幼孤寡即慈善活动的重要性。唐太宗李世民将民比作水，君比作舟，认为"水能载舟也能覆舟"。这一比喻更是简洁深刻地揭示了封建君王民众的高度重视。孔子说："道之以政，齐之以刑，民免而无耻；道之以德，齐之以礼，有耻且格。"⑥ 统治者仅靠刑法和政令来施政，老百姓固然会因惧怕惩罚而不敢犯罪，但由于这一施政方式并未让他们形成道德上的羞耻感，违规犯罪的倾向始终存在；而以道德和礼仪制度进行统治，老百姓就会自觉地遵守社会秩序。以仁爱精神来施政，不仅体现了对老百姓的尊重，而且省刑薄税，与民以利。孔子在谈到仁时，曾明确地说，"惠则足以使人"，虽然在一定程度上说，这种惠只是为了使老百姓服从统治和管理，但毕竟考虑到了社会大众的利益；不再只是把他们当做纯粹的手段，而是也要把他们作为目的。政府以德治国必然会关注老百姓的生产和生活，必然会承担利及社会大众的诸多事务。在大一统封建帝国建立以后，历代皇帝在赈贫恤患方面未尝有所懈怠。两汉各帝几乎每二三年便举行

---

① 《管子·轻重法》。
② 《孟子·梁惠王下》。
③ 《周书·无逸》。
④ 《尚书·梓材》。
⑤ 《周礼·地官司徒》。
⑥ 《论语·为政》。

一次全国性的赏赐衣食活动，几成惯例，仅《汉书》记载从文帝到成帝就共有 30 余次普遍济赐救助活动，皆为全国性。如文帝十三年（前 167 年），赐天下孤寡布帛絮，又"出帛十万匹以赈贫民"①。武帝元狩元年（前 122 年），诏曰："朕哀夫老眊孤寡鳏独或匮于衣食，甚怜愍焉。其遣谒者巡行天下，存问致赐。"② 此次赐鳏寡孤独者帛每人二匹，絮每人三斤，并令"县乡即赐，勿赘聚"，就是要送救济上门，不要烦累百姓集中领取。宣帝地节三年（前 67 年），又诏普赐天下"鳏寡孤独高年贫困之民"③。成帝建始元年（前 32 年），"赐鳏寡孤独钱帛各有差"④ 南朝梁武帝时，诏"孤老鳏寡不能自存者，咸加赈恤"⑤。由此可见，以民本主义为出发点的赈贫恤患，救助老幼孤寡的传统为历代统治者所继承，在宋代以后终于成为国家的一种制度固定下来，从而进入了中国慈善事业史的新阶段。⑥

应当注意的是，儒家的仁爱是"推己及人"的"有差等"的爱，不同于墨家所提倡的"兼爱"。先秦墨家提倡"兼爱"说。墨子说："视人之国若视其国，视人之家若视其家，视人之身若视其身。是故诸侯相爱则不野战，家主相爱则不相篡，人与人相爱则不相贼，君臣相爱则惠忠，父子相爱则慈孝，兄弟相爱则和调。天下之人皆相爱，强不执弱，众不劫寡，富不侮贫，贵不敖贱，诈不欺愚。凡天下之祸篡怨恨可使毋起者，以相爱生也，是以仁者誉之。"⑦ 墨家主张的是一种无差别的爱，很贴近现代慈善思想的"博爱"之意。儒家坚决反对墨家的"兼爱"说，认为"兼爱"论泯灭了人的血缘家庭的天伦关系，不仅不可能在社会中得到实现，而且还会造成社会秩序的混乱。儒家伦理的仁爱思想在理论上是具有普世意义的，但在具体实践的过程中，其仁爱思想又是有差等的，儒家的这种"爱有差等"的思想，因为贴近人之常情，因而在中国历史上起到了巨大的作用；但不能否认

---

① 《汉书·文帝纪》。
② 《汉书·武帝纪》。
③ 《汉书·宣帝纪》。
④ 《汉书·成帝纪》。
⑤ 《南朝梁会要·民政·振恤》。
⑥ 参见王卫平：《论中国古代慈善事业的思想基础》，《江苏社会科学》1999 年第 2 期。
⑦ 《墨子·兼爱中》。

的是，这种伦理思想与现代慈善思想是有距离的。在"爱有差等"观念的主导下，中国古代慈善公益事业的实施就有很大的局限性。比如传统的"义田"行善的范围仅限于亲族之内，这与儒家伦理"爱有差等"的观念就有着很大的关系。慈善始于家是行善的最高原则，如果有能力不先照顾家族，而行善于外，会被说成沽名钓誉。更重要的是，在强大的宗族网络中，可以说没有"个人"的独立地位，个人要实现人生价值，必须要通过自己与家庭和家族（宗族）的伦理关系，履行自己在宗法体系中的特定伦理责任与义务，牺牲个人利益以维护宗法集体利益才能体现出来。个体作为感性存在的合理的生命需求被忽视乃至扼杀。古代宗法集体维护的是长者、尊者的利益，年幼者、卑贱者只有责任和义务，他们的权利往往被忽视和剥夺。所以要看到，古代宗法主义是带有落后的原始社会色彩的组织，它与文明法制社会是有内在的结构性的冲突的。

（2）大同理想的泛爱利他。儒家大同社会理想的出现与孔子均贫富的思想紧密相关。孔子说，"闻有国有家者，不患寡而患不均，不患贫而患不安。盖均无贫，和无寡，安无倾。"① 在物质生活较为匮乏的条件下，孔子希望在一个社会中不要出现贫富悬殊，这样才能有利于一部分社会成员的生存与社会的稳定有序。儒家的这种均贫富的思想，现在看来似乎是一种应当受到批判的平均主义思想，但是这种思想在一个社会的物质财富总量比较匮乏的条件下，在各人劳动对当时社会财富或价值的贡献大致相当的情况下，损有余以补不足，无疑是对一部分人剥削另一部分人的适当限制或抑制，体现了一种追求社会公平的价值取向和对被剥削者所面临的生活困境的道德救助。孟子说："老吾老，以及人之老，幼吾幼，以及人之幼。"② 希望生活在同一社会中的人们不是"各人自扫门前雪"，而是能够拥有仁慈之心，相互关爱。

儒家把理想社会分为"小康"和"大同"。"今大道既隐，天下为家，各亲其亲，各子其子，货、力为己。大人世及以为礼，城郭沟池以为固。礼义以为纪，以正君臣，以笃父子，以睦兄弟，以和夫妇，以设制度，以立田

---

① 《论语·季氏》。
② 《孟子·梁惠王上》。

里，以贤勇知，以功为己。故谋用是作，而兵由此起。禹、汤、文、武、成王、周公，由此其选也。此六君子者，未有不谨于礼者也。以著其义，以考其信，著有过，刑仁讲让，示民有常。如有不由此者，在势者去，众以为殃，是谓'小康'。"① 小康社会是一个道德规范得到遵循和法制健全的社会，但这个社会人们都是合理地利己，对他人缺少关爱之心。而在大同社会中，无论是老百姓还是统治者，其心胸抱负都超越了一人、一家、一姓、一国的局限，大同社会要比"小康"社会在道德境界上更高级。可以说，"大同"是儒家的"未来理想"，而有仁政的"小康"社会是儒家的"现实理想"。《礼记·礼运》第一次对儒家的这一社会理想作了完整、生动的描述："大道之行也，与三代之英，丘未之逮也，而有志焉。大道之行也，天下为公，选贤与能，讲信修睦。故人不独亲其亲，不独子其子；使老有所终，壮有所用，幼有所长，矜寡、孤独、废疾者有所养；男有分，女有归。货，恶其弃于地也，不必藏于己；力，恶其不出于身也，不必为己。是故谋闭而不兴，盗窃乱贼而不作，故外户而不闭。是谓大同。"孔子的这种"大同社会"理想，应当说是世界上有文字可查的最早表达社会公益和具有保障性质的思想。第一，全社会都"天下为公"；第二，每个社会成员只要有劳动能力，都应从事劳动；第三，失去劳动能力的人，应由社会供养起来；老年人应得到赡养，幼儿应得到哺育；第四，人与人之间互助友爱，整个社会无欺诈、无盗贼、无战争，"讲信修睦"，人们平平安安地过生活，以至"外户而不闭"。儒家大同社会的理想充分体现了对社会弱者的关怀和扶助。蒲松龄也曾说："缓急可与共患难。其人在，我扶其困厄；其人不在，我抚其儿孙。"② 无论是就个人来说还是就社会而言，都应当对老人、儿童、老年丧偶或无偶者、残疾者等社会弱者以及其他处于困境中的普通成人给予更多的同情、关怀和切实的帮助。

中国古代还有许多著名思想家就这一社会理想发表过许多具有丰富哲理的看法。汉代今文经学家提出了"三世说"，认为人类社会是沿着"据乱世"、"升平世"、"太平世"顺次进化的过程。"三世说"渊源于"公羊"

---

① 《礼记·礼运》。
② 《蒲松龄集》卷十《为人要则》。

学。《春秋公羊传》说，孔子写《春秋》，"所见异辞，所闻异辞，所传闻异辞"。西汉的董仲舒发挥了这一学说，指出："《春秋》分十二世以为三等，有见有闻有传闻。"① 东汉的何休明确地提出了"三世"的概念，并在前人的基础上作了进一步的发挥："所见者，谓昭定哀，己与父时事也；所闻者，谓文宣成襄，王父时事也；所传闻者，谓隐桓庄闵僖，高祖曾祖时事也。……于所传闻之世，见治起於衰乱之中，用心尚粗糙，故内其国而外诸夏；……于所闻之世，见治升平，内诸夏而外夷狄；……至所见之世，著治太平，夷狄进至于爵，天下远近大小若一。……所以三世者，礼为父母三年，为祖父母期，为曾祖父母齐衰三月，立爱自亲始，故《春秋》据哀录隐，上治祖袮。"② 到了近代，康有为把公羊"三世"之义、《礼记·礼运》的"小康"、"大同"与近代进化论思想融合在一起，认为人类社会是变易和进化的；社会历史进化是沿着据乱世——升平世——太平世的轨道，由君主专制到君主立宪，再到民主共和，一世比一世文明进步，进而达到"太平大同"这一人类最美满极乐的世界；处于"据乱世"的中国应当向处于"升平世"的西方各国学习，从而实现"太平世"的大同理想。康有为在其《大同书》中设计了一个高度发达的社会保障系统，以取代家庭的功能，保障个人的平等、独立、自主，实现全人类"老有所长，幼有所恃，鳏寡孤独废疾者皆有所养"的大同境界。康有为认为人与其他生物不同，属于社会性存在，"必恶独而合群"。人与人之间存在着各种被意识到了的关系，并能够自觉地维护这种关系。维系人际关系最本质的力量，便是人人自然具有的爱质。"夫天演者，无知之物也；人义者，有性识之物也。人道所以合群，所以能太平者，以其本有爱质而扩充之，因而裁成天道，辅相天宜，而止于至善，极于大同，乃能大众得其乐利。"③ 在康有为看来，人类自觉地意识到自己的本性，故能扩充固有的爱质，相天辅地，利用自然规律为人类服务，使全人类相亲相爱，共享大同太平极乐。

应该看到，大同思想对我国后来的社会福利思想及实践有着极大的影

---

① 《春秋繁露·楚庄王第一》。
② 《春秋公羊传解诂·隐公元年》。
③ 康有为：《大同书·辛部》。

响。大同理想是中国古人对一个充满人道关怀、人际融洽、经济互助、合法权益都受到保障、鳏寡孤独废疾者皆有所养的社会理想的企盼，含有丰富的公益慈善的伦理思想和道德追求，大同理想及其后世一系列类似主张的提出，反映了古代先民们对一个有保障、无饥寒、尽人伦的社会的朴素憧憬，成为历代仁人志士追求实现理想社会的不竭动力，也是现当代中国构建美好和谐社会的重要思想资源。

2. 佛教的公益伦理思想

中华传统文化是多元和复合的文化，而传统公益慈善伦理也带有多元和复合的特点。自1世纪佛教传入中土，佛教的慈悲观念、善恶报应思想及其福田思想，深刻地影响着中国人的社会行为。在佛教的慈悲观和因果报应等思想中，我们可以看到其所蕴涵的社会公益伦理思想。

（1）慈悲观。从儒家观点出发，中国传统的慈善行为往往是自上而下的施予，即政府、富人施舍或救助老百姓；而平民化的救助行为或许更多地源于佛教的慈悲思想。自两汉之际（公元前后）佛教传入中国后，"慈善"二字便与之结下了不解之缘。

慈悲观表达了佛教对人生的深切关怀，对广大民众的同情和悲悯，体现了佛教解除众生疾苦的宽广胸怀和利益社会及他人的自我牺牲精神；慈悲是佛道之根本，一切佛法中无不以慈悲为大。在佛教看来，有慈悲之心才能真正觉悟。《观无量寿经》上称"佛心者大慈悲是"，即是说佛教以慈悲为本。慈悲观可说是佛教伦理的核心。何谓慈悲？佛学要典《大智度论》卷二十七说："大慈与一切众生乐，大悲拔一切众生苦。"这就是说，使一切生命都得到快乐，称为"大慈"；使一切生命都脱离痛苦，称为"大悲"。"慈"是给予他人以快乐的意向或心态（简称"与乐之心"），"悲"是拔除他人的一切疾苦的意向或心态（简称"拔苦之心"）。慈悲是大乘佛教所宣扬的"普度众生"利他主义思想的集中表现。关于慈悲的观念，在我国早期佛教著作《奉法要》中亦有解释："何谓为慈？愍伤众生，等一物我，推己恕彼，愿令普安，爱及昆虫，情无同异。何谓为悲？博爱兼拯，雨泪恻心，要令实功潜著，不直有心而已。"[1] 佛教的慈悲观要求同等对待一切生物或生

_____

① 郗超：《奉法要》。

命，对不同的人更是不分亲疏内外。通常所说的"大慈大悲"，即指"无缘大慈（无条件、无要求的慈爱）、同体大悲（无时间、无空间的阻碍，悲爱一切人类众生）"，是最崇高的最宽泛的慈爱与悲悯。慈悲者，怜爱、怜悯、同情之谓也。慈心是希望他人得到快乐，慈行是帮助他人得到快乐。悲心是希望他人解除痛苦，悲行是帮助他人解除痛苦。佛教的慈悲观并不只是一种心性的训练和培养，而是要落实在行动中，转化为现实的行为。这种佛教利他主义道德观的具体实践主要通过布施体现出来。布施分为财施、法施和无畏施。财施即是我们在金钱财物上帮助他人，使他人免于匮乏困苦；法施即是我们在言语、思想、情感或精神上帮助、鼓励他人，解除他人的情感、思想之苦，这也是对他人的巨大帮助；无畏施是菩萨给予众生的无上信心和帮助，使众生免除恐怖或畏惧。布施的行为完全出于怜悯心、同情心和利他心，而不带有任何功利目的，具有纯粹利他的性质。慈悲体现了佛教对众生的关心、爱护和怜悯，是一种最为崇高的博爱利他。正是在慈悲观的引导下，佛教在社会中广行赈济、养老、除疾等利益大众的慈善公益事业。

慈悲是佛教"四无量心"的核心。所谓"四无量心"，是指菩萨普度众生所应具备的四种精神——慈无量心、悲无量心、喜无量心、舍无量心。"慈无量心"是一种希望众生得到快乐的心。慈与悲合称慈悲，是佛教的根本。佛经上说，一切佛法如果离开慈悲，则为魔法，可见慈悲思想与佛教关系的密切。《大智度论》卷二十将慈悲分为三种：一是生缘慈悲：观一切众生因起惑造业，而在生死中轮回受苦，因此而生起与乐拔苦的慈悲心，称为生缘慈悲。这是一般凡夫的慈爱，因为不明我、法二空，所以还是不能出离生死。二是法缘慈悲：证悟无我所起的慈悲。这是已证得阿罗汉果位的二乘，以及初地以上的菩萨的境界。三是无缘慈悲：是诸佛如来无限的慈悲，即彻证我、法毕竟空的般若智而生起的慈悲。因为心中已无差别，所以视众生与自己平等一如。一切有缘无缘的众生都给予所需。"悲无量心"是解除众生痛苦的心。《法华经》说："以大慈悲力故，度苦恼众生。"菩萨经过累劫修行，断除一切烦恼，成就一切梵行，本来可以证得清净涅槃，然而为了怜悯众生，不住涅槃，不断生死，乘愿受生六道，广开甘露法门，转无上法轮。菩萨之所以能普度众生，正是由于悲心愿力所产生的伟大力量。如果菩萨看到众生的忧苦，不能激发感同身受的悲心，进而上求下化，拔苦与乐，就无法成就菩提大道，因此悲无量心是菩萨成佛的必要条件。"喜无量心"是令众生快乐欢喜的心，它表明慈悲不是为慈悲而慈悲，更非为自己、因自己而慈悲，确实是因为众生的离苦得乐而快乐。《大智度论》卷二十说：乐是在五尘中所生的快乐，而喜是在法尘中所生的喜悦。譬如：怜悯穷人，先施与财宝，是先给他快乐；然后教导他谋生的技能，则是使他在生活中产生欢喜。所以，乐是比较表相的感受，喜是深层的感受。因此，《大智度论》说："初得乐时名乐；欢心内发，乐相外现，歌舞踊跃，是名喜。譬如：初服药时，是名乐；药发遍身，是名喜。"慈悲固然能使众生得到福乐，但是行慈心、喜心时，容易生贪着心；行悲心时，又容易生忧愁心，因此佛陀告诉我们：需以舍心来去除一切分别妄想，并令一切众生都能以平等心进入佛道。这就是"舍无量心"。舍，是一种最高的境界，唯有"舍"，才能容纳异己，唯有"舍"，才能心包太虚。世界之所以动乱不息，就是因为世人都只知道向前获取，而不知道回头反省；只拼命向外追求有形有相的物质，而忽略了心内的精神世界更为辽阔。如果大家都能放下我执，尊重他人，舍得牺牲奉献，自然就能拥有一个圆融和谐的世界。由慈悲喜舍的内容看来，四无量心虽类别为四，其实都是慈心悲愿的延伸：先是欲令众生都能得到快乐，而施以慈心，继而看见有人不能得到快乐，悲心油然而起。接着又想令众生都能离去苦恼，得到无上法乐，喜心继之产生。以慈心、悲心、喜心度众，而不起憎爱贪忧，不生人法执著，就是舍心现前的境界。因此，《大智度论》卷二十说："慈是真无量，慈为如王，余三随从如人民。"以慈悲为核心的"四无量心"体现了佛教利益一切有情众生的平等博爱心态。

（2）因果报应的行善积德说。慈悲观更多是主体认识或彻悟世界的本质后的道德自觉，使人自然而然地具有一种悲天悯人的博大胸怀；而因果报应论则侧重于从人的行为规律出发而对世人提出行善积德的道德要求。在佛教看来，"已作不失，未作不得"①，已作出的言行若还未产生相应的结果，它是不会自行消失的；没有作出某种行为，也决不会有相应的结果。当然，原因要产生出结果，还必须有外缘的帮助，如果没有适当的外缘，结果便不能产生；但原因仍然存在，那么产生出结果的可能性和力量就仍然存在，它

---

① 《瑜伽师地论》卷三十八。

总会在一定的条件下产生出相应的结果来。善有善报、恶有恶报，因果报应毫厘不爽，它是不可改变的铁的规律；当然这种报应又分为现世报（即现世造作的因，现世界承受其果）和来世报（即今生造作的因，下一世受果报或者过许多世受果报）。"罪福响应，如影随形，未有为善不得福，行恶不得殃者。"① 普通人因无明和贪欲而在三世六道中沉沦轮回。三世是指过去世、现在世和未来世，六道是指天道、人道、阿修罗道、地狱道、饿鬼道、蓄生道；前三道是三善道，后三道是三恶道。处于三善道的生命如果不积功累德以培养智慧和福德资粮，终究会因福报享尽而堕入三恶道中。因此，人活在世上已是前世的福报，如果不趁着人身的大好机会行善积德，将很难摆脱六道轮回之苦。善恶果报不但对现世还对来世发生作用。在这种道德说教的影响下，上至统治阶层，下及普通百姓，害怕来世投胎为恶道众生而受苦受难，因而产生怵惕之心，不断警醒，去恶从善。于是，千百年来佛教善有善报、恶有恶报的因果报应思想，一直成为中国人从事行善积德的道德活动的精神支柱。

　　佛教的因果报应论从心理学上说是采用了一种奖惩机制以鼓励人们行善而禁止其作恶。善恶之报由自身的业力感召，自己必须对善恶果报负责。"父作不善，自不代受；自作不善，父亦不受。善自获福，恶自受殃。"② 每一个人的行为善恶，其结果都必须由自己承担，即便是父子之间也不能相互替代。这就使得每一个人都必须实践善行而抑制恶行。"夫生杀有因果，善恶有感应。其因善其果善，其因恶其果恶。夫好生之心善，好杀之心恶，善恶之感可不慎乎？人食物，物给人，昔相负而冥相偿，业之致然也。人与物而不觉，谓物自然天生以养人，天何颇耶？害性命以育性命，天道至仁，岂然夫哉？夫相偿之理，冥而难言也，宰杀之势，积而难休也。故古之法，使不暴夫物，不合围，不掩群也。子钓而不网，弋不射宿，其止杀之渐乎？佛教教人，可生而不可杀，可不思耶？谅哉！"③ 在佛教看来，今世成为人之食物的植物和动物，乃过去世各自所造业之果报；我等今生为人，享用它们

---

① 《旃檀越国王经》。
② 郗超：《奉法要》引《泥洹经》语。
③ 契嵩：《辅教编》（中），《广原教》。

虽为正当——这是它们应给予我们的报偿，但今生今世的"害性命以育性命"一旦成为习惯，岂不又造杀生恶业，将来必受此恶报吗？因此，基于因果报应，我们应止杀好生，爱惜物命，对动物以至植物的生命都应予以爱惜，何况对人呢？这样，佛教的因果报应可以使我们善待一切生命，也就是善待生态环境和大自然，有益于社会大众的生态伦理实践；这样一种对"善恶感应"的审慎，当然更会使人在对待他人时作出利他的善行。

在中国，福田思想是在因果报应论的影响下而产生的。"若明智之士，信因果报应，不必计其前之得失，但称今生现前所有，以种未来之福田。如世之农者，择良田而深耕易耨，播种及时，则秋成所获，一以什佰计，此又明白皎然者，但在所种之田，有肥瘠之不同耳。"① 行善积德正如农民种田一样，辛勤耕耘必有收获。这种以利己目的和现实利益出发的福田思想，成为南北朝及唐宋佛教慈善事业的直接起因。明清时期的善会、善堂，或者创设于寺庙、由僧人管理，或者由那些信佛的地方"善人"出面筹资创建，也说明了佛教与慈善事业的密切关系。

3. 道家和道教的公益伦理思想

（1）道家尊道贵德的公益伦理思想。道家形成于春秋时期，其创始人是老子。作为传统文化一个影响久远的哲学学派，道家也对公益慈善事业及其伦理精神非常关注。

道家最突出的特点是"贵道尊德"。何谓道？何谓德？《老子》对"道"的描述很多，主要有："道可道，非常道；名可名，非常名。无名，天地之始；有名，万物之母。"② "有物混成，先天地生。寂兮寥兮，独立而不改，周行而不殆，可以为天下母。吾不知其名，字之曰'道'。"③ "道生一，一生二，二生三，三生万物。"④ 也就是说，"道"是天地万物的总根源，是包括人类社会在内的天地万物运动变化的内在规律及其法则，具有本体论、宇宙论和生成论的意义。"德"与"道"不同而又与"道"紧密地

① 德清：《憨山老人梦游集》卷三九。
② 《老子》第一章。
③ 《老子》第二十五章。
④ 《老子》第四十二章。

联系在一起。"德"是各个具体事物从"道"那里所获得的存在和发展的根据，是从万物的总原理中所分出的具体的特殊的"理"。"道"与"德"是体和用、整体与部分的关系。形而上的"道"落实到人生层面即为"德"；就人类道德生活的整体性与个体性、客观性与主观性来看，"道"是社会的道德原则和道德规范，"德"是个人的道德品质、修养和德性。"道生之，德畜之，物形之，势成之。是以万物莫不尊道而贵德。道之尊，德之贵，夫莫之命而常自然。"① 道家要求真正的人道应效法天道，顺应自然，不偏私、不占有、不尚奢华，多予少取。"天之道，其犹张弓与？高者抑之，下者举之；有余者损之，不足者补之。天之道，损有余而补不足；人之道则不然，损不足而奉有余。孰能有余以奉天下？唯有道者。"② 庄子也要求"富而使人分之"③。道家要求有道之人顺应天道，"损有余而补不足"，从提升人的生存境界这一形而上的高度来促使人们在社会中作出各种有益他人和社会的道德之行。"万物作焉而不辞，生而不有，为而不恃，功成而弗居。"④ "生而不有，为而不恃，长而不宰，是谓玄德。"⑤ "是以圣人后其身而身先，外其身而身存，非以其无私耶？故能成其私。"⑥ 在作出道德之行时，不要执著于此，不要有因此而自我炫耀的意识，而应像圣人一样为而不恃，功成而不居，随时随地作出善行而不自夸、不自矜持。只有这样，才能无为而无不为。

《老子》从"圣人不积，既以为人己愈有，既以与人己愈多"⑦ 的观点出发，强调在社会生活中广行善事，特别是要矜老恤孤，怜悯贫病。只有一心为他人着想，不断地给予他人，自己才能增长德性，从而与道相合。道家为了体道和入道，要求每一个人进行身心训练；把行善积德作为"长生之本"。道家认为我命由我不由天，人生的命运掌握在每一个人自己手上。若

---

① 《老子》第五十一章。
② 《老子》第七十七章。
③ 《庄子·在宥》。
④ 《老子》第二章。
⑤ 《老子》第五十一章。
⑥ 《老子》第七十七章。
⑦ 《老子》第八十一章。

要长寿乃至体道悟道，必须以善为本，唯善是从。只有以他人的生命和利益为重，解除他人的疾苦，才能有利于自己从崇尚生命价值的视角出发，把争名夺利、损害他人生命的行为看做是极不道德的行为。主张扶危济困、见义勇为，救人性命于水火，只有广积德行，济物救世，才能使自己的生命得到拯救。

（2）道教修仙利他的公益伦理思想。道教产生于东汉时期，以道家的经典《老子》（又名《道德经》）和《庄子》（道教称为《南华经》）及融合了先秦儒、道、阴阳诸思想的《太平经》等为主要经典，并吸取了战国时期的方仙之术以及西汉的天人感应观念和谶纬神学等内容。道教作为我国土生土长的民族宗教，相信神仙存在而且人可以通过修行成仙而长生不死；在道教的修行或修仙过程中，也蕴涵着丰富的济世助人的公益伦理思想。

道教认为，人们要想长生成仙，必须积德行善。东晋著名道士葛洪认为行善的多少与成仙的品位有直接的关系，人如果要成为"地仙"，必须完成三百件善事；要想做"天仙"，则必须成就一千二百件善事，而且即便做了一千一百九十九件善行，只要做一件恶行，就会前功尽弃，从头来过。长生成仙不仅要内炼丹术，更要外修善德。"欲求长生者，必欲积善立功，慈心于物，恕己及人，仁逮昆虫，乐人之吉，愍人之苦，赒人之急，救人之穷……如此乃为有德，受福于天，所作必成，求仙可冀也。"① 成书于北宋末年的《太上感应篇》仅千余字，它作为道教著名的"劝人行善"之书，倡导以仁爱恻隐之心利物济人的慈善行为，它劝导富有者要"矜孤恤寡，敬老怀幼"，"济人之急，救人之危"。道教另一劝善书《文昌帝君阴骘文》也明确要求道众防非止恶，广行善事，"措衣食周道路之饥寒，施棺椁免尸骸之暴露。家富提携亲戚，岁饥赈济邻朋。……剪碍道之荆榛，除当途之瓦石。修数百年崎岖之路，造千万人来往之桥。"② 施医施药、戒杀放生、代育弃婴，等等，以此积累功德，这样就会有百神呵护，对自己以及子孙均有福德和善报。与佛教一样，道教主张"祸福无门，惟人自招。善恶之报，

---

① 《抱朴子·内篇》卷六。
② 《文昌帝君阴骘文》。

如影随形。"① 而且道教认为有很多神明专门监管人的行为善恶，根据人们所犯过恶的大小、多少来决定其所受的刑罚灾祸；根据其所做的善功而给予相应的福报。与佛教主张的各人自作自受的因果善恶报应不同的是，道教在善恶报应方面主张一种"承负说"，认为任何人的善恶行为不仅会对自身祸福产生影响，而且对后世子孙的祸福也产生影响，祖先的善恶不仅自受其咎，而且子孙也要承受其善恶报应。由于中国封建社会是一个以血缘宗法关系为纽带的社会结构形态，道教的善恶报应的"承负说"，不仅促使道教信众抑制恶念恶行、力行善事义举，而且极大地推动了社会大多数成员救穷救急的慈善活动。道教非常强调积功累德，但与佛教不同的是，道教的伦理思想具有鲜明的功利主义性质。

道教的修行修仙并非脱离社会，而是在红尘中进行，并且要通过对他人的救助才能完成。《晋真人语录》说："若要真行，须要修仁蕴德。济贫拔苦，见人患难，常怀拯救之心，或化诱善人入道修行；所为之事，先人后己，与万物无私，乃真行也。"晋代道士许逊所著《净明宗教录》说："凡得净明法者，务在济物，见他人之父，见他人之母，如我父母。矜老恤孤，怜贫悯病，如病危急，若在己身。"著名道教祖师吕洞宾要求修道者博施济众，扶危济困，多方面地救助他人，"或行一善事，以济人之困穷；或出一善言，以解人之怨结；或施一臂力，以扶人之阽危。"② 在道家哲学的影响下，道教还倡导"阴功密惠"，即是说，做了救助或拯救他人的好人好事秘而不宣，尽量不让受助或被救者知道，如此所积善功方为真善功。

总的来说，儒家、佛教和道教在中国传统文化的发展中是相互作用、相互渗透的。虽然各自有不同的理论形态和话语方式，但它们在倡导救世利人的慈善事功上却殊途同归。

4. 传统公益伦理的近代转型

由于西方列强的侵入，中国社会到了近代开始沦为半殖民地半封建的社会，不仅中华民族面临着生死存亡的严峻挑战，而且伴随着西方资本主义的扩张而来的西学东渐，使我国数千年的传统文化也面临着生死攸关的挑战。

---

① 《太上感应篇》。
② 《吕祖全书》卷二十八。

传统文化如何完成现代化的转型，成功实现"天人之变"？民族如何走向新生或实现振兴？正是在民族救亡图存、走向近代化的坎坷过程中，传统文化也不得不开始了自身的近代转型。在这一重大历史背景下，传统公益伦理思想也面临着新的嬗变。传统公益伦理思想的近代转型，主要呈现如下几个特点。

（1）赋予慈善公益以救亡图存和民族振兴的历史重任。近代中国的公益慈善事业处在新与旧、中与西冲突碰撞的结合点上，以戊戌维新运动为标志，中国近代社会的公益慈善事业发生了新的变化。风起云涌的社会运动和扑面而来的西方先进公益慈善观念，对公益慈善事业多维度、多层面的刺激，深刻地、直接地影响了近代公益慈善事业的思想观念，使传统的慈善观向近代社会公益思想转变。[1] "西方文化的传播，为中国传统伦理道德在近代的转型提供了大量的思想资料和理论参照系统，成为近代学者批判传统社会和传统道德的强大的思想武器。"[2] 受西式慈善理念的影响，众多的本土慈善机构除了积极地参与当时的各种慈善救助和赈济活动外，开始更加广泛地服务于社会，服务于民众，因而具有了前近代社会不曾有过的功能，开始出现具有近代意义的社会公益事业。由于特殊的时代背景，近代公益慈善事业也深深地打上了救亡图存的时代烙印，把近代公益慈善事业同救亡图强的民族振兴和国家富强的历史使命紧密地结合在一起。

在近代，人们不再把公益慈善理念局限于一般的人道救助和血亲相助的狭隘范围内，而是把公益慈善问题及其制度建设提高到改造社会、富国强民的高度。认为中西社会强弱盛衰的缘由虽然很多，但国民富强的程度应是最为重要的衡量标准。薛福成在《出使日记续刻》中，曾将西方富强的原因归因于"通民气"、"保民生"、"牖民衷"、"养民耻"、"阜民财"五端，其中，"保民生"主要是指"凡人身家田产器用财贿，绝无意外之虞。告退官员，赡以半俸；老病弁兵，养之终身；老幼废疾，阵亡子息，皆设局教育

---

① 参见朱英：《戊戌时期民间慈善公益事业的发展》，《江汉论坛》1999 年第 11 期。

② 张怀承：《天人之变——中国传统伦理道德的近代转型》，湖南教育出版社 1998 年版，第 44—45 页。

之"，① 力倡给民众以充足的社会福利保障。在他看来，要想强国，必先富民，一个哀鸿遍野、乞丐遍地的国家是不可能成为富国强国的。康有为在其变法富国论和理想社会论中，都提出了系统的社会福利主张。他将"恤穷"并列为与"务农"、"劝工"和"惠商"同等重要的救国养民的四大政策之一，认为救国必须从"扶贫救弱"开始，只有国民走出"穷弱"，国家才能变得强大起来。在《大同书》当中，他更在批判现实社会的基础上，指出只有建立"公养"、"公教"、"公恤"的福利保障制度，人类才能真正地走向大同。近代著名慈善家经元善更是明确抱持"为贫民力谋生计，即为国家渐图富强"的思想。随着人们日趋重视"开风气、正人心"的社会公益事业，并通过新的善举措施，"扩充善念"，使众人"识时势亦明义理，除僻陋并革浇漓"，最终达到"振刷精神，急起直追"以及"发愤自强，誓雪国耻"的目的。② "慈善团体所以救政治之偏而补社会之缺也。在昔专制承平之世。家给人足犹励行弗懈，钊今国号共和，疮疾满目，救济之策，其又乌容已乎？"③ 就这样，慈善事业被毅然推上了担当起匡世济民重任的历史舞台。

（2）人道主义等现代价值观的初步确立。近代公益慈善思想的重要发展趋势，就是现代意义上的"人道观念"的萌芽和确立。产生于欧洲14—16世纪的人道主义反对封建等级制度和基督教的禁欲主义，提倡和宣扬关怀人、尊重人、以人为中心和目的的人道主义思想，在资产阶级取得统治地位之后，基督教《圣经》中的平等、博爱思想也被纳入到人道主义的思想体系之中。"近代伦理道德强调以人为本，人道摆脱天道的主宰而形成了全新的人道主义精神。"④ 应该说，是否尊重人的价值和个体自由，是现代社会与中世纪社会的一个分水岭，也是识别和确认一种文明是否进入现代或者是否具有现代性的重要标志。尤其到了辛亥革命时期后，中国的思想运动已与维新派思想家们有很大的不同，其最大区别在于突出了人权观念。一些觉

---

① 钟叔河：《走向世界丛书：出使英法意比四国日记》，岳麓书社1985年版，第803页。
② 参见虞和平：《经元善集》，华中师范大学出版社1988年版，第268页。
③ 鲁式谷等：《当涂县志》，江苏古籍出版社1991年版，第459页。
④ 张怀承：《天人之变——中国传统伦理道德的近代转型》，湖南教育出版社1998年版，第2页。

醒的人们已经认识到封建制度的种种罪恶归根到底是剥夺人权和践踏人权，因而开始为争取个人的基本权利而呐喊和斗争。人权意识在一代知识分子中迅速强化，他们强调人权天赋，肯定人们追求个人幸福和快乐的权利，强调个人的自主和道德的自律，呼唤个人自由和人格平等，从政治领域到道德领域，全面地确立人的最高价值。

政府或社会的慈善救助不仅是其道德善举，从人道主义的立场来看，而且是其义务和责任。近代有部分先进知识分子开始从社会问题角度来看待公益慈善问题，他们认识到导致贫穷的社会弊端，多是由于社会经济制度所致，除部分由个人负责外，其余大多数都应该由社会负责，要求摒弃传统的因果报应观，从"科学"的立场上对贫穷原因进行分析。所以，社会救济主要是由社会或政府来承担；与此同时，又强调通过社会救济来提倡发扬固有之道德。① 社会福利"是社会的保健"，是"比较广义的、积极的、预防的、治本的"。② 孙中山先生从三民主义思想出发，主张政府应为失业者谋救济之道，他所理想的大同世界是一个"天下为公"的社会，"要使老者有所养，壮者有所用，幼者有所教"。③ 这种"安老怀少"的慈善行为应由政府建立完善的制度来保证，"男子五六岁入小学堂，以后由国家教之养之，至二十岁为止，……二十以后自食其力；……设有不幸者半途蹉跎，则五十以后由国家给予养老金。"④ 而且教育幼儿、扶养老人、救济贫困疾病等各项善政之经费由国家的土地、山川、矿产等收入来保障，孙中山的近代慈善伦理思想强调了政府所应担负的责任。由此可见，在西方人道主义观念的影响下，我国近代的慈善事业开始走向社会化、制度化。清末民初的慈善事业出现了募捐机构、实施机构与协调机构并存的新格局。为了不浪费有限的慈善资源，并避免因各慈善团体自发募捐而影响捐献者的积极性，专门从事募捐活动的机构已在清末社会中出现。这专门性募捐机构所筹措的善款悉付汇解给实施慈善活动的机构。光绪初年，由经元善等人发起主持的上海协赈公

---

① 参见柯象峰：《社会救济》，重庆正中书局 1944 年版，第 3—10 页。

② 柯象峰：《中国贫穷问题》，重庆正中书局 1935 年版，第 197 页。

③ 孙中山：《孙中山全集》第 6 卷，中华书局 1985 年版，第 36 页。

④ 孙中山：《孙中山选集》下卷，人民出版社 1956 年版，第 89 页。

所，即实现募与赈的分离，这是近代慈善事业中募捐机构之雏形。同时，由传统慈善事业走向近代慈善事业的转型过程中，必然需要各种慈善团体进一步合作，最终产生了协调各慈善团体的机构。1912 年成立的上海慈善团就是一个有协调性质的慈善机构。多元的慈善公益参与主体共同构成了中国近代尤其是民国时期慈善事业发展的基本力量。

人道主义思想的传入极大地扩大了公益慈善的对象。慈善界人士不再仅仅重视传统救助对象——鳏寡孤独废疾以及贫乏不能自存者，而且开始关注近代社会中的特殊社会群体如无业游民、失学的成年人、犯案女子及妓女等群体。在宋代以前，人们将鳏寡孤独等同于贫民，认为救助贫民就是济养这些人伦上有缺憾的群体，之后又将贫病之人纳入救助视野。晚清以后，无业游民成为人们最为关心的救助对象，其他如失学的成年人、吸食鸦片的瘾君子、犯案的女子、妓女、疯癫者、战争中的伤员等也先后被关注。近代著名慈善家经元善尤为重视女学的创办，他指出："我中国欲图自强，莫亟于广兴学校，而学校本原之本原，尤莫亟于创兴女学。"① 他认为兴女学与办义赈一样均属义举，因为"女学堂之教人以善，与赈济之分人以财，可同日而论，且并行不悖"②。女子也能够受到教育，破除了我国千年女学不兴的局面；学校教育的扩大，对人们观念的改变、个人谋生能力的培养以及国家所需人才的培养，具有最为基础性的作用。近代著名慈善家张謇曾说，"父十余年前谓中国恐须死后复活，未必能死中求活；求活之法，唯有实业、教育。儿须志之。慈善虽与实业、教育有别，然人道之存在此，人格之存在此，亦不可不加意。儿须志之。"③

人道主义思想的传入，使我国近代知识分子在对比中西慈善事业之差距时，对传统"宗族公益"的狭隘性给予了深刻的批判和反思。近代的知识分子认为西洋慈善机构的建立，有其现实的思想基础和社会条件。一方面，西方民众信奉"博爱"，为民间慈善机构的建立奠定了思想基础；另一方面，西方社会素有慈善捐赠的社会风气，有些富翁往往独自捐资数十万，以

---

① 虞和平：《经元善集》，华中师范大学出版社 1988 年版，第 213 页。
② 虞和平：《经元善集》，华中师范大学出版社 1988 年版，第 213 页。
③ 《张謇全集》第 4 卷，江苏古籍出版社 1994 年版，第 150 页。

行善事。"西人遗嘱捐资数万至百数十万者颇多。闻英人密尔登云：英国有富家妇，夫亡遗资甚多，其创立大小学堂、工艺书院及置穷人贩卖零星物件之地，共费银一千五百万镑。"而相比之下，"中国富翁不少，虽身受国恩，而竟未闻遗嘱有捐资数万至数十万创一善事者，宁愿留为子孙花费，殊可慨也。"① 我国社会的慈善活动尚未形成普遍风气，而且即便有较大的救助或捐助行为，也往往局限于宗族邻里的狭小范围之内。康有为继续对此进行了总体性批判，指出："就收族之道，则西不如中，就博遍之广，则中不如西。是二道者果孰愈乎？夫行仁者，小不如大，狭不如广；以是决之，则中国长于自殖其种，自亲其亲，然于行仁狭矣，不如欧美之广大矣。仁道即因族制而狭，至于家制则亦然。"② 在康有为看来，这种"宗族公益"的具体危害主要表现在：① "人各私其家，则不能多得公费以多养医生，以求人之健康，而疾病者多，人种不善。"② "人各私其家，则无从以私产归公产，无从公养全世界之人而多贫穷困苦之人。"③ "人各私其家，则不能多抽公费而办公益，以举行育婴、慈幼、养老、恤贫诸事。"④ "人各私其家，则不能多得公费而治道路、桥梁、山川、宫室，以求人生居处之乐。"③ 在这里，康有为把封建宗族保障模式与宗法家族制结合起来进行批判，主张打破家族的藩篱，追求公众的"大福利"，表现出他激进的反封建思想和建立现代社会福利制度的决心。

　　人道主义所倡导的平等观打破了宗族观念的狭隘性和地域的封闭性。"古时交通未广，救灾恤邻，仅限禹域。海通而后，万里户庭，国际之竞争益烈，而互助能力亦兴。"④ 到了近代，开始出现全国性的慈善机构，它们广泛参与各地的慈善救济活动，影响已及于海内外。慈善救济也不再囿于本县本省，而已扩展到全国范围内，甚至已走出国门，参与国际性的人道主义救援。即使是地方性慈善机构，也不再画地为牢，将救济活动圈限于特定的区域。这样，近代慈善事业的救济范围拓宽了，救济能力也增强了。慈善机

---

① 夏东元：《郑观应集》上册，上海人民出版社1982年版，第526页。
② 康有为：《大同书》，北京古籍出版社1956年版，第173页。
③ 康有为：《大同书》，北京古籍出版社1956年版，第189页。
④ 周秋光：《熊希龄集》（下），湖南出版社1996年版，第1770页。

构在救济范围和活动地域上突破狭隘的地域观念，这是近代慈善事业的一个巨大进步，同时也是它的一个显著特征。在 19 世纪 80—90 年代的义赈中，李金铺、严佑之、经元善等人目睹秦豫灾荒之惨状，以为"我等同处宇内，有分地无分民"①，"慈善事业尤应不分畛域"②，理应一体救济。"盖办赈为最要之慈善事业，凡为人类皆有此热心，负此责任，国界且弗论，遑论地方，故对于灾荒区域，不可稍有畛域之念。"③ 正是有了这种超越狭隘地方观念的普遍平等的人道意识和炽热的爱国情怀，近代公益慈善组织才可能跨越了地区与行业的界限，举办大规模的公益慈善活动。

人道主义对人的关心和帮助不仅体现在物质的经济的层面，而且也体现在精神的文化的层面。在西方人道主义的影响下，我国近代公益慈善观念大大突破传统格局的一个重要特征就是，近代的公益慈善事业已经从"重养轻教"向"养教并重"发展，教育的地位和作用得以凸显，强调"开民智、新民德、鼓民力"，"养与教同为仁政，谓惠谓忠，似教更重于养"。④ "世变亟矣，不民胡国？不智胡民？不学胡智？不师胡学？"⑤ 类似的重教言论，广泛见于报章。他们主张设立乞丐厂等类似的慈善组织收留乞丐、盗贼与流氓，教以工艺，使其掌握一门技能，令之工作以制游惰。他们要求设立专门的慈善组织教养盲哑等残疾人，使之不再成为弃才。"工艺院教成一艺，则一身一家永可温饱，况更可以技教人，功德尤无限量。"⑥ 他们还要求在养济院、清节堂、育婴堂等原有的善堂中实施这一救助理念。相比之下，传统慈善活动更关注人群的基本生存问题和社会稳定，而新型公益活动则更加重视社会进步和发展，出现了不同于传统善慈活动的新型民间社会公益事业。这些公益活动不再局限向贫困或受灾者施舍饭食衣药，而采取了创办社团致力于改变社会陋习，兴办女学堂使女子得以就学，创设阅报会提供公共阅览场所，创办报纸活跃公共舆论，以增民智、以利维新，设立公益机构参与管

---

① 虞和平：《经元善集》，华中师范大学出版社 1988 年版，第 6 页。
② 《民国川沙县志》卷十一，《慈善志》。
③ 《告办赈者》（杂评），《申报》1920 年 10 月 3 日。
④ 虞和平：《经元善集》，华中师范大学出版社 1988 年版，第 214 页。
⑤ 《张謇全集》第 4 卷，江苏古籍出版社 1994 年版，第 72 页。
⑥ 虞和平：《经元善集》，华中师范大学出版社 1988 年版，第 245—247 页。

理地方社会，等等。① 公益慈善事业被人们寄予改良风俗、增进道德、高尚人格之厚望。比如，阅报社、阅报会、阅书会等民间会社机构的创立，既为民间社会提供了过去所没有的阅览各类新书报和议论时政的场所，也较为显著地扩大了民间社会的活动空间与影响。例如，1898 年夏秋之间，金陵"东牌楼某报房创设阅报会，购办沪上各报，无不应有尽有，以备有志维新者得就近取阅"。② 这些阅书阅报会社都属于近代性质的民间公益性机构。其创办资金系自筹，所藏之书报免费供人阅览。有的还对此予以说明："购书购报诸费，由会中同志筹垫，阅报诸君愿出费者作捐款论，不愿者悉听其便。"③ 又如，1899 年，浙江余姚、上虞成立劝善看报会，由经元善等绅商捐资订购新书报，供人免费阅读学习，以开风气、正人心。再如，不缠足会等倡导改良风俗的新式组织在全国许多地区相继诞生，也属公益性质的民间团体。不缠足会的主要宗旨，就是要改变中国近千年的缠足陋俗，使女子解除裹足之苦。人道主义使我国近代慈善公益事业在广度和深度上、内容和形式上都得到了巨大的发展。

（3）公益伦理思想的多元化价值支撑。近代中国社会不仅有传统经济与商品经济的冲突和融合，更在政治、文化等精神生活的各方面面临东方与西方、传统与现代的冲突激荡。在这一宏大的历史背景下，我国近代的公益伦理思想呈现出多元化的价值支撑。

在古代社会，人们都秉承仁爱的精神去从事各项慈善活动。虽然后来融入了佛、道两教的善恶报应观念，但慈善伦理主要是以儒家为主导，以佛教伦理和道德伦理为辅助，总的来说显得较为单一。近代新旧各种思潮、习尚发生了激烈的碰撞与交汇，人们的思想观念也不可避免地会产生转变，这就导致了慈善公益伦理的价值支撑日趋多元化。比如西方基督教宗教观念，自由主义、人道主义、功利主义、实用主义、社会主义等思潮也逐步开始进入中国的近代公益慈善事业中。"西方的科技及稍后的民主自由等社会意识进入中国的同时，西方式的公益也日益传入中国并且被慢慢地本土化……中国

---

① 参见朱英：《戊戌时期民间慈善公益事业的发展》，《江汉论坛》1999 年第 11 期。

② 《设会阅报》，《申报》1898 年 9 月 26 日。

③ 虞和平：《经元善集》，华中师范大学出版社 1988 年版，第 268 页。

人也建立了一些新式社团，主要是医疗救护类公益组织，还有社会教化、儿童保护、经济保障、失业保障。"① 该类型民间公益组织含有更多的现代性因素，对中国的政府慈善组织和民间慈善组织、政府慈善行为和民间慈善活动都产生了深远的影响。在中西文化碰撞过程中，西方公益理念和我国文化开始融合，逐步本土化。在近代，当中国士大夫初见西方社会福利制度时，都情不自禁地站在中国传统文化的立场上进行中国式"还原"，将其视为是中国古代圣人的社会理想在西洋的翻版。当然，我们可以看到，西方社会公益福利思想与中国传统社会的大同思想和民本思想存在某些"暗合"。因此，晚清驻英公使薛福成在英国一慈善机构参观时发现，"院中男女孩凡三百余人。……俾能自给衣食，无饥寒之虑焉。吾不意古圣先王慈幼之道，保赤之经，乃于海外遇之也"②。据此，薛福成称西洋社会"绰有三代以前遗风"，"不甚背乎圣人之道"。③ 郑观应也认为西方的福利慈善事业"意美法良，实有中国古人之遗意"④。孙中山更认为真正的民主主义就是孔子所希望的大同世界，是蕴藏于中国传统中、寄"吾人无穷之希望，最伟大之思想"⑤。很显然，他们力图把西方社会公益福利制度及其思想纳入我国传统文化的解释框架下。

　　尽管我国近代的公益伦理思想呈现出多元化的价值支撑，但传统文化依然是近代公益慈善事业的重要精神动力。如近代广为存在的清节堂、恤嫠会（嫠即指寡妇）就是一个典型。梁其姿在其著作《施善与教化——明清的慈善组织》一书中认为，恤嫠"主要的目的是满足儒生阶层在精神信仰上的需要，更直接照顾清贫儒生的利益，试图保卫他们岌岌可危的社会地位，同时还宣扬了儒生阶层的价值观念"⑥。另外，以近代慈惠堂的举办者尹昌龄的慈善思想为例，时人评价尹昌龄为"立德"式人物。《尹昌龄传》将尹在

---

　　① 秦晖：《政府与企业以外的现代化》，浙江人民出版社 1999 年版，第 232 页。
　　② 钟叔河：《走向世界丛书：出使英法意比四国日记》，岳麓书社 1985 年版，第 611—612 页。
　　③ 钟叔河：《走向世界丛书：出使英法意比四国日记》，岳麓书社 1985 年版，第 272 页。
　　④ 夏东元编：《郑观应集》上册，上海人民出版社 1982 年版，第 526 页。
　　⑤ 孙中山：《孙中山全集》第 3 卷，中华书局 1985 年版，第 25 页。
　　⑥ 梁其姿：《施善与教化——明清的慈善组织》，河北教育出版社 2001 年版，第 239 页。

慈善活动中体现出的德性归于他所受的传统教育："昌龄少服膺宋明先儒之书，毕生处事接物，推原经术。"① 可见，尹昌龄的慈善思想反映了他维护发扬儒家伦理价值观的道德理想，而这种理想显然来自于他个人深厚的传统文化背景。另外，在近代慈善大家经元善的慈善观念中，传统宗教的"因果报应"观念色彩也非常鲜明。"善恶报应，一定之理。"② 他写的《祸福倚伏说》劝人们"远念天理循环之道，急急散财施粟"③，救济灾民以祈自己平安无虞。可见，传统宗教文化的影响依然是近代公益慈善伦理的重要价值支撑。

（二）应当怎样对待中国传统公益伦理思想

"传统文化具有极大的相对稳定性，这就使它成为一个影响和调节社会生活的稳定系统，表现为一种内控自制的历史的惯性运动；它不是少数圣哲贤人的观点或一部分人的思想倾向，而是反映和代表了一个民族的社会整体意识和行为的总的倾向，这也使它成为一种特殊的社会文化信息系统，是使一定社会经验得以传播的和积累的媒介。但是，在不同的社会历史条件下，传统文化的这些功能得以发挥的程度和所产生的社会效用是极不相同的，但它却构成为一个面临新的时代挑战，进行新的社会创造活动的文化环境和心理背景。"④ 正如马克思所说："人们自己创造自己的历史，但是他们并不是随心所欲地创造，并不是在他们自己选定的条件下创造，而是在直接碰到的、既定的、从过去继承下来的条件下创造。一切已死的先辈们的传统，像梦魇一样纠缠着人们的头脑。"⑤ 因此，怎样对待传统是每一个社会、每一个国家、每一个民族以及每一个人在走向新的历史进步时都必然要面临的一个问题。毛泽东曾经指出："我们这个民族有数千年的历史，有它的特点，有它的许多珍贵品。对于这些，我们还是小学生。今天的中国是历史的中国

---

　　① 黄稚荃：《尹昌龄传》，收入周开庆编著：《民国四川人物传记》，台湾商务印书馆1966 年版，第 275 页。

　　② 虞和平：《经元善集》，华中师范大学出版社 1988 年版，第 239 页。

　　③ 虞和平：《经元善集》，华中师范大学出版社 1988 年版，第 9 页。

　　④ 唐凯麟：《伦理学》，高等教育出版社 2001 年版，第 119 页。

　　⑤ 《马克思恩格斯选集》第 1 卷，人民出版社 1995 年版，第 585 页。

的一个发展，我们是马克思主义的历史主义者，我们不应当割断历史。"①
这实际上就是说，在现实生活中，不论我们怎样摆脱传统来随心所欲地创造
一切都是不可能的，因而最重要的就是要正确地对待传统，"正确对待传
统，就能够发挥和发扬人类历史积累起来的优秀成果，有利于人类文明的进
一步发展，有利于人类的思想道德素质的提高，有利于促进整个社会的发展
和进步；否则，如果错误地对待传统，就会形成一种阻力，阻碍社会的发
展，引起社会的混乱，甚至会造成社会的倒退"②。

　　按照马克思主义的观点，正确地对待我国传统的公益伦理思想不能无批
判地兼收并蓄，而是要所批判，有所继承，坚持批判和继承相统一的原则。
因为任何人类文化包括公益伦理思想的传承是一个文化自身的客观延续行和
人（一定阶级、社会集团、民族国家）的主观选择性相统一的过程。这就
要求我们在对传统公益伦理思想上把继承性和批判性有机结合起来。批判和
继承是同一过程的两个不可分割的方面。"一般来说，在历史的发展变化的
过程中，相对于新事物来说，传统的东西，总有其维护旧事物的作用，所以
人们常常说传统是陈旧的和保守的。人类社会是不断发展变化的，由于传统
总是和过去的经济、政治相联系的，因而在发展变化了的新情况下，传统就
显得保守。……但是，我们必须看到，传统还有着有利于新的事物成长的积
极的方面。传统中也凝结着、包含着全人类的因素，有着新事物赖以形成和
发展的基础。在意识形态特别是在思想道德领域内，在一定意义上，没有对
过去的传统的继承，新的意识形态、新的道德就不能更好地发展。"③ 所以
在建构当代中国公益伦理的过程中，对传统的公益伦理思想坚持马克思主义
的批判继承的方针是非常重要的。要看到，批判是继承的前提和基础，继承
是批判的结果。否认继承的批判，是民族虚无主义的做法；没有批判的继
承，则可能犯传统保守主义的错误。这两者都割裂了批判和继承的统一，都
违背了人类文化传承的规律，都是一种形而上学的观点。

---

①　《毛泽东选集》第二卷，人民出版社 1991 年版，第 533 页。
②　罗国杰：《我们应当怎样对待传统》，《道德与文明》1998 年第 1 期。
③　罗国杰：《我们应当怎样对待传统》，《道德与文明》1998 年第 1 期。

二、全球视角

当代中国公益伦理的建构不仅要批判地继承我国传统的公益伦理思想，还要批判地吸收和借鉴世界各国特别是西方的公益伦理思想。换言之，当代中国公益伦理的建构还应有全球视角。

（一）西方公益伦理思想的发展与演变

公益是世界各国的共同现象，与中国一样，世界各国特别是西方的公益事业源远流长。与之相适应，西方公益伦理思想也经历了一个发展与演变的过程。这个过程大致经历了古希腊罗马时期、中世纪宗教、近代和现代四个阶段。

1. 古希腊罗马时期的公益伦理思想

西方的公益伦理思想源远流长，追根溯源，现代公益的许多原则、概念都与古希腊罗马时期的公益伦理思想有着重大渊源。

在古希腊城邦政治生活中，核心问题就是城邦的公民资格问题。在取得公民资格的这一问题中，最重要的就是要求公民致力于公共事务，不遗余力地献身于城邦，奋不顾身地为城邦的福祉而努力[1]，由此换来参与共同体内的各种权利的分配。关于城邦这一公民共同体，亚里士多德（Aristotle，前384—前322年）曾指出："我们见到每一个城邦（城市）各是某一种类的社会团体，一切社会团体的建立，其目的总是为了完成某些善业——所有人类的每一种作为，在他们自己看来，其本意总是在求取某一善果。既然一切社会团体都以善业为目的，那么我们也可说社会团体中最高而包含最广的一种，它所求的善业也一定是最高而最广的：这种至高而广涵的社会团体就是所谓的'城邦'，即政治社团（城市社团）。"[2] 亚里士多德主张人的本性是要求组成国家，结成社会，只有在这样的社会之中，人才能获得最高的善，

---

① 参见［美］J. 萨托利：《民主新论》，冯克利等译，东方出版社 1993 年版，第 316 页。

② ［古希腊］亚里士多德：《政治学》，吴寿彭译，商务印书馆 1997 年版，第 3 页。

过上幸福的生活。所谓城邦，就是自由而平等的公民按照一个合法界定的法律体系结成的伦理政治共同体，在这里，每个公民都有权利和义务参加城邦的公益事业。古罗马时期依然强调公民义务优先，与古希腊相同的是，它们都将共同体作为最高的善和公民个人充分展现德性的舞台。

古希腊罗马时期的公益伦理思想主要蕴含在柏拉图（Pltan，前427—前347年）、亚里士多德和西塞罗（前106—前43年）等的著作和有关论述中。

古希腊的大哲学家柏拉图在其《理想国》中指出，私有制和私有观念是导致国家一切灾难的根本原因，一个符合正义与公道的社会，决不应该是一个贫富悬殊很大的社会。他认为，财富是奢侈放纵的父母，贫困是卑鄙龌龊的双亲。理想国并不是为了某一个阶级的单独突出的幸福，而是为了全体公民的最大幸福。为此，他主张实行禁欲主义的"共产制"。

古希腊哲学家中最博学的百科全书式学者亚里士多德的伦理学以至善和幸福为出发点和归宿。他的《尼各马科伦理学》开卷就论及至善和幸福，全书最后又复归到至善和幸福。而他的《政治学》则进一步论述了城邦、群体的善和幸福，以及实现至善和幸福的原则和条件。亚里士多德认为，人生的目的固然是追求至善，但这个至善不是神秘的、抽象的理念，而是现实的幸福。在亚里士多德看来，幸福就是至善。人生的幸福要具备三个条件，即身体、财富和德行。这三个条件都是必要的。但在这三个条件中，他特别强调德行条件。他说："最优良的善德就是幸福，幸福就是善德的实现，也是善德的极致。"[①] 亚里士多德认为，善与德性是有着普遍的社会关联意义的，一个有着共同利益（善）及其共同追求的共同体，是传统德性赖以存在的基本社会条件。德性是在共同体内部通过其实践辩证地建立起来的。善本身是一种共同性的善，德性则是一种共同体得以建构的内在条件。可见，亚里士多德的公益伦理观是一种共同体精神的公益伦理观，他主张社会公益事业要以善德教育为基础，以公民的幸福生活和城邦的公共利益为目标，在维护奴隶制度的前提之下，通过全面系统的改良，把公民引入幸福生活的境界，促进城邦的共同繁荣和维护其共同利益。他曾经这样称赞人的慷慨施予

---

① ［古希腊］亚里士多德：《政治学》，吴寿彭译，商务印书馆1997年版，第55页。

之举："在一切德性之中，慷慨可说为人最钟爱，因为在给予着中，可以有助于人。"①

古希腊罗马时代最著名的慈善理论家西塞罗认为，"没有什么比仁慈和慷慨更能够体现人性中最美好的东西了"②。西塞罗曾深刻地分析了这种捐赠传统，他直接把慈善行为（捐赠和服务）作为公民的道德责任来论述。在他的《论责任》一文中，西塞罗分析了人类慈善行为的根源和必要性③，认为慈善的最终根源是"自然"为人类所制定的社会与群体的原则，这就是以理性和语言为媒介的公正、平等和善良。西塞罗把个人的善行与个人的道德责任联系在一起，认为承担道德责任是人之为人的自然法则④，而在各种道德责任中，个体应该担负的最重大的责任是为国家服务。国家是一种最亲密的社会关系，它把每个公民联系起来，因此公民提供服务的最重要的对象应该是国家。西塞罗非常赞赏个人为国家慷慨解囊，施财于公共利益。他认为，倘若个人行善时把钱用于修建城墙、船坞、港口、沟渠以及所有那些服务于社会公共利益的工程，那么这种善行比施惠于私益的善行更加正当，因为施舍个人只能使一个人得到一时的满足，但是公共工程的改善会使后代获得更加持久的恩惠。他认为，人们应当遵循"对受者有益而对施者又没有损失"的原则，经常不断地为他人和公共福利作些贡献。"好心为迷路者带路的人，就像用自己的火把点燃他人的火把，他的火把不会因为点燃了朋友的火把而变得昏暗。"⑤ 当然，西塞罗的公益慈善是"有等差"的，要按小共同体的本位差序格局安排"善意"，"按照社会关系的各种等级来提供帮助"⑥。另外，西塞罗虽主张个人资助社会，但强烈反对国家以社会的名

---

① ［古希腊］亚里士多德：《尼可马科伦理学》，苗力田译，中国社会科学出版社 1999 年版，第 73 页。

② ［古罗马］西塞罗：《西塞罗三论》，徐奕春译，商务印书馆 1987 年版，第 110 页。

③ 参见［古罗马］西塞罗：《西塞罗三论》，徐奕春译，商务印书馆 1987 年版，第 117—119 页。

④ 参见唐娟：《公民公益行为的理论分析》，《河南大学学报》（社会科学版）2004 第 5 期。

⑤ ［古罗马］西塞罗：《西塞罗三论》，徐奕春译，商务印书馆 1987 年版，第 113—114 页。

⑥ ［古罗马］西塞罗：《西塞罗三论》，徐奕春译，商务印书馆 1987 年版，第 191 页。

义强制个人，"不能打着国家旗号侵犯平民百姓的财产权"，对那种"装出一副民众之友的样子"，煽动平均主义的人要予以警惕。① 西塞罗的这一观点对近代的自由主义公益观产生了巨大的影响。②

2. 西方中世纪宗教公益伦理思想

西方中世纪宗教公益伦理思想是从亚里士多德主义和巴勒斯坦犹太教发展而来的。它以基督教公益伦理为核心，其中也包括宗教家的公益伦理思想。它以对神性的规定来论证扶危救困、慈善、爱的必然性和普遍性，以对人性的规定来论证扶危救困、慈善、爱的必要性和有用性，在此基础上向人们提出了相应的道德要求。由这些方面所决定，中世纪形成了有其独特性质的公益组织和以教会为中心的公益慈善事业。

（1）上帝的博爱。中世纪宗教认为，论证扶危救困、慈善、爱的必然性和普遍性不能求助于世俗的力量，而且从世俗生活中也找不到令人信服的理由来论证人是非扶危救困、慈善、爱不可的，因为在现实生活中大量存在的是争利于市、争权于朝的现象，随时随地可见的是人与人之间的相互倾轧，于是，它不得不求助于非世俗的力量去寻找似乎可以合理化的理由。

那么，为什么人必须必然而又普遍地具备扶危救困、慈善、爱的美德呢？中世纪宗教家为此作出了如下证明：因为人是上帝所创造的，因此，人必定有着上帝所具有的某些品格，在品德方面也是如此。

那么，上帝具有什么样的品德呢？归结到一点，其核心就是"爱"。可以这样说，基督教是爱的宗教。当然，基督教的"爱"并非儒家的"差等之爱"，也不是墨家的"兼爱"，更不是后来的西方学者所说的那种以"自爱"为中心和出发点的"爱他人"，而是广施于世间万事万物的"博爱"（fraternity）。基督教所宣扬和珍视的"博爱"包括三个方面：一是上帝之爱；二是基督之爱；三是人之爱。这三个方面实则为两方面，即"神"之爱（包括上帝之爱与基督之爱）与人之爱。

上帝之爱表现在以下几个方面：第一，上帝因为爱而创造天地万物和人

---

① 参见［古罗马］西塞罗：《西塞罗三论》，徐奕春译，商务印书馆1987年版，第202—204页。

② 参见秦晖：《政府与企业以外的现代化》，浙江人民出版社1999年版，第109页。

类，赐予人类以肉体和生命。上帝以崇高的、无限的爱创造万事万物；没有上帝的爱就没有一切。第二，上帝因为不忍看到人类所遭受苦难和因人类原罪而来的惩罚，派遣他的儿子耶稣为人类赎罪。《圣经》中写道："神爱世人，甚至将他的独生子赐给他们，叫一切信他的不致灭亡，反得永生。"①这意味着上帝是为了拯救人类而甘愿献出自己的儿子。第三，上帝创造了善。上帝所创造的善，其一就是上帝创造了世间的道德规范。这些道德规范是人得以自由行动的戒律，它使人世间有章可循，从而也就保护了人。其二就是无差别的爱。基督教认为，每个人都是按上帝的样式造的，人的灵魂里有上帝的形象，所以要无差别地爱每一个人，同等地无私地为一切人谋利益，因为上帝是同等地爱一切人的，即"神的恩典是不加区别地赐给全人类的"。② 无差别的爱就是超越国家、民族和血缘的界限的爱。上帝之爱的这些表现并不意味着上帝之爱是外在的，相反，它是内在的。《圣经》中说"神就是爱"③，上帝与爱是不可分离的，上帝是神圣爱欲的典范，上帝是爱的源泉、爱的终点，更是爱的顶点。因此，反过来可以这样说，爱就是上帝本人。既然上帝是如此，那么，作为其创造物的人就应该扶危救困、慈善、同情他人。

（2）救赎精神。基督教所珍视的"博爱"的第二个方面就是基督之爱。基督之爱有两个方面的表现。

第一，基督耶稣为了救赎人类而甘愿自我牺牲。基督教认为，人具有原罪（doctrine of original sin），人无法依靠自己完全解脱原罪，需要有一个中介，那就是基督耶稣。耶稣的自我牺牲是全方位的，最为突出的就是将自己的肉身钉在十字架上。没有基督耶稣的自我牺牲，人类是不可能自行救赎的。基督耶稣对人类的救赎启示人们要救他人于苦难，使人们知晓自我牺牲的道德价值。

第二，基督耶稣给人类明示了救赎自身的道路。《圣经》有大量耶稣劝人行善的说教："耶稣说，你若愿意作完全人，可以变卖你所有的，分给穷

---

① 《圣经·约翰一书》。
② 加尔文：《基督教要义》上册，香港基督教辅侨出版社1955年版，第343页。
③ 《圣经·约翰福音》。

人，就必有财宝在天上。"① "我赐给你们一条命令，乃是叫你们彼此相爱，我怎样爱你们，你们也要怎样相爱。你们若有彼此相爱之心，众人因此就认出你们是我的门徒了。" "你们要彼此相爱，像我爱你们一样，这就是命令。" "我命令你们要彼此相爱，就像我爱你们一样。" "要爱你们的上帝，要爱邻居像爱自己一样。" "无论何人，不要求自己的益处，乃要求别人的益处。"② "你要尽心，尽性，尽意，爱主你的神。这是诫命中的第一，且是最大的。其次也相仿，就是要爱人如己。这两条诫命是律法和先知一切道理的总纲。"③ "爱人如己"是基督徒日常生活的基本准则，它的要求是：人应该自我完善，应该严于律己，宽以待人，应该忍耐、宽恕，要爱仇敌，并从爱仇敌进而反对暴力反抗。只有做到上述要求，才能达到博爱的最高境界——爱人如己。"爱人如己"，这是耶稣的命令。当我们没有把他人的生命看做和我们一样尊贵、一样独立时，我们就会对他人进行专制，就会违犯"不可杀人"的禁令，我们就会得不到救赎。

（3）济世济贫思想。基督教所珍视的"博爱"的第三个方面就是人之爱。基督教首先论证了人之爱的必要性。它认为，人犯有原罪，无法自行解脱罪恶，只有依靠上帝的恩典才能被拯救，获得永生。那么，人怎样才能被拯救呢？基督教认为，这要求人有"善行"（good work）与"善功"（merit），善行即爱上帝和爱人类，善功即为善行的评价和报酬。人因善行而获得善功，从而可以进一步得到上帝的恩典而获得救赎与永生。在中世纪，人们普遍认为，人死后的归宿有天堂、地狱和炼狱，大德之人升天堂，罪恶之人下地狱，而芸芸众生则要在炼狱中经受苦难煎熬，以洗清罪孽，方得解脱，而炼狱的苦期可以通过本人生前的赎罪行为或死后其他人为本人的追悼来缩短，这两者都可以转化为对教会的捐助，由此便产生了中世纪教会慈善基金的最初形式——哥祷堂（Chantry），专门为教徒超脱炼狱苦期而捐献钱财的机构。④ 正是为了使自己不下地狱甚至炼狱，人们就必须有"爱"心。

---

① 《圣经·马太福音》。
② 《圣经·哥林多前书》。
③ 《圣经·马太福音》。
④ 参见秦晖：《政府与企业以外的现代化》，浙江人民出版社1999年版，第121页。

其次，基督教论证了人之爱的来源。在基督教看来，人之爱不是由人自己形成的，而是由上帝赐予的。《圣经》说："神藉着所赐给我们的圣灵，把他的爱浇灌在我们的心里。"① 这种爱的来源规定着人之爱的性质，即人之爱既然如同上帝之爱，那么，它就不是自爱，也不是爱一部分人，而是爱所有的人。

在论证了自己关于人之爱的必要性和来源之后，基督教顺理成章地提出了其济世济贫思想。早期的教会组织者就提出，"贫困"不是罪恶，需求来自于不幸，社会其他成员对于不幸必须承担义务，这种义务不是怜悯，而是正义的行动，是责任。需求者有权利得到帮助，而那些生活较好的人则有义务提供帮助。他们把给予奉为自己的一种责任，代表上帝向受苦难的人进行给予，同时在教会组织内部进行互助。此后，这种社会伦理道德在统治欧洲上千年的基督教教义中随处可见。"假如有人感到饥饿，他就应该得到食品，如果他需要衣服，他就应当有衣服穿，如果他缺少家庭用具，就应该得到家庭用具。应当根据每个人的需求向他提供帮助。"② 《圣经》中处处充满着博爱、施舍、利他、济世等神性谕示和榜样事迹。上帝使耶稣基督降生人世，就是为了宣传"天国"的"福音"，拯民于水火。耶稣在传教的过程中表演了许多奇迹，如使哑巴说话，使人重见光明，使麻风病人痊愈，使死人复活等。耶稣是神的化身，他的降临就是用超越人的力去教导人、拯救人，满足人对于健康、食物以及平安的基本需求。"你们贫穷的人有福了，因为神的国是你们的；你们饥饿的人有福了，因为你们将要饱足；你们哀哭的人有福了，因为你们将要喜笑……当那时，你们要欢喜跳跃，因为你们在天上的赏赐是大的，他们的祖宗待先知也是这样。"③ 在《圣经》中，公益慈善这个概念首先是一个价值观念，和"善"与"恶"的价值判断紧密相连。按照《圣经》所载，依从上帝的旨意救济并照拂他人，特别是贫弱无依的人的行为就被称为"善"，反之就被称为"恶"。在整个《旧约全书》（公元前 11 世纪末）这部希伯来人的历史大全中都有类似"严禁让穷人空

---

① 《圣经·罗马书》。

② 杨桂宏：《中国与欧洲社会保障的起源研究》，中国社会学网，2006 年 10 月 8 日。

③ 《圣经·路加福音》。

手而走"和向不幸者（老、病、残、穷）行善的说教。① 如《圣经·提摩太前书》说："你要嘱咐那些今世富有的人，叫他们不要心高气傲，也不要寄望在浮动的财富上，却要仰望那厚赐百物给我们享用的神。又要嘱咐他们行善，在善事上富足，慷慨好施。"在《圣经·旧约》中，约伯列出了他的善举："穷人求援，我总乐意帮助；孤儿求助，我就伸出援手……我以正义做衣服穿上，公道是我的外袍，我的华冠。我做盲人的眼睛；我做跛子的腿；我做穷人的父亲；我常为陌生人申冤。我摧毁暴者的势力；救援被他们欺压的人。"约伯的形象，便成了基督徒心目中的美德典范，并被视之言行为善者应遵循的金律。比如，18 世纪著名的牧师乔纳森·爱德华兹在《对穷人的慈善责任》中就说："真正的基督徒，绝对要求有这种责任，并按上帝的教诲坚持不懈地履行这种责任……必须对穷人慷慨救助。"②

当然，基督教人之爱的最终指向是上帝。"所谓慈爱，就是对上帝的爱恋。""就上帝能够将他的幸福传递给我们而言，在人与上帝之间无疑存在着某种交往；而在这种交往的基础之上，当然又必定存在着某种友谊。建立于这种交往之上的爱恋就是敬爱，也就是对上帝的爱恋。人对上帝的爱便是人与上帝之间的友谊。"③ 尽管如此，但基督教认为，人类全心全意地爱上帝却是通过爱他人体现出来的。对此，托马斯·阿奎那说得相当清楚："去探望处于困境中的孤儿寡母，作为要求来说是一种宗教行为，作为动机来说，是一种仁慈行为；保持自我不受世俗的污染，作为要求来说，是宗教行为，作为动机来说，是节制行为或某种相同的美德行为。"④ 由此可见，基督教是通过对上帝的信仰，通过自我在世俗生活中的博爱善行而赎罪，获得拯救的。

值得指出的是，基督教并不认为救助贫穷者是其唯一的目的，它本身还包含着深刻的济世思想。这种济世思想不仅表现在它劝导人们行善上，而且还表现在它对物质财富的态度上。第一，基督教并不要求富人抛弃自己的物

① 参见周弘：《福利的解析》，上海远东出版社 1999 年版，第 30 页。
② 李华：《西方社会工作与慈善事业》，互联网，2007 年 5 月 27 日。
③ 刘清平：《上帝没有激情（托马斯·阿奎那论宗教与人生）》，湖北人民出版社 2001 年版，第 165 页。
④ 陆镜生：《中西方慈善思想异同刍议》，《慈善》2001 年第 2 期。

质财富，认为离开了获得永生的目的，单纯的没有物质财富绝不是什么伟大的值得羡慕的事情，并不一定会得到上帝的保佑和钟爱；仅仅是抛弃和贡献财富并不一定道德，有可能是沽名钓誉，也有可能因此变得傲慢自大，也有可能产生后悔而烦恼；只有拥有足够的物质财富才能做基督吩咐我们的事情。物质财富是一件受欢迎的事情，是上帝对我们的赐福，发财是为上帝增添荣耀。第二，基督教要求人们抛弃对财富的贪欲和病态情感，认为财富无所谓善恶，财富既可以服务于公益，也能成为错误的帮手，在乎的是使用财富的灵魂；要以智慧、虔敬和节制来面对财富，抛弃灵魂内的财富，才能成为受主保佑的人；精神上的清净节制是受福的，而物质上的匮乏和贫困则是可怜的；获救靠的是灵魂内的美德而不是身外之物，富裕的人不一定毁灭，身无分文的人也不一定得救。克莱门曾说："他们的获救权利决不会因为先前受到的谴责而失去，而他们也无须抛弃他们的财富或把财富视做于生命有百害而无一利的祸水，但是他们必须学会正确地使用财富并获得永生。"①"五月花"号的清教徒领袖温思罗普（John Winthrop，1588—1649）也说："神创造了富人，不是为了让他们自己享福，而是为了体现造物主的光荣，并为了人类的共同福祉。"②

3. 西方近代公益伦理思想

在文艺复兴运动对基督教进行揭露和批判之后，基督教伦理在现实社会生活中不再占有以前那样的地位，各种新的公益伦理流派随着社会发展和自身逻辑的展开而不断产生出来。这些公益伦理流派虽然各有自己的视角和理论体系，各有对人为什么具有扶危救困、慈善和同情的理论解释，但是，它们都不再用上帝来加以解释，也不再以上帝作为人们扶危救困、慈善和同情的保证，而是从人自身出发来解决这些问题。

（1）情感主义公益伦理思想。情感主义亦称"情感直觉主义"（intuitionism of feeling）或者"道德情感论"（theroy of moral feeling），于17世纪末18世纪初出现于英国，由英国的经验论发展而来。情感主义否认理性在道德中的决定作用，而认为善恶判断源自人性中固有的道德情感，这些

---

① ［古希腊］克莱门：《劝勉希腊人》，王来法译，三联书店2002年版，第175—201页。
② Robert H. Bremmer, *American Philanthropy*, University of Chicago Press, 1988, p. 8.

情感除了自爱，还有仁爱、同情、怜悯、慈善等利他的情感。在情感主义看来，人性中自然而有的仁爱、同情、怜悯等是公益慈善精神和行为的根源。

沙甫慈伯利主张人天生就有一种道德情感，它不是来自人的视听等感官，也不是来自人的理性，而是来自"道德感官"。"道德感官"天生具有辨别善恶的道德感，它决定道德上的善恶。在他看来，人的本性是善的，人生来就有道德感，这是人生而具有的适合于社会群体生活的一种道德品性，这种品性的基本倾向是互助合作的仁爱情感，它同样是人的自然的、天赋的本性，这就开辟了从情感出发解释人为什么具有扶危救困、慈善和同情的新思路。他说："各个人的热情或情感中，对于一种族的同类的利益有一固定的关系。在天然情感、慈爱、对于后裔的热忱、对于幼儿增殖和养育的关切、爱群、同情、互济等情形中已有说明。不会有人否定，人的这种趋于种族或同类的情感，对于他们自己说来，其正当与自然，一如动物或植物体中任何器官、肢体之按照生长的已知的途径和规则的方式而活动。"①

赫起逊继承了沙甫慈伯利的主要观点，强调人的本性是仁爱的，不是自私的，认为人的善行之所以有道德价值就在于它真诚地出于仁爱、人道和同情的目的，而不是出于其他利己的动机。他说："一切事实上是十分有用的行为，假使它们并非出于对他人的和善的用心的话，这也是没有道德之美的。如果一行为出于强烈的仁爱心，那么即使在和善上或促进公共利益上并未达到圆满成功，这也将和出自强烈仁爱心而能获得最大成功的行为一样令人可爱。""凡一切行为被认为出于这样的感情，对某些人为仁爱，同时又不危害于他人，这种行为，在道德上便是善的。"② 而善的价值量大小确定的依据则是"最大多数人的最大幸福"。"德行是善的量与享受的人数的乘积。同样，道德的恶或罪，则视不幸的程度以及受损者之数目而定。所以凡产生最大多数之最大幸福的行为，便是好的行为，反之，便是最坏的行为。"③

休谟继承了沙甫慈伯利和赫起逊的道德情感论，同样认为道德来自于同

---

① 周辅成：《西方伦理学名著选辑》上卷，商务印书馆1964年版，第763页。
② 周辅成：《西方伦理学名著选辑》上卷，商务印书馆1964年版，第801页。
③ 周辅成：《西方伦理学名著选辑》上卷，商务印书馆1964年版，第807页。

情情感，道德是被感觉出来的，而不是被判断出来的。他指出，"看来很显然，在任何情况下，人类行动的最终目的都决不能通过理性来说明，而完全诉诸人类的情感和感情，毫不依赖于智性能力"①，道德不是来自理性，而是来自情感，情感是道德的基础，只有情感才能产生行为。据此，休谟提出了关于人能够产生扶危救困、慈善行为的同情说。休谟认为人的自在的情感中就有同情、怜悯心和爱，人的本性是倾向于快乐的，这些人性中的本来要求就会导致对他人的同情，进而关心整个社会的利益。"人性中任何性质在它的本身和它的结果两方面都最为引人注目的，就是我们所有的同情别人的那种倾向。"②"同情是人性中一个很强有力的原则，……它产生了我们对一切人为的德的道德感。"③ 人都有仁爱的情感，其中那种"社会的德"，如"柔顺、慈善、博爱、慷慨、仁厚、温和、公道"④ 等语调普遍地表达着人类本性所能达到的最高价值。它们之所以是最高价值，是因为"没有什么能比卓越程度的仁爱情感赋予任何一个人类被造物以更多的价值，仁爱情感的价值至少一部分来自其促进人类利益和造福人类社会的趋向。……社会性的德性没有其有益的趋向决不会受到重视，它们也决不能被看做无果实的和无效益的。人类的幸福、社会的秩序、家庭的和睦、朋友间的相互支持，总是被看做这些德性无形地统治人们胸怀的结果。"⑤ 在此基础上，休谟进一步提出了联想主义方法，以解释这种人性中的同情心和慈善的心理道德动机。所谓联想，就是我看到他人的喜悦和痛苦，也就联想到自己遇到他人处境时表现出的情绪，并希望他人幸福和厌恶他人遭难，这种情绪自然而然产生了怜悯关爱等对他人苦难的同情和关切。"爱（或柔情）永远和怜悯混杂在一起。"⑥"慈善（也就是伴随着爱的那种欲望）是对于所爱的人的幸福的一种欲望和对他的苦难的一种厌恶。"⑦"怜悯就与慈善关联，……慈善借

---

① ［英］休谟：《道德原则研究》，曾晓平译，商务印书馆 2001 年版，第 145 页。
② ［英］休谟：《人性论》下册，关文运译，商务印书馆 1980 年版，第 352 页。
③ ［英］休谟：《人性论》下册，关文运译，商务印书馆 1980 年版，第 620 页。
④ ［英］休谟：《人性论》下册，关文运译，商务印书馆 1980 年版，第 620—621 页。
⑤ ［英］休谟：《道德原则研究》，曾晓平译，商务印书馆 2001 年版，第 34 页。
⑥ ［英］休谟：《人性论》下册，关文运译，商务印书馆 1980 年版，第 419 页。
⑦ ［英］休谟：《人性论》下册，关文运译，商务印书馆 1980 年版，第 419—420 页。

一种自然的和原始的性质与爱发生联系。"① 可见，在休谟看来，人对他人的慈善动机和道德感来自于人的天性和天性中既有的同情心、怜悯心和爱等特质，是人的本性中自然地指向他人和自己的幸福，并对他人和自己有用的性质，它是自然美德，并引导人去恶从善。

亚当·斯密同休谟一样也从情感角度来解释人为什么会产生扶危救困、慈善的行为。他把人的情感分为自私情感、非社会情感和社会情感三类，认为社会情感即道德感，是一种特殊的内在的道德意识。这种道德感就是同情。亚当·斯密在其《道德情操论》中继承和发展了休谟的同情说。一方面，亚当·斯密强调："无论人们会认为某人怎样自私，这个人的天赋中总是明显地存在着这样一些本性，这些本性使他关心别人的命运，把别人的幸福看成是自己的事情，虽然他除了看到别人幸福而感到高兴以外，一无所得。这种本性就是怜悯或同情，就是当我们看到或逼真地想象到他人的不幸遭遇时所产生的感情。"② 另一方面，又将他的同情等同于"同感"。他所以要将它们等同，目的在于说明人慈善或者同情行为是如何现实地发生的。他是从经验论出发来加以论证的。在他看来，一个人的行为的发生只能依赖于其亲身感受的想象。他强调，人的感官"决不、也绝不可能超越我们自身所能感受的范围，只有借助想象"，这种想象力"只能告诉我们，如果身临其境的话，我们将会有什么感觉"。③ 可是，这种想象只能是"同感"，因为一个人的情感虽然是在感觉的基础上产生的，但是，"由于我们对别人的感受没有直接经验，所以除了设身处地的想象外，我们无法知道别人的感受"。④ "通过想象，我们设身处地地想到自己忍受着所有同样的痛苦，我们似乎进入了他的躯体，在一定程度上同他像是一个人，因而形成关于他的感觉的某些想法，甚至体会到一些虽然程度较轻，但不是完全不同的感受。"⑤于是，我与我的被同情者就有了相同的感觉，或者说有了"同感"。"同感"产生于个人将自己作为"公正的旁观者"的设身处地的想象，是在经验基础

---

① ［英］休谟：《人性论》下册，关文运译，商务印书馆1980年版，第420页。
② ［英］亚当·斯密：《道德情操论》，蒋自强等译，商务印书馆1997年版，第5页。
③ ［英］亚当·斯密：《道德情操论》，蒋自强等译，商务印书馆1997年版，第6页。
④ ［英］亚当·斯密：《道德情操论》，蒋自强等译，商务印书馆1997年版，第5页。
⑤ ［英］亚当·斯密：《道德情操论》，蒋自强等译，商务印书馆1997年版，第6页。

上产生的一种情感共鸣，它不仅能够起到激发自身行为的作用，而且还可以据此对自身行为和他人行为进行道德评价。当然，亚当·斯密所说的"同感"并不只是对贫穷者产生，也可以与富有者和拥有权势者发生情感共鸣。

尽管休谟和斯密都用同情来解释人的扶危救困或者慈善的行为，但他们都不是绝对的利他主义者，他们认为人的扶危救困或者慈善的行为绝不是无私的行为，休谟认为人的这种行为是对自身快乐或者痛苦的追求或者逃避，或者认为它们对社会有良好的效用，于是，他将道德情感与功利主义联系起来；斯密则从一个人曾经经历过同样遭遇并力图避免同样的遭遇来把握同情，其中就包含着如何减轻自身痛苦的功利要求。

法国的启蒙思想家卢梭的公益伦理思想尽管与英国的道德情感说有所不同，但仍然可以说属于情感主义的范畴。卢梭认为，仁爱情感是从自爱产生的。在卢梭看来，自爱最基本的表现是关心和保存自己的生命。自爱在一定条件下可能变为自私，但是从自爱的情感中也会直接产生出这样的结果：爱保持他的生存的人。也就是说，从自爱感情中可以直接产生出对他人的爱，即仁爱。卢梭认为，仁爱的情感不是天赋的、自然具有的，而是通过各种方法对天性进行改造之后才产生的。这里主要有两个方面：一是社会的利害关系。二是教育和培养过程。从自爱向仁爱情感的转变、发展过程，主要不是靠个人所得到的快乐，而是靠痛苦的体验。首先是心理想到痛苦的人；其次是自己也能感受到他人的痛苦；再次是由痛苦的感觉而产生同情。"即使怜悯心实际上也不过是使我们设身处地与受苦者起共鸣的一种情感"，"正是这种情感使我们不假思索地去援救我们所见到的受苦的人"。① 这就是卢梭提出的形成仁爱情感的三条原理。这三条原理的实质不过就是英国道德情感论的情感共鸣原理的具体化。②

（2）功利主义公益伦理思想。功利主义（utilitarianism）又称"功利论"或"功用主义"，通常指以实际功效或者利益作为道德标准的伦理学

---

① ［法］卢梭：《论人类不平等的起源和基础》，李常山译，红旗出版社1997年版，第88—89页。

② 参见宋希仁：《西方伦理思想史》，中国人民大学出版社2004年版，第268—269页。

说。① 在西方，古希腊德谟克里特、亚里斯提卜和伊壁鸠鲁等所主张的快乐论是功利主义的先驱。作为一种系统学说，功利主义产生于18世纪末19世纪初，其代表人物是英国的边沁和穆勒。功利主义公益伦理思想的一个最根本的特点就是运用所谓的功利原理来阐述人们的公益慈善行为。

边沁以"苦乐原理"作为其伦理理论的基石，确立了苦乐在人的行为中的支配地位。他说："自然把人类置于两位主公——快乐和痛苦——的主宰之下。只有它们才指示我们应当干什么，决定我们将要干什么。是非标准，因果联系，俱由其定夺。凡我们所行、所言、所思，无不由其支配：我们所能做的力图挣脱被支配地位的每项努力，都只会昭示和肯定这一点。"② 这就是说，快乐和痛苦是人的行为应该如何的标准，道德判断的标准应归于人的苦乐感觉。快乐就是善，痛苦便是恶。但快乐和痛苦本身也有量的不同，而且一个行为往往既能带来快乐又会带来痛苦，因此要评价一个行为正当与否及在多大程度上是正当的，就要先分别计算出它所带来的痛苦的量和快乐的量。在苦乐原理的基础上，边沁提出了他的功利原理。他说："功利原理是指这样的原理：它按照看来势必增大或减小利益有关者之幸福的倾向，亦即促进或妨碍此种幸福的倾向，来赞成或非难任何一项行动。"③ 在"功利原理"之后，边沁又提出了"最大幸福"原理或"最大福利"原理，即"所有利益有关的人的最大幸福，是人类行动的正确适当的目的，而且是唯一正确适当并普遍期望的目的，是所有情况下的人类行动、特别是行使政府权力的官员施政执法的唯一正确适当的目的"④。按照边沁的快乐计算方法，一种行为带来的快乐的成分占优势，它就是道德的、善的行为；如果一种行为带来的完全是快乐而没有痛苦，就是最大幸福；大多数人都争得这种最大幸福，也就达到了最大多数人的最大幸福。当然，边沁把"最大多数人的最大幸福"作为最高原理，并不是提倡与利己主义相对立的整体主义或所谓"公益论"，恰恰相反，他仍是把私人利益作为道德的基础的。在边沁看来，社会公共利益其实就是个人利益的总和，只要计算得当，个人利

---

① 参见朱贻庭：《伦理学大辞典》，上海辞书出版社2002年版，第11页。
② ［英］边沁：《道德与立法原理导论》，时殷弘译，商务印书馆2000年版，第58页。
③ ［英］边沁：《道德与立法原理导论》，时殷弘译，商务印书馆2000年版，第59页。
④ ［英］边沁：《道德与立法原理导论》，时殷弘译，商务印书馆2000年版，第58页。

益与社会公共利益总是一致的，总是和最大多数人的最大幸福相一致的。

穆勒继承了边沁的功利原理，但同时又对边沁的理论作了进一步的批评和修正。他提出快乐不仅有量上的区别，也有质上的区别。他说："承认某些种类的快乐比其他种类更惬意并更可贵这个事实是与功利主义十分相符合的。我们估计一切其他一切东西的价值的时候，都把品质与分量同加考虑。"① 穆勒把快乐分为低级和高级两种，低级快乐主要指肉体感官上的满足，高级快乐则是指精神上的追求，主要是理智的、情感的和想象的快乐以及道德情操的快乐。穆勒认为，"做一个不满足的人比做一个满足的猪好；做一个不满足的苏格拉底比做一个傻子好"②，并号召人们为最大多数人的最大幸福而牺牲自己福利，因为这种利他的行为是高级快乐，它是对美德的向往和追求。"美德并不自然是，本来是，目的之一部，但可以变成这样；而且在不计利害地爱好美德的人，美德已经成了目的之一部；他们欲望并珍爱美德，不是因为它是取得幸福的工具，而是因为它是幸福的一部分。"③穆勒认为，人是具有社会感情的动物，人类的社会感情就是"要同人类成为一体的欲望"。④ 这种社会情感有助于人们消除孤独生活的单纯利己本性而增长利他、互助精神，使"别人的利益，在他那方面，成了自然顾到必定顾到的事情，像人类生活的任何物质上需要一样"。⑤ 他说："功用主义的道德观确认人类有为别人福利而牺牲自己的最大福利的能力；不过它不肯承认这种牺牲自身就是福利罢了"⑥，并声明"功用主义所认为行为上是非标准的幸福并不是行为者一己的幸福，乃是一切与这行为有关的人的幸福"。⑦这就是说，穆勒不仅主张个人追求快乐和幸福，同时也强调"最大多数人的最大幸福"和为别人而牺牲个人的幸福，甚至把牺牲自己的福利而获得的高尚道德看做是最高的幸福。不过，他并不赞成所有的自我牺牲，也并不

---

① ［英］约翰·穆勒：《功用主义》，唐钺译，商务印书馆 1957 年版，第 8 页。
② ［英］约翰·穆勒：《功用主义》，唐钺译，商务印书馆 1957 年版，第 10 页。
③ ［英］约翰·穆勒：《功用主义》，唐钺译，商务印书馆 1957 年版，第 39 页。
④ ［英］约翰·穆勒：《功用主义》，唐钺译，商务印书馆 1957 年版，第 33 页。
⑤ ［英］约翰·穆勒：《功用主义》，唐钺译，商务印书馆 1957 年版，第 34 页。
⑥ ［英］约翰·穆勒：《功用主义》，唐钺译，商务印书馆 1957 年版，第 18 页。
⑦ ［英］约翰·穆勒：《功用主义》，唐钺译，商务印书馆 1957 年版，第 18 页。

承认所有的自我牺牲都是好的，认为只有能够给最大多数人带来最大幸福的自我牺牲才是可取的。"不能够增加幸福总量或没有增加这个总量的趋势的牺牲，功用主义的道德观认为是白费。人能够为别人的幸福或别人幸福的某些工具而牺牲（别人指人类全体，或人的集团利益所规定范围内的人），只有这种舍身才可以得到功用道德观的赞美。"①

（3）义务论公益伦理思想。义务论，亦称"道义学"、"本务论"、"道义论"或"非结果论"。在西方伦理学中，指人的行为必须遵照某种道德原则或按照某种正当性去行动的道德理论，它强调道德义务和责任的神圣性以及履行义务和责任的重要性，认为判断人们行为的道德与否，不必看行为的结果，只要看行为是否符合道德规则，动机是否善良，是否出于义务心，等等。在近代，其典型代表是康德的义务论伦理学。康德的义务论伦理学是在直接反对 18 世纪法国唯物主义的经验论、幸福论伦理学的基础上形成的，但是，就其所完成的理论任务来看，其义务论伦理学实际上是对基督教伦理学、情感主义伦理学和法国幸福论伦理学的批判。康德通过这种批判所要达到的目的，就是否定以上帝、感官欲望、幸福和效果等外在因素为出发点的伦理学体系，建立起以他的批判理性主义为基础的义务论伦理学体系，从而在伦理学领域实现了一场"哥白尼式的革命"。

关于人为什么能够扶危救困、慈善和同情这一问题，康德十分不满意甚至根本否定 18 世纪法国幸福论伦理学的理论解释。在他看来，如果从上帝、感官欲望、幸福和效果等外在因素出发来解释人的扶危救困、慈善和同情的行为，不仅不能论证这种行为的必然性和普遍性，而且还会抹杀人的扶危救困、慈善和同情的纯洁性和崇高性。为了论证人的扶危救困、慈善和同情的行为的必然性和普遍有效性，康德的义务论伦理学确立了两个预设前提。其一，康德认为作为道德主体的人并不是一种经验的存在，而是一种抽象的理性存在，道德原则作为一种至高无上的，为理性存在的人所应该绝对遵守的原则不是经验的，而是先验的。这种道德原则的特点不在于其内容，而在于其形式。他说："有两样东西，人们越是经常持久地对之凝神思索，它们就

---

① ［英］约翰·穆勒：《功用主义》，唐钺译，商务印书馆 1957 年版，第 18 页。

越是使内心充满常新而且日增的惊奇和敬畏：我头上的星空和我心中的道德律。"① 其二，康德提出了善良意志的概念。康德认为具有普遍道德的东西，不是来自上帝的意志，也不是来自人的自然本性和世上的权威，它只能是来自人的理性本身的善良意志。他说："在世界之中，一般地，其至在世界之外，除了善良意志，不可能设想一个无条件善的东西。"② 这种善良意志是一切高贵品质的道德价值不可缺少的条件。理解、明智、判断力、才能、勇敢、果断、忍耐等令人称羡的自然禀赋，权力、财富、荣誉、健康、全部生活美好、境遇如意等名为幸福的东西，如果没有一个善良意志去正确地指导和运用它们，它们就可能会成为极大的恶，将会对人非常有害。这就是说，它们都是其本身并非无条件地善的东西，它们会因缺乏善良意志的正确指导而丧失其自身的价值。康德进一步指出："善良意志，并不因它所促成的事物而善，并不因它期望的事物而善，也不因它善于达到预定的目标而善，而仅是由于意愿而善，它是自在的善。"③ 善良意志之所以是自在的善，是因为它本身是与理性结合在一起的，它们是共同构成实践理性的两个方面，是理性本身的善，是遵循普遍法则的善，因而也是具有内在价值的善。由于善良意志是理性的，而且还是普遍有效的，因此，它又是自由的。这就是说，善良意志也就是自由意志。而自由意志则意味着人能够自我立法。于是，善良意志实际上就是理性和自由。它是理性的，意味着扶危救困、慈善和同情是自然的，不受任何人性中的因素所阻碍的；它是自由的，意味着扶危救困、慈善和同情是自愿的，不被任何外在的因素所吸引。

那么，扶危救困、慈善和同情等行为又是如何现实地发生的呢？康德为此而提出了责任的概念。在康德看来，由于善良意志是无条件地善的，是唯一善的，因此，人就会将其视为神圣，并力图实现它。于是，人就有了责任。康德认为，责任概念是善良意志概念的体现，虽然其中夹杂着一些主观限制和障碍，但是，这些限制和障碍远不能把它掩盖起来，使它不能为人所识，相反，通过对比反而使它更加显赫，发射出更加耀眼的光芒。责任之所

① ［德］康德：《实践理性批判》，邓晓芒译，人民出版社 2003 年版，第 220 页。
② ［德］康德：《道德形而上学原理》，苗力田译，上海人民出版社 2005 年版，第 8 页。
③ ［德］康德：《道德形而上学原理》，苗力田译，上海人民出版社 2005 年版，第 9 页。

以能够产生，是因为"责任就是由于尊重（Achtung）规律而产生的行为必要性"。① 或者说，"从对实践规律的纯粹尊重而来的，我的行为的必然性构成了责任，在责任前一切其他动机都黯然失色，因为，它是其价值凌驾于一切之上、自在善良的意志的条件。"② 这就是说，人们扶危救困、慈善和同情或者行善的动力是源于"尊重"的。于是，人的道德行为就应该是出于责任的行为。在康德看来，一个出于责任的行为，意志应该完全摆脱一切所受的影响，摆脱意志的对象，所以，客观上只有规律，主观上只有对这种实践规律的纯粹尊重，也就是准则，才能规定意志，才能使人服从这种规律，抑制自己的全部爱好。相反，那些合于责任的行为，则不是源于"尊重"的，也不具有道德价值。根据其出于责任的行为具有道德价值、合于责任的行为不具有道德价值的观点，康德具体分析了扶危救困、慈善和同情等行为在哪种条件下具有道德价值。他说，尽自己之所能对他人做好事，是每个人的责任。许多人很富于同情心，如果他们全无虚荣和利己的动机，那么，它们就是有道德价值的。相反，如果他们的如此行为只是合乎责任，不论多么值得称赞，它们都不具有真正的道德价值，因为"对他人可嘉的责任，一切人所有的自然目的就是他自己的幸福，虽然除非有意地从这里有所得，就不会有人对他人幸福做有益之事"。③

（4）进化论公益伦理思想。进化论伦理学又称进化主义伦理学（evolutionary ethics），是指用生物进化论的观点解释道德的起源、性质和功能的一种自然主义伦理学，其形成和发展大约可分为两个阶段，以达尔文（Charles Robert Darwin，1809—1882）、斯宾塞（Herbert Spencer，1820—1903）、赫胥黎（Thomas Henry Huxley，1825—1895）三人为代表，是进化论伦理学发展的前期；而以俄国的克鲁泡特金（Kropotkin，1842—1920）等人为代表则是其发展后期。依据进化论原理来解释人的扶危救困、慈善和同

---

① ［德］康德：《道德形而上学原理》，苗力田译，上海人民出版社 2005 年版，第 16 页。

② ［德］康德：《道德形而上学原理》，苗力田译，上海人民出版社 2005 年版，第 19 页。

③ ［德］康德：《道德形而上学原理》，苗力田译，上海人民出版社 2002 年版，第 49 页。

情等行为是进化论公益伦理思想的基本特征。

达尔文提出了动物的合群性与社会本能的观点，认为"动物具有其先天的合群性和社会本能，孤行独居必使动物的进化受到阻碍，甚至濒临灭绝。进化与适应环境的要求使动物产生了群体生活和组成'社会'的本能（如蜜蜂等）。这种合群性和社会本能，使动物、特别是高级动物形成了某种原初的道德感和道德行为，即相互协助、相互同情、自我牺牲的情感和行为"。① 人类是一种高于动物的物种，其合群性和社会本能格外突出和强烈，这是人类道德的本源。"这种同情心，是社会本能的本质部分，也是社会本能的基础。"②

斯宾塞依据进化论原理，详细考察了不同物种与环境之间的关系，认为任何有助于提高物种与环境之间的适应性的行为就是善的行为，进而指出："任何有助于后代或个体保存的行为，我们把它视作相对于物种而言的善的行为，反之否然。"③ 人类具有最佳的环境适应性，它对环境适应的目的性恰恰在于它对自我保存和发展的追求。由此，便产生了适应过程中的人类个体与种族的关系问题。判断人的行为之善恶价值的依据也因此必须建立在它能否对人类个体与种族社会的生存与发展具有适应性这一基础之上。由此可见，斯宾塞最终是根据人的行为与社会环境之间的适应性——利于自我、他人和种族保存与发展这一标准，来确定行为的道德价值的。因此，斯宾塞要求激发道德感、同情感、共同联合感、利他感以至利他主义来适应进化的人类社会。在斯宾塞看来，正义与仁慈在某种意义上是利他主义行为的两种不同层次的具体表现形式。正义作为一种外在的、强制性的和起码的道德要求，其实行有利于人类个体的自由发展和人类共同生活的维持，而仁慈作为个人内在的、自愿的道德要求，其发扬能强化人类的同情感；两者相辅相成，不可偏废。斯宾塞把仁慈分为消极的仁慈和积极的仁慈。前者是指在没有侵犯他人的情况下，不给他人造成直接的或间接的痛苦；后者则指人们不仅能够感受到自己的快乐和痛苦，而且也能够从他人的幸福中感受到幸福，从他人的痛苦中感受到痛苦，包括婚

---

① 万俊人：《现代西方伦理学史》（上），北京大学出版社 1990 年版，第 110 页。
② 周辅成：《西方伦理学名著选辑》下卷，商务印书馆 1987 年版，第 273 页。
③ Herbert Spencer, *Principles of Ethics*, Volume (2), Newyork, 1896, p. 4.

姻中的仁慈、父母的仁慈、子女的仁慈、伤残人的抚恤、对残疾者与危险者的救济、对亲朋好友的自主、对穷人的救济、政治上的仁慈和普遍的仁慈等。

　　赫胥黎认为，人类的道德现象产生于人类社会中的情感进化，主要表现为人类以同情为基础的良心情感，这种情感的升华过程，即是所谓的"伦理过程"。与斯宾塞相似，赫胥黎认为同情和同情感是人类最基本的道德感情之一。不过，在人类同情是如何产生和形成这一问题，赫胥黎提出了自己的看法。他认为人类从"自行其是"的自然状态进入"自我约束"的社会伦理状态的重要条件之一，是人类道德同情感的作用；每一个人身上所重复表现出的与他人行为和情感相似或相关的行动和感情是人类同情感产生的社会心理根源。在赫胥黎看来，随着社会的发展，除了天然的人格以外还建立了一种人为的人格，即"内在人"，即良心；良心就是人类"有组织的人格化了的同情心"。

　　克鲁泡特金从互助这一视角对人的扶危救困、慈善和同情等行为进行了理论论证。他的论证是从对人的理解出发的。他认为，人以及其他动物都有互助和互争两种本能，而不是像社会达尔文主义者所以为的人只有互争本能那样。在这两者之中，互助是最主要且最重要的本能，它"具有压倒一切的影响力量"。① 与此相联系，人类生活中"除了互争的法则以外，还有互助的法则，……比互争的法则更为重要得多"。② 正是互助法则的作用使人们建立了部族、村落公社、行会和中世纪城市等自由联合的组织，推动了人类社会及其制度的不断进化。然而，互助的组织在历史的进程中受到了国家、政府、法律等的侵害和破坏。尽管如此，由于互助是人类社会进化的永恒力量，因而，"互助的倾向终于冲破了国家的无情统治，重又抬起头来，在无数的组合中显示了它的作用"。③ 在克鲁泡特金看来，就人的互助感情或者互助本能的最初根源来说，它可以追溯到动物世界的最低级阶段。社会的道德起源于人类诞生以前的互助本能。互助与爱、同情和自我牺牲是存在着某种联系的概念，可是，它们却有所不同。尽管爱、同情和自我牺牲在人的道德感的逐步进化中起了巨大的作用，但是，道德观念的真正

① ［俄］克鲁泡特金：《互助论》，李平沤译，商务印书馆1963年版，第262页。
② ［俄］克鲁泡特金：《互助论》，李平沤译，商务印书馆1963年版，第9页。
③ ［俄］克鲁泡特金：《互助论》，李平沤译，商务印书馆1963年版，第261页。

基础既不是爱，也不是同情，而是互助本能，是人类休戚与共的良知。正因为如此，个人与个人之间的互助互援就总是在起着作用并不断得到扩展，"人类愈来愈有力地完全抛弃了报复的观念，即'应得的报应'——以善报善、以恶报恶的观念。'勿冤冤相报'和对邻人要厚施薄取这种更崇高的观念，被看做是真正的道德原则"。① 克鲁泡特金指出，人与人之间的互助互援的程度是在不断地进化与提高的，发展到他所处的那个社会，互助互援的情形则随处可见。一方面，在整个社会里成立了为着各种目的的友谊团体、秘密互济社团、乡村和城镇的医疗互助会、制衣和殡葬互助会，在英国的"救生船会"里，船员们都是志愿的，他们有着为了抢救素不相识的人而准备牺牲自己生命的精神；另一方面，由个人的仁慈情感、同情所产生的互助行为普遍地存在，个人之间实行着广泛的互助，他们教育和保护小孩，不要丝毫报酬地照护生病的邻居和正在上班的母亲的孩子，抚养孤儿，对于处境危难的人予以救助，互相借用各种家用器具。

　　近代的进化论公益伦理思想对现代西方公益伦理思想产生了深远的影响。依据进化论伦理学关于慈善、同情的观念，以费边社会主义学派②为代

---

① ［俄］克鲁泡特金：《互助论》，李平沤译，商务印书馆 1963 年版，第 265 页。

② 费边社会主义是 19 世纪末 20 世纪初资本主义开始从自由竞争向垄断过渡时期的阶级矛盾急剧尖锐化的产物，它试图用温和的、渐进的改良政策实现它所向往的"社会主义"。其价值观念是英国在第二次世界大战后实施"普遍福利"政策的理论基础。费边社会主义是在"费边社"的基础上形成的一种社会思潮。"费边社"是英国社会主义运动中心以研究和教育宣传为主要目的的组织，成立于 1884 年，其成员包括一批关心社会问题的中产阶级知识分子，如著名的文学家伯纳德·萧伯纳、社会理论家悉德尼·韦伯和比阿特丽丝·韦伯夫妇等。他们以古罗马名将费边作为学社名称的来源，意即师法费边有名的渐进求胜的策略。公元前 217 年，费边接替前任败将的职务，迎战迦太基的世纪名将汉尼拔。费边采取了避其锋芒，改用迅速、小规模进攻的策略，从而达到既避免失败又打击对方的目的。经过八年的苦战，费边终于击败了汉尼拔。从此费边主义成为缓步前进、谋后而动的代名词。费边社会主义的价值观念总的来说是一种集体主义价值观，这种学说是建构在对国家的高度信任的基础上。其基本信念认为由资本主义到社会主义的实现，是一个渐进而必然的转变过程。他们看到英国民主宪政的扩展以及劳工组织的发达，足以促成必要的社会改革，因此排斥马克思阶级斗争及激烈革命的观点，改采民主温和的方式，企图以国家作为推动改革的工具，主张废除土地私有制、实行工业国有化，以及由国家实现各种社会福利。其社会改良思想包括：国家是个理想的、为社会服务的工具；社会仅靠市场力量进行分配是不够的，政府的任务是调整市场制度造成的不公正，以一种集体的精神关心社会的福利和平等。费边社认为社会主义是"国家社会主义"，它是"医治有缺陷的工业组织和极端恶劣的财富分配办法所引起的疾病的良药"。费边社会主

表的西方学者提出了一套以解决贫困问题为核心的公益福利理论，提出了解决贫穷问题、保证社会有机体健康发展的社会哲学，指出了以贫穷为核心的社会问题是社会的病态，须加以治疗和解决；他们认为平等和协作不仅合乎人道主义精神，而且是保持社会有机体凝聚性和进步的基本前提；① 同时进一步提出了社会效率概念，效率的保持与提高在于个人与社会之间要有一个合适的协调关系，这种关系的要点在于人们组成社会后，必须自觉或不自觉地以社会的延续存在为目标。如果人们以追逐个人利益为最高目标，那么，它将随时与社会利益发生冲突，相反，如果人们的努力增进了社会的利益，则会反过来增进个人的利益。因此，两者的关系应以整体为重，社会有机体的存在和发展是个人获得自由和利益的先决条件。②

（5）空想社会主义公益伦理思想。从历史上看，近代以来西方社会公益事业的形成与发展也与整个资本主义发展过程中的空想社会主义思潮有着密切的联系。

早期空想社会主义主要以英国的托马斯·莫尔（Thomas More，1478—1535）、德国的托马斯·闵采尔（Thomas Mintzer，1489—1525）和意大利的康帕内拉（Tommaso Campanella，1568—1639）三位为代表。在 19 世纪初，空想社会主义学说发展到了高级阶段，主要代表人物有法国的圣西门

义有三个基本的价值理念即平等、自由和互相关怀，平等有利于社会的整合，自由可以使公民实现自己的生活价值和目标，互相关怀能够弘扬利他主义，促进社会和谐。费边社会主义的三个基本价值理念表现出强烈的集体主义倾向，其主要观点：一是从社会有机体的理论出发，认为社会中的人应在平等的基础上保持协作关系，贫富收入不宜过分悬殊，强调要提高国民素质必须保证国民基本生活标准；二是从平等、自由、民主、协作与人道主义的社会价值观推论出每个公民都应该享受最基本的文明生活，摆脱贫困，过上具有人的尊严的生活是每个人的权利；三是认为政府是一种理想的可用来为社会服务的工具，政府有责任和义务组织各种社会服务，采取各种手段改善国民的社会福利。费边社会主义者由此提出了对现代社会保障制度有着重要影响的主张，如国家最低生活标准、资源的社会管理、以累进税缩小贫富差别、整顿教育等，这些措施在费边社的努力下，通过一个一个的法案落实到国家立法中。费边主义者还参与协助了英国工党的成立，并成为工党中颇具影响力的会员，为后来英国工党的社会政策产生了直接而深刻的影响。［参见徐丙奎：《西方社会保障三大理论流派述评》，《华东理工大学学报》（社会科学版）2006 年第 3 期。］

① J. M. Winter & D. M. Teslin, *R. H. Talwney's Commonplace Book*, Cambridge University Press, 1972, pp. 12 - 13.

② ［英］肖伯纳等：《费边论丛》，袁绩藩等译，三联书店 1958 年版，第 115—116 页。

（Saint-Simon，1760—1825）、傅立叶（Fourier，1772—1837）和英国的罗伯特·欧文（Robert Owen，1771—1858）等。他们共同的社会理想是建设一个没有剥削、没有压迫、没有穷人、财产公有、人民平等互助、安居乐业、丰衣足食的理想社会。在《乌托邦》中，莫尔写道："我深信，只有完全废除私有制度，财富才可以得到平均公正的分配，人类才能有福利。如果私有制度仍然保留下来，那末，大多数人类并且是最优秀的人类，会永远被压在痛苦难逃的悲惨重负下。"① 而在乌托邦里，私有制根本不存在，大家都热心公事，这里的一切归全民享有，从来也没有人怀疑任何私人会缺乏什么必需的东西，所要留心的只是把公家的仓库充实起来。没有物资分配不平衡的现象，没有穷人，没有乞丐，虽然每个人一无所有，大家却都很富足。人们生活安静，无忧无虑，不用为吃穿操心。这里听不到妻儿号寒啼饥的声音，有衣有食，安居乐业，这是每个人对自己，对他的妻室，对他的子子孙孙，可以放得下心的。② 康帕内拉在《太阳城》中说道，在太阳城的公社制度下，"人民都是富人，但同时又是穷人；他们都是富人，因为大家公有一切；他们都是穷人，因为每个人都没有私有财产；他们使用一切财富，但又不为自己的财富所奴役"。③ 圣西门在对资本主义制度进行揭露和批判的基础上，设计出一个未来的理想社会——实业制度。他指出："在新的政治制度下，社会组织的唯一而长远的目的，应当是尽善尽美地运用科学、艺术和工艺的现有知识来满足人们的需要"④，并特别强调社会组织的目的应当是满足人数最多的最贫穷的阶级的物质生活和精神生活的需要。他说："人们应当把自己的社会组织得尽量有益于最大多数的人；人们应当把在最短时间内用最圆满的方式改善人数最多阶级的精神和物质的状况事业，作为自己的一切劳动和一切活动的目的。……要把自己的社会建设得可以保证最穷苦阶级的身心生活得到最迅速和最圆满的改善"⑤，"促使无产者的福利提高"。

① ［英］托马斯·莫尔：《乌托邦》，戴镏龄译，上海三联书店 1956 年版，第 56 页。
② 参见牧邬：《欧洲历史上的空想社会主义者》，黑龙江人民出版社 1984 年版，第 14 页。
③ ［意］康帕内拉：《太阳城》，陈大维等译，商务印书馆 1960 年版，第 89 页。
④ 《圣西门选集》第 1 卷，商务印书馆 1979 年版，第 251 页。
⑤ 《圣西门选集》下卷，商务印书馆 1962 年版，第 226 页。

傅立叶在对资本主义制度进行批判的基础上，提出了他所理想的未来的社会制度方案。他称之为"协作制度"，又叫"和谐制度"。他认为按照社会发展规律，资本主义文明必将被和谐制度取代；个人的幸福和一切人的幸福达到一致；人们自由沉浸在自己的情欲和爱好之中。欧文在揭露和批判资本主义制度、积极主张和实践社会改革的过程中，也设想和制定了一个未来理想的社会模式——合作公社。在这个新的社会制度下，实现了生产资料公有制，消灭了阶级差别和剥削，共同劳动，人人在权利和义务上都是平等的，以公社为基层组织实现产品按需要分配的原则。① 欧文主张财富和飞速发展的社会生产力不应仅仅是使少数人发财而使大众受奴役，作为大家共同的财产只应当为社会大众的公共利益服务，提出消灭私有制，过渡到共产主义，等等。欧文在其思想发展的过程中，也逐步使自己从慈善家变成了共产主义者。

"本来意义的社会主义和共产主义的体系，圣西门、傅立叶、欧文等人的体系，是在无产阶级和资产阶级之间的斗争还不发展的最初时期出现的。"② 空想共产主义只是一种美好的空想，代表的是当时不成熟无产者的阶级意识，在当时的历史条件下是不可能实现的，"为了建造这一切空中楼阁，他们就不得不呼吁资产阶级发善心和慷慨解囊"。③ 尽管如此，但在一定的意义上说，它们较为真实全面系统地展现了近代西方社会公益精神的思想之光，成为近现代社会公益制度重要的思想来源，在公益伦理思想发展历史上具有崇高的地位，深刻地影响了后世社会公益理论的形成；作为一种理想，充满了人文关切和社会公益意识，他们积极主张从人道主义立场出发来设计未来理想的社会模式，从而唤起了人民为争取自由和民主而斗争的精神，推动了近代西方社会的改革，对积极促进、建立、健全近现代社会公益制度具有极其深刻的意义。

4. 西方现代公益伦理思想

在现代西方，市场经济的发展加剧了人与人之间的贫富差距，需要得到

---

① 参见牧邻：《欧洲历史上的空想社会主义者》，黑龙江人民出版社1984年版，第136页。
② 《马克思恩格斯选集》第1卷，人民出版社1995年版，第301页。
③ 《马克思恩格斯选集》第1卷，人民出版社1995年版，第305页。

救助的人越来越多，加之那些贫穷者出于自尊而不愿直接接受他人的捐赠或者救济，于是，其公益事业出现了新的情况。这种新情况的主要表现，一是在形式方面由捐献者对贫困者的直接救助变成了通过一定公益组织来间接实施救济，二是在实施救济的主角方面由个人变成了政府。这种变化使西方国家中那些处境贫困或者面临贫困威胁的公民对政府抱有深深的期待，希望政府为他们提供"从摇篮到墓地"的全面性的公益服务。这种新情况决定了现代西方公益伦理思想必须解决个人自由与国家干预、效率与公平的关系问题，事实上，现代西方主要的公益伦理思想都是对于这一问题的不同解答。

（1）自由主义公益伦理思想。自由主义是西方社会中一种主要的理论流派，它在近代就已经出现，其发展经历了古典自由主义和新自由主义两个阶段，其中，新自由主义又可以分为左派和右派。

古典自由主义产生于18—19世纪，其代表人物有约翰·洛克、孟德斯鸠、亚当·斯密、边沁、穆勒、卢梭、大卫·李嘉图和潘恩，他们强调个人自由和"天赋人权"，维护个性发展，限制政府权力，主张国家的一切政治、经济和社会生活都要以维护个人的自由为目的，认为人的自由是不可侵犯的，强调国家对个人自由的保护，主张自由竞争，强调国家不应干预经济和社会生活，国家和政府应对经济和社会生活采取"放任主义"和"不干涉原则"。在公益事业方面，认为对贫困者的救济是个人自己的私事，国家应该保持中立，不应该强制个人从事公益事业；同时，它又反对国家的公益慈善事业，全面否定国家的普遍福利政策。正因为如此，当时英国政府所颁布的《济贫法》遭到了自由主义者的一致反对。如马尔萨斯对《济贫法》的攻击就获得了他们的广泛支持。马尔萨斯认为，贫民有他们自身贫困的原因，救济的手段不在别人手里而在他们自己手里，政府对此无能为力。于是，马尔萨斯"本人毫不怀疑，如果济贫法从来就不曾存在过，虽然也许会出现更多严重的贫穷状况，但普通人将肯定比现在幸福得多"。① 当然，这并不说古典自由主义者绝不对贫穷者抱有任何程度的同情心，相反，他们也要求改善下层贫民的生活现状，并且认为一个让大部分成员陷入贫困悲惨

---

① Eric Hopkins, *Asocial History of the English Working Class 1815 - 1945*, London, 1979, pp. 88 - 89.

状态的社会，绝不是一个繁荣幸福的社会。

　　新自由主义是在 20 世纪 60 年代凯恩斯主义①遭到怀疑和批判时出现的，其代表人物主要有经济学家哈耶克（Hayek，F. A.）、弗里德曼（Friedman，M.）及其信徒什尔顿、波韦尔、鲍森、桑普森、哈里斯和约瑟夫等，伦理学家罗尔斯和诺齐克等。该流派提出了自己关于社会公益事业和社会福利发展的诸多观念。新自由主义在经济政策上，进一步倡导市场经济及自由竞争，反对国家对经济和社会生活的干预，认为自由是个人不可侵犯的权利；在国家公益福利实施方案上，强调个人自由，推崇自发秩序（spontaneous order），强调以市场自由经济为主导，反对再分配的社会政策，认为政府强迫一些人把收入分给另一些人是对前者的不平等对待，主张放弃国家干预，因而新自由主义成为福利国家紧缩的积极倡导者，主张把对穷人的救济看做是个人的事而不是政府的责任，"旨在帮助较不幸的人的私人慈善行为"被"看做为正确使用自由的一个例子"。② 在新自由主义看来，已经建立起来的福利国家，不论是在理论上还是在实践上都是不可接受的，应当返回到剩余福利国家模式（residual welfare state）。所谓剩余福利国家模式，是指在福利提供方面，国家扮演的是"剩余"的角色，家庭和自由竞争的市场是两个主要的在社会中自然形成的提供福利的渠道，个人的需要可以通过它们得到满足，只有当这两个渠道无法发挥自己的作用，或是某些福利需要不能从这两个渠道得到满足的时候，国家的社会福利服务才应介入提供福利的运作，并且这一介入也应该是暂时的。在这种模式下，市场规则起

---

　　① 凯恩斯主义经济学最早对社会保障制度进行了实证分析和推理。在《就业、利息和货币通论》（1936 年）一书中，凯恩斯提出了有效需求不足理论以及相应的国家干预经济的思想。根据凯恩斯主义的有效需求理论，国家应该采取主动措施，甚至通过赤字财政政策，大幅度提高生活福利，包括提高工资标准和扩大社会福利，即采取"普遍福利"政策，抑制经济危机。这就是英国等西方国家把凯恩斯主义作为执行"普遍福利"政策的理论基础的主要原因。在 20 世纪 70 年代以前，凯恩斯主义经济学控制着整个经济学领域，支配着英国等大多数资本主义国家经济政策的制定过程。但是，70 年代之后石油危机所引发的西方发达国家的普遍性的经济滞胀困境又打破了这一新教条。随之，福利国家的社会保障体系不约而同地走上了调整改革之路。（参见刘波、周敏凯：《战后英国社会保障思想的变迁》，《当代世界社会主义问题》2005 年第 1 期。）

　　② ［美］米尔顿·弗里德曼：《资本主义与自由》，张玉瑞译，商务印书馆 2001 年版，第 188 页。

主要作用，家庭与志愿组织也扮演一个更主动的角色，只有这样才能保证个人自由与经济繁荣。

在新自由主义看来，福利国家是由善意的和富有同情心的人创造的，或者说，"福利国家是由好心的但误入歧途的改革者创造的，他们利用了无知的公众的愿望"。①福利国家从经济上和政治上都是难以接受的。经济上，基于高税率的税收政策降低了人们的工作、储蓄和投资的积极性，从而出现了经济上的低效率；"充分就业"政策减少了私营部门的劳动力的供应，使经济发展缺乏弹性；国有化使服务垄断，缺乏竞争；全面福利摧毁了个人自我照顾的能力，增加了个人的依赖性。"（福利）国家是一个邪恶的国家，它为其公民做了他们自己能做的事；这种福利国家废除了其人民的所有选择和职责，使他们像吵吵嚷嚷的母鸡，将产生不负责任的社会。在这样一个社会中，无人忧虑、无人节俭、无人操心。当国家殚精竭虑从积极、成功和节俭的人那里拿钱来给懒惰、不成功和不负责的人时，他们又会怎么样呢？"②

新自由主义认为，政府对社会福利和公益事业的干预更会导致个人自由的丧失，"真正决定人们得到什么东西的，已不再是自由的竞争性试验，而是权力机关所做的决策"。③ 政府不再运用它所控制的有限资源提供某种特定服务，而是运用自己的强制性权力迫使人们得到权威人士认为他们所需求的东西，于是，个人的自由受到了严重威胁。哈耶克特别强调，福利国家完全忽视了自由社会是市场经济中建立"自发秩序"的必要条件，因为福利国家是一种人为设计而不是单纯的人类行为，政府对社会经济生活的干预违背了人类行为的自然倾向。任何人为的财富分配要求都会导致社会失去前进的动力。平等只能是机会平等，而非财富分配上的平等。任何缩小贫富差距的分配正义主张，都会对个人自由造成极大的危害。哈耶克坚决反对将收入再分配作为社会公益福利事业及其政策的目标。他指出："国家试图以它认为适量的比例和方式分配收入，实现一种公平的分配，实际上是追求旧的社

---

①　V. George, P. Wilding, *Ideology and Social Welfare*, London, 1985, pp. 3 – 6.

②　R. Boyson, *Down with the Poor*, London, 1971, p. 9.

③　［英］哈耶克：《自由秩序原理》（下），邓正来译，三联书店 1997 年版，第 13 页。

会主义的新方法。"① "这种特权以牺牲他人利益为条件，因而就必然会减少别人的保障"②；"如果人们在过于绝对的意义上理解保障的话，普遍追求的保障，不但不能增加自由，反而构成了对自由的最严重的威胁"③。弗里德曼认为，个人的福利应通过市场购买来实现，个人的生活满足感或幸福也只有从市场的交换中才能得以改善，国家福利应是一种以非再分配形式体现的"公共利益"。④

在新自由主义理论家看来，自由以及个人主义会导致在社会中存在一定程度的不平等，但自由与平等之间是矛盾的，要自由就会牺牲平等。⑤ 新自由主义者推崇"机会平等"，反对"结果平等"，认为后者违反了人类的天性，将导致更大的不平等。哈耶克认为，经济保障非常重要，但经济保障不应是保障财产上的绝对平等，而是确保每个人在市场竞争和其他场合都享有同样大小的参与机会、获胜机会和被挑选机会。艾哈德认为，如果人一生下来所有一切都由国家包下来而无须冒任何风险，则他的智慧、才能和创业精神就得不到充分发展，他的经济自由就得不到体现，国民经济发展的内在动力就会受到损害，最终将使社会陷入整体贫困的状态。弗里德曼指出，平等的主要含义应是"机会均等"，即"出身、民族、肤色、信仰、性别或其他无关的特性都不决定对一个人开放的机会，只有他的才能决定他所得到的机会"。⑥ 在他看来，"机会均等"构成了自由的重要组成部分，"它为今日的落伍者保留明日变成特权者的机会"，成为了国家、经济和社会发展的不竭动力，"使从上到下的几乎每个人都享有更为圆满和富裕的生活"⑦。相对而

---

① ［英］哈耶克：《自由秩序原理》（下），邓正来译，三联书店1997年版，第49页。

② ［英］哈耶克：《通往奴役之路》，王明毅等译，中国社会科学出版社1997年版，第116页。

③ ［英］哈耶克：《通往奴役之路》，王明毅等译，中国社会科学出版社1997年版，第120页。

④ 参见［美］米尔顿·弗里德曼、罗斯·弗里德曼：《自由选择》，胡骑等译，商务印书馆1982年版，第86页。

⑤ See R. Mishra, *The Welfare State in Crisis*, Hemel Hempstead, 1984, pp. 26-64.

⑥ ［美］米尔顿·弗里德曼、罗斯·弗里德曼：《自由选择》，胡骑等译，商务印书馆1982年版，第130页。

⑦ ［美］米尔顿·弗里德曼、罗斯·弗里德曼：《自由选择》，胡骑等译，商务印书馆1982年版，第131页。

言，"结果平等"显然是与自由相抵触的，将会"削弱家庭，降低人们对工作、储蓄和革新的兴趣，减少资本的积累，限制我们的自由"①。他最后指出，"一个社会把不平等——即所谓结果平等——放在自由之上，其结果是既得不到平等，也得不到自由。"②

新自由主义理论家希望通过市场经济促进经济增长和国民财富的增加，以阻止极端的财富和收入的不平等。他们认为，有效的市场体系无须国家干预，个人和社会能够并且应该提供私人福利和公益服务，并为之提供财政资助。他们主张对国家福利供应进行激进改革，尤其是减少政府的社会服务范围，减少国家财政补贴水平，主张由地方而不是中央控制福利和公益事业，实现福利和公益服务的私有化。③

当然，新自由主义阵营并不是铁板一块，在面对现代国家必须具有为了公益福利而筹集与分配资源的重要功能时，其内部在对待公益的立场上发生了分化，比如新自由主义内的极端派就反对温和的自由主义者罗尔斯关于公平正义的立场。相比较而言，罗尔斯的公益福利理论更加强调社会的公平，暗示政府对社会公益福利的积极干预。罗尔斯主张从平等的权利出发，通过"原初状态"下的理性人自主选择"公平正义的两个原则"来取代功利主义，认为除非有充足理由证明应当不平等，否则就应当平等，政府应该根据他的两条正义原则来分配公共资源和自由体系，即公平分配职务、机会、天赋、荣誉、安全、人生行动自由、思想自由和良心自由等。罗尔斯认为政府可以实现社会资源的转让，保障社会的基本福利，为公共利益提供资金并且满足保护弱者所需要的资源。罗尔斯的意图在于通过公共理性和公共权力来干预财产的分配和再分配，以减轻由自然和社会的"偶然性"所造成的贫富差距，以期达到社会的公正与善。哈耶克虽然倾向于极端自由主义，但他对政府应该怎样对待公益却有自己的独特观点。哈耶克认为，福利国家是

① ［美］米尔顿·弗里德曼、罗斯·弗里德曼：《自由选择》，胡骑等译，商务印书馆1982年版，第135页。

② ［美］米尔顿·弗里德曼、罗斯·弗里德曼：《自由选择》，胡骑等译，商务印书馆1982年版，第152页。

③ 参见刘波、周敏凯：《战后英国社会保障思想的变迁》，《当代世界社会主义问题》2005年第1期。

由许多不尽相同甚至相互冲突的要素混合而成的，一些要素使自由社会更具吸引力，另一些要素则对自由社会构成潜在威胁。在福利国家的诸多目标中，有些目标的实现无损于个人自由，有些目标虽无损于个人自由，但要以人们付出极大代价为前提方可实现。他由此而推出，政府对贫困者、时运不济者和残疾者进行救济，传播健康卫生知识，为满足公众娱乐需要而提供设施等纯粹服务性活动显然是必要的，它也不会限制个人自由。随着社会日趋富有，为无力自养者提供的最低生计标准及服务水平也应随之提高。

（2）社群主义公益伦理思想。社群主义（communitarianism），亦称共同体主义，它是在批评新自由主义的过程中逐渐形成的，其代表人物有桑德尔、麦金太尔、泰勒、沃尔泽等人，他们提出一种不同于新自由主义的公益伦理。

社群主义和新自由主义都从个人与社群的关系来建立其整个理论体系。在新自由主义看来，个人先天地拥有一个超验的自我，个人的属性不为其所处的社群决定，相反，个人的自由选择最终决定社群的状态。社群主义者坚决反对新自由主义的上述个人社群关系观，他们认为，社会关系决定着个人，因此个人组成社群，是社群的一个部分。个人主义者也没有看到，社群未必是自愿的，社会关系决定自我也未必是可以选择的。从这个意义上说，个人主义的自我观念是彻底错误的。桑德尔指出，任何个人都不能脱离社群，个人的认同和属性是由他所在的那个社群决定的，因此，个人是社会的产物。个人不能自发地选择自我，而只能发现自我。是社群决定了"我是谁"，而不是我选择了"我是谁"。如果我们想理解人是谁，我们必须考察人的目的和价值，而要考察人的目的和价值，我们又必须考察社群的历史文化背景。麦金太尔认为，人们的道德价值是历史地遗留下来的，只有理解个人所处的社群的历史传统和社会文化环境，才能解释个人所拥有的价值与目的，而罗尔斯等新自由主义者却把个人与社群分离开来，即把个人从其生活和思考的文化环境和社会环境中抽象出来，这样的个人——社群关系是虚假的。[①] 查理斯·泰勒把 17 世纪至今所有基于契约论之上的自由主义和从个

---

① 参见俞可平：《从权利政治学到公益政治学：新自由主义之后的社群主义》，载刘军宁等编：《自由与社群》，三联书店 1998 年版。

人主义出发的功利主义都称为"原子主义"（atomism）。他认为，原子主义的主要特征是极端的个人主义，过分强调个人及个人权利对社会的优先性，而把社会只当做是实现个人目的的工具。泰勒指出，个人作为一个自主的主体，只有在社群中才能发展起来。社群构成了一种共同的文化，这种文化是道德自主的前提条件，即是形成独立的道德信仰的关系。只能在某种特定的社会文化形态中，个人才有可能形成其自我认同。个人的自主性，必须以其所在的社会文化形态为前提，离开了社群，不仅个人的道德、理性和能力就无从谈起，就是个人的自主性也无从谈起。根据这样的逻辑，泰勒得出结论说，新自由主义关于个人权利优先于社群的观点便不攻自破了。[1]

社群主义认为，个人利益和公共利益是统一的，个人利益之中包含着公共利益，公共利益之中也蕴涵着个人利益。社群具有很大的包容性，它包含了人与人之间的情感、信仰、政治归属等，社群中的每个人都应当努力追求美德，在追求美德的过程中实现一种善良的生活。个人生活在社群之中，社群给予个人共同的目的和价值。因此，个人的善势必与社群的善结合在一起，真正的善就是个人之善与社群之善的有机结合。用麦金太尔的话来说，作为个人的自我的善和社群中其他同胞的善是同一的，我追求我的利益绝不会与他追求他的利益相冲突。因为我们追求的是共同的善，它不是私人财产，不为你或我所特有，而是我们共同地拥有。社群主义用这种共同的善来界定社群的生活方式，认为人们的共同目的规定了社群的生活方式，社群的生活方式决定了公众关于善的概念，并使公众的偏好倾向于共同的善。

那么，为什么贫困者能够成为慈善的对象、有资格接受社群给予的福利呢？在社群主义看来，那是因为个人是社群的一员，个人作为社群一部分是与社群具有同一性的，社群的善得到了实现，个人的善也应该得到相应的满足，或者说，社群有责任帮助贫困者摆脱困境，有资格享受社群提供的福利。当然，贫困者受到社群救济的前提是他必须是某一社群的成员，如果他不具有某一社群的成员资格，即使他再贫困，他也无权享受该社群的救济。在沃尔泽看来，社会生活的多样性决定了某一社群的分配需要有多种标准，

---

① See Taylor, Charles, *Philosophy and the Human Science*: *Philosophical Papers II*. Cambridge: Cambridge University Press, 1985, pp. 187－210.

这样的分配标准就是自由交换、应得和需要。虽然它们在同一社群中共同发挥作用，但是，它们又各有自己的分配领域，相互不能跨越，更不能以一个分配标准替代其他的标准。沃尔泽认为，需要这一分配标准应该被限定在"一个特殊的分配领域，其中需要本身就是正当的分配原则。在一个贫困的社会里，相当大部分的社会财富将被划入这个领域。……在需要领域中……所需的物品根据人们的所需情况而分配给他们"①。物品的分配离不开需要标准，而需要则意味着慈善和国家福利。慈善是私人的行为，它被看做是除国家福利之外的主要补充和救助穷人的一个主要来源。而国家福利则通常采取失业救济金形式，如定期分发食品，不定期地分发衣物，向病人、无依靠者、寡妇和孤儿等提供特殊的资源。除此之外，国家福利还可以采取其他形式，如共同体可以为穷人组织慈善学校，穷苦孩子们的学费由公众承担，有或多或少的公共补助金，禁止向所有儿童收取任何其他费用，为穷人提供法律援助和医疗保健费用。

（3）"第三条道路"的公益伦理思想。"第三条道路"的公益伦理思想是一种既不强调国家应该承担对救助穷困者的全部责任，又不主张国家完全放弃这种责任的公益伦理流派，因此，它又可以被称为"中间道路"理论。该理论流派对福利国家持一种挑剔的接受态度，他们认为虽然国家应对福利负主要责任，但是，对于国家如何干预福利、干预到何种程度、国家干预社会生活的范围与基本途径等基本问题却有待界定。他们强调一个社会必须达到两个最基本的平衡，其一是市场自由与国家干预之间的平衡，其二是对个人价值的重视与对集体价值的重视之间的平衡和整合，任何偏向于其中一方的伦理思想或者道德原则都是不合理的，也是不可取的，适合社会需要的应当是介于二者之间的更加温和的政策。1938 年英国前首相麦克米兰（Macmillan，H.）出版了《中间道路》（*The Middle Way*）一书，他在该书中提出，走中间道路就是要对资本主义进行调节，这种受到调节的资本主义（managed capitalism）不仅能使经济得到发展，还将为人民提供一定的社会福利。凯恩斯（Keynes，J. M.）、贝弗里奇（Beveridge，W.）、马歇尔

---

① ［美］迈克尔·沃尔泽：《正义诸领域：为多元主义与平等一辩》，褚松燕译，译林出版社 2002 年版，第 31 页。

（Marshall，T. H.）等人与麦克米兰在福利问题上的看法相似或相近，他们认为在分配资源、促进经济成长和保证个人自由等方面，市场都是最好的机制；但是，市场机制确实也引发和加深了一些社会问题，需要控制和矫正。他们不同意完全的自由放任，不同意自由主义的福利观，要求公平，但并不要求均等。提出"第三条道路"概念的理论家吉登斯主张跨越国家福利政策上的左派与右派，兼收并蓄左派和右派的社会福利政策，并立志在欧洲传统的福利国家和新右派的竞争资本主义之间走"中间道路"，为此，他提出了一系列福利改革的新思路、新观念。

"第三条道路"理论的一个显著特点就是强调责任的平衡。他们认为，责任是健全社会的基石。社会行动的目的不是要用社会或国家的行为代替个人责任，而是通过改善社会来促进公民个人自我完善的实现。与此相应，作为个人，所有的人都要积极回报社会的关爱，为社会和他人承担义务，真正实现基于现代意义的社会公正——"有予有取"，即机会、权利共享，风险、义务共担。① 吉登斯提出了"无责任即无权利"的思想，这种思想提倡公民在普遍享有社会保障权利的同时，也应当普遍承担起社会保障制度的缴费等义务。② 他们吸收了自由主义公益伦理思想中"自助助人"的积极因素，强调把利他性的助人过程与使人通过帮助而获得自立的能力结合起来，其结果不仅是对个人应付困难和生活危机的能力以及生活信心的培养与提升，而且也可以使人树立个人责任心，培养对自己负责的意识，以消除他们对国家福利的依赖。

"第三条道路"公益伦理思想的理论家们认为，承担救助的责任主体除了贫困者本人之外，还有国家、企业、社团和家庭等。于是，他们首先主张通过积极的国家公益行为，如建立社会保障制度等，来消灭贫困，实现公民收入的公平分配和充分就业，扩大生活福利，最终实现社会公正。在他们看来，国家福利并非只面向贫穷者，而应该面向所有国民。他们指出："只有

---

① 参见王坚红：《托马斯·迈尔谈第三条道路》，《当代世界与社会主义》2000 年第 1 期。

② 参见［英］安东尼·吉登斯：《第三条道路——社会民主主义的复兴》，郑戈等译，北京大学出版社 2000 年版，第 68—117 页。

一种造福于大多数人口的福利制度才能够产生出一种公民的共同道德。如果'福利'只具有一种消极的内涵而且主要面向穷人，那么它必然会导致社会分化。"① 基于这种观念，他们提出要建立一个超越任何阶级、民族和种族压迫，消灭任何剥削和贫困的社会，保证人民享有完全的自由和民主权利，创造人人平等和个人得以全面发展的政治、经济的社会条件。他们反复强调，政府不应该垄断社会公益福利事业，应该鼓励和提倡企业、个人、家庭和社会团体等民间社会组织积极参与进来，让他们主动地承担救助贫穷和消除贫困的责任，只有这样，才能更好地提供公益服务。

（二）怎样对待西方公益伦理思想

毋庸置疑，西方的公益伦理思想源远流长、丰富多彩，是我们在建构当代中国公益伦理过程必须予以参考和借鉴的，问题的关键在于我们应当以怎样的态度来对待西方的公益伦理思想。我们认为，在对待西方的公益伦理思想上我们应当持有以下四种态度。②

（1）世界主义的态度。世界主义是与狭隘的民族主义直接对立的。狭隘的民族主义主要出现于政治领域，但也可能出现于文化领域。历史表明，政治上和文化上的狭隘民族主义是互为因果的。有时，政治上的狭隘民族主义导致对异国异族文化的盲目排斥和无端歧视；有时，文化上的狭隘民族主义造成对异国异族民众的武力侵犯和血腥清洗。在文化的交往和冲突比政治的交往和冲突更为频仍的当代世界里，文化上的狭隘民族主义或许比政治上的狭隘民族主义更为有害。在文化领域中摈弃狭隘民族主义立场而采取世界主义立场，应是当务之急。按照世界主义的要求，我们在对待各个国家或民族的公益伦理思想时应坚持以下三个原则：其一，平等原则，即一视同仁地看待各个国家或民族的公益伦理思想，给予它们以平等的文化人格。其二，交流原则，即尽力消除历史积成的阻碍，让我国的公益伦理思想面向所有其

---

① ［英］安东尼·吉登斯：《第三条道路——社会民主主义的复兴》，郑戈等译，北京大学出版社 2000 年版，第 112 页。

② 参见杨方：《第四条思路——西方伦理学若干问题宏观综合研究》，湖南大学出版社 2003 年版，第 246—261 页。

他国家或地区的公益伦理思想开放，并积极参与世界公益伦理思想的交流，而不要在自己的公益伦理思想与其他国家或地区的公益伦理思想之间设置屏障。其三，融合原则，即在保持各自公益伦理的特色之同时，尽力寻找他们之间的交汇点和相同点，并以这些会通之处为基地积极促进各种公益伦理的融合。这也就是说，我们在对世界各国特别是西方的公益伦理思想，既不能妄自尊大也不能妄自菲薄，这违背平等原则；既不能作茧自缚也不能见异思迁，这不合交流原则；既不能故步自封也不能数典忘祖，这违背融合原则。

　　（2）专业精神的学术态度。这种态度以严肃谦恭的心情把文化迎进学术研究的殿堂。持这种态度的人深知文化来之不易，对各种文化都表示敬重。他们高度肯定文化的价值，包括那些不能直接致用的文化的价值。他们当然不会笼统地认可一切文化，也绝不会轻率地否决某种文化。他们各有其文化评判标准，但不会机械地套用某种外在的标准。在过去很长的一段时间里，我们在对待西方文化时总是持一种单纯意识形态的政治态度。这种态度往往从党派政治的角度把文化当做单纯意识形态来审查。持这种态度的人过分强调文化的意识形态性，坚持以政治标准评判一切文化。事实上，单纯意识形态批判对西方文化尤其是对西方公益伦理思想是不适合的，因为西方公益伦理思想中的大部分内容并不直接与政治关联。对西方公益伦理思想进行单纯意识形态批判，更无益于当代中国公益伦理的建构。因为当代中国公益伦理的建构必须广泛地借鉴和积极地吸收西方公益伦理思想中的优秀成果，而单纯意识形态批判妨碍人们深入到西方公益伦理思想中分辨是非良莠。这种批判或者想当然地给某个西方公益伦理思想家戴上"剥削阶级思想家"或类似的帽子，给某种西方公益伦理理论贴上"反动理论"或类似的标签，然后不再理睬；或者断章取义地从西方公益伦理方面的论文或著作中挑出一两个带有政治色彩的观念，大而无当地狠批一番，却不计其余；或者不求甚解地从某篇西方公益伦理论文、某部西方公益伦理著作中甚或从他人的转述中搜罗若干言论，以权威理论一一套评，合则默认，不合则斥责；或者，就其最好情形而言，在大略转述某个西方公益伦理思想家的思想后，加上一大段不相干的或关系疏远的政治化评论。单纯意识形态批判只是学术研究的一种方式，而非学术研究的唯一方式。在适宜的论题上适当地运用这种研究方式是可行的，但在全部学术研究中无限制地推行这种研究方式则不可行。西方公益伦理思想首先和主要是学术，因此我们应当首先和主要以学术视角来考察它。在学术领域中，政治审查不应凌驾于学术考察之上。对西方公益伦理思想，我们不仅要全面地了解它，而且要正确地领会它，深入地分析它，并在此基础上进行具体的批判，而不能笼统地加以否定。

（3）历史主义的批判态度。在对待西方公益伦理思想上，我们既不能持私人化的批判态度，也不能持机械化的批判态度，更不能持政治标签化的批判态度。私人化的批判一般以一己的好恶为标准，不仅不能恰当地评价西方公益伦理思想，而且可能混淆其中的是非优劣。机械化的批判习惯于以某种凝固的原则为标准，缺乏变通性和适应性，往往看不到某些经过了或长或短的演变的西方公益伦理思想的历史意义。政治标签化的批判总是以某些政治教条为标准，往往曲解和肢解西方公益伦理理论，并且想当然地贴政治标签，有害于完整而正确地理解西方公益伦理思想。对西方公益伦理思想，我们应当持历史主义的批判态度，依据一定的评判尺度把被批判对象置于特定的历史情境中予以考察，始终坚持批判尺度与历史情境的统一，给予被批判对象以完整的、适当的、公正的、具体的、深入的评价。这种批判不仅要求我们了解被研究对象的时代背景，分析被研究对象的形成过程，而且还要探究被研究对象的历史影响。

（4）辩证否定的态度。辩证的否定是马克思主义对待传统文化和外来文化的基本态度。按照辩证的否定观，在对待西方公益伦理思想的问题上，我们一方面要走出弗洛伊德所说的"那喀索主义"的阴影，大胆地而又科学地借鉴和吸纳其有利于我国公益事业发展的伦理文化，促进我国的公益伦理建设；另一方面，又要看到，借鉴并不是"照搬照抄"，不是搞"拿来主义"，而是批判基础上的继承。在借鉴西方公益伦理的过程中，我们既要弄清它的实质、功能、内容及利弊，取其精华，去其糟粕，并参照它来建构适应当代中国发展的公益伦理体系，同时又要吸取西方公益伦理建设方面的经验教训，以避免我们在公益伦理建设中发生失误。

三、现实视角

所谓现实视角，是指当代中国公益伦理的建构必须立足于当代中国的国情及其公益的现状和发展趋势。具体说来，至少要做到以下四点。

（一）对传统公益伦理进行现代诠释和价值提升①

所谓传统公益伦理的现代诠释，是指从我们今天所处的时代这个视角上对传统公益伦理的一种新的诠释，它是从时代的实践要求出发，把传统公益伦理同时代的现实要求联系起来予以探究，其实质在于将过去与现在连接，使人们自觉地参与到现代公益伦理建设上来，即在建构当代中国公益伦理的过程中，批判地继承传统公益伦理，赋予其时代和现代化的新理解。恩格斯指出："每一时代的理论思维，从而我们时代的理论思维，都是一种历史的产物，在不同的时代具有非常不同的形式，并因而具有非常不同的内容。"②我们所处的时代是新旧体制正在转换、中华民族正在振兴发展、社会主义和谐社会处于构建过程中的伟大时代，因此我们必须建设起无愧于我们时代的社会主义新道德。对传统公益伦理进行现代诠释，是时代道德建设的要求，是建设当代中国公益伦理的要求。对传统公益伦理的现代诠释，关键在于合理视域的确立。视域的存在意味着对主体的一种限制，同时也意味着主体的一种主动性的选择，也就是说呈现在"视域"内的传统公益伦理应是合乎时代需要的、我们可以加以主动选择东西。失去视域就意味着丧失判断力和选择力，传统公益伦理便是沉寂在历史幽冥之中的有待观照的客观存在。现代诠释的这种选择性决定了它与传统公益伦理之间不是简单的复写、再现的关系，而是一种创造性阐释的过程。这种创造性阐释依赖于两个条件：一是传统公益伦理的历史的合理性。这个合理性是确定的，即传统公益伦理的历史的确定性的存在。但又是不确定的，即传统公益伦理的合理性的凸显要以时代的需要来决定，而时代的需要是一个发展的、不断变易的过程。由此引出传统公益伦理的现代诠释的第二个条件便是时代需要的合理性。这两种合理性的"视界融合"是对传统公益伦理进行现代诠释的基础。

所谓传统公益伦理的价值提升，就是指立足于我国社会主义现代化社会

---

① 参见彭柏林、戴木才：《论传统家庭美德的现代价值》，《湖南大学学报》2001 年第 1 期。

② 《马克思恩格斯选集》第 4 卷，人民出版社 1995 年版，第 284 页。

发展的需要和时代精神的要求而对传统公益伦理进行的一种扬弃、改造和再创造、再整合。换言之，就是要把那些具有普遍意义的传统公益伦理赋予新的历史内涵，进行发展和再造，生产出更新、更高层次的符合时代精神要求和历史发展趋势的精神产品。所以要对传统公益伦理进行价值提升，就在于任何一个民族的传统公益伦理的产生和发展都具有历史性和阶级性，在整体上都不是也不可能是超时空的。

对传统公益伦理进行价值提升，首先必须进行分析、鉴别、取舍和改造。所谓分析，就是揭示事物的特点，弄清事物的本来面貌。在分析的基础上还必须进行鉴别，鉴别就是评价，作出价值判断。这是同分析、认识事物的特点，作出事实判断有着紧密联系却不同的又一种重要的认识方法。在当代中国，评价的主体不能是个人，而应该是建设中国特色社会主义的现代化、社会主义和谐社会和当代中国公益事业的中国社会群体。作为评价者，不应当从个人的好恶出发，而应当从当代中国社会主义现代化建设、社会主义和谐社会构建以及当代中国公益事业的实践需要出发来评价传统公益伦理。确定评价的标准是鉴别的关键。具体说来，对于中国传统公益伦理的价值鉴别，一是要看其在历史上是否有利于社会的发展和公益慈善活动的开展；二是要看其是否有利于当代中国的社会主义现代化建设、社会主义和谐社会的构建以及公益事业的健康发展。后一点尤为重要。此外，明确评价的对象也是十分重要的。评价事物，可以是事物的整体，也可以组成事物整体的内部构件或因素，还可以是事物的内容或者形式。传统公益伦理，除了其特定的历史形态，还存在着在历史演化过程中所积淀下来的作为我们民族整体而存在的共同的行为方式、心理特征、价值观念、伦理精神等。它们作为一种文化定式、思想定式，常常具有某种超时空的意义，这是评价中应该特别注意到的。只有搞清楚了上述三个问题，我们才能科学地区别哪些是优点和精华、哪些是缺点和糟粕，慎重地进行选择和取舍，去其糟粕，取其精华。

当然，即使是精华的东西，也不能无批判地兼收并蓄，而必须进行改造。之所以如此，是因为这些精华的东西，曾经长期地和旧的文化体系紧密相连，它必然要受到这种文化体系的系统质的规定和影响，打上旧文化的烙印。同时，在传统公益伦理中，精华的东西往往同糟粕的东西错综交织，甚至越是精华的东西就越和糟粕难分难解，因此，是不可现成地拿来就用的，必须加以改造。① 这里讲的改造，就是根据当代中国社会主义现代化建设、社会主义和谐社会构建以及公益事业发展的客观需要，通过社会主义公益事业的实践，将其有用的部分重新熔炼，使其升华为当代中国公益伦理的构成因素。这也就是毛泽东讲的要"经过自己的口腔的咀嚼"，"决不能生吞活剥地毫无批判地吸收"②。为了达到这个目的，就一刻也不能离开我们的社会主义公益事业的实践。实践是认识的基础，也是正确地对待传统公益伦理，继承和发扬中华民族优良传统的基础，改造的过程只能是一个社会主义公益事业实践的过程。总之，我们必须在社会主义公益事业实践的基础上，把对传统公益伦理的现代诠释和价值提升统一起来。现代诠释和价值提升是同一过程的两个不可分割的方面。现代诠释是价值提升的前提和基础，价值提升是现代诠释的目标指向。这种统一是辩证的否定，是"扬弃"，是否定和肯定、中断和连续的统一。正因为这样，它才能成为发展的环节、联系的环节。

（二）贯彻为人民服务的精神

"人们自觉地或不自觉地，归根到底总是从他们阶级地位所依据的实际关系中——从他们进行生产和交换的经济关系中，吸取自己的道德观念。"③ 伦理道德包括公益伦理，作为一种社会意识，总要受到一定的社会经济关系的制约，由社会经济关系所决定。在不同的历史时期、不同的社会制度下，伦理道德包括公益伦理的内容和性质是不一样的，有时甚至是根本对立的。当代中国是社会主义国家，这就决定了当代中国公益伦理的建构必须贯彻为人民服务的精神。之所以如此，是因为为人民服务是社会主义道德体系的核心，是社会主义道德体系的整合力量。所谓为人民服务，就是要求热爱人民群众，对人民群众负责，把人民群众的利益放在首位，以人民群众的根本利益作为衡量自己一切言论行动的最高标准。这也就是邓小平同志所指出的，

---

① 参见唐凯麟：《伦理学》，高等教育出版社 2001 年版，第 146—148 页。
② 《毛泽东选集》第二卷，人民出版社 1991 年版，第 707 页。
③ 《马克思恩格斯全集》第 20 卷，人民出版社 1971 年版，第 102 页。

人民满意不满意，人民高兴不高兴，人民赞成不赞成，应当成为我们一切工作的标准。为人民服务之所以是我国社会主义道德体系的整合力量，其根据就在于它以高度凝练的形式，集中地反映了社会主义社会的经济制度、政治制度和文化发展的客观要求。从经济制度来看，社会主义的经济是以社会主义公有制为主体的多种所有制关系共同发展的经济；社会主义的根本任务是解放和发展生产力。而无论是维护社会主义公有制经济的主体地位还是解放和发展生产力，都客观地要求我们必须大力弘扬为人民服务的精神，始终把人民群众的最大利益放在首位。从政治制度来看，我国是人民民主专政的国家，其本质是人民当家做主，国家的一切权力属于人民。这就决定了社会主义的政治联系、政治制度本身必然是为人民服务精神的实践化、制度化。从文化制度来看，我国社会主义文化发展的根本方针是"二为"的方向，即为人民服务、为社会主义服务，它必须坚持"以科学的理论武装人，以正确的舆论引导人，以高尚的精神塑造人，以优秀的作品鼓舞人"，它的目标指向是培育有理想、有道德、有文化、有纪律的公民。这清楚地表明为人民服务的价值精神和人的自由全面发展的价值目标具有内在一致性。可以说，为人民服务在一定的意义上也就是为人的自由全面发展服务，它构成了发展社会文化的本质规定和内在要求。①

（三）反映公益活动本身的基本要求

公益伦理作为调整公益活动内外关系的规范体系，必然同公益活动有着紧密的联系。公益伦理作为公益行为主体应当履行的道德准则和要求，是由公益活动的具体利益和义务及其具体活动的内容和方式等所决定的，是在长期的、特殊的公益活动中逐渐形成的。由于公益活动影响着公益行为主体道德心理的特殊倾向，制约着公益伦理调节的特殊方向，所以，公益伦理必须反映公益活动的特殊本质，概括公益活动的特殊要求。通俗地说，概括出来的公益伦理准则和要求，人们一望便知，只能是公益伦理的要求和准则，而不是其他领域伦理的要求和准则。

---

① 参见唐凯麟：《伦理学》，高等教育出版社 2001 年版，第 287—288 页。

（四）直面当代中国公益伦理存在的问题及面临的挑战

正如前面所指出的，自从改革开放以来，当代中国的公益事业取得了长足进展。建立在国家控制全部社会资源基础上的政府供给（公共产品）模式开始向多元的社会供给模式的发展为各种中介组织、社团协会、民间自组织等第三部门的崛起提供了合法性和活动空间，公益组织的数量迅速增加、种类大大增多、独立性明显增强、合法性日益增大。伴随着公益事业的发展，存在于公益活动的伦理问题也日益凸显出来，这主要表现在诚信问题（包括公益组织的诚信问题、施助者的诚信问题和受助者的诚信问题）、民众和有关组织参与公益活动的道德自觉问题、公益活动资源配置的公平问题以及公益活动中施助者和受助者的权利、义务及其关系问题等。同时，近20年来，我国公益事业渐渐扩及医疗卫生、教育培训、环境治理、科学技术、文学艺术、文娱体育、社会治安、法律咨询等现代公益的各个方面，逐步深入到社会的各个领域；民间化、社会化、自治化特色日显；公益事业的网络化支持系统正在形成，伙伴关系的内涵和外延都在扩大；国际交流日益增多，20世纪90年代中期以来，中国各公益组织逐步走向世界，积极参与国际间的公益事业合作，并对国际公益事业的发展作出了应有贡献。随着公益事业的发展，公益伦理的理念和规范也正在进行着调整，并在此过程中面临着诸多挑战（详见本书第四章）。这些问题和挑战都是我们在建构当代中国公益伦理的过程中必须予以重视和面对的。

参 考 文 献

一、国内部分

A. 马克思主义经典著作类

1．《马克思恩格斯全集》第 1 卷，人民出版社，1956 年。

2．《马克思恩格斯全集》第 3 卷，人民出版社，1960 年。

3．《马克思恩格斯全集》第 20 卷，人民出版社，1971 年。

4．《马克思恩格斯全集》第 42 卷，人民出版社，1979 年。

5．《马克思恩格斯全集》第 40 卷，人民出版社，1982 年。

6．《马克思恩格斯全集》第 46 卷（下），人民出版社，1980 年。

7．《马克思恩格斯选集》第 1—4 卷，人民出版社，1995 年。

8．马克思：《1844 年经济学哲学手稿》，人民出版社，2000 年。

9．恩格斯：《反杜林论》，人民出版社，1970 年。

10．《列宁选集》第 3 卷，人民出版社，1972 年。

11．《列宁全集》第 20 卷，人民出版社，1958 年。

12．《斯大林选集》下卷，人民出版社，1979 年。

13．《毛泽东选集》第二卷，人民出版社，1991 年。

14．《邓小平文选》第三卷，人民出版社，1993 年。

B. 古籍类

15．《尚书》，《十三经注疏》，中华书局，1983 年。

16．《春秋公羊传解诂》，《汉魏古注十三经》，中华书局，1998 年。

17．《周礼》，《周礼正义》，中华书局，1987 年。

18．《论语》，《论语译注》，中华书局，1958 年。

19．《左传》，《十三经注疏》，中华书局，1983 年。

20．《孙膑兵法》，《孙膑兵法校理》，中华书局，1984 年。

21．《孟子》，《孟子译注》，中华书局，1960 年。

22．《老子》，《老子校释》，中华书局，1984 年。

23．《庄子》，《庄子集解》，中华书局，1961 年。

24．《战国策》，《战国策注释》，中华书局，1992 年。

25．《荀子》，《荀子集解》，中华书局，1988 年。

26．《韩非子》，《韩非子浅解》，中华书局，1960 年。

27．《礼记》，《十三经注疏》，中华书局，1983 年。

28．董仲舒：《春秋繁露》，《春秋繁露义证》，中华书局，1992 年。

29．贾谊：《新书》，《诸子集成》，中华书局，1954 年。

30．许慎：《说文解字》，中华书局，1963 年。

31．班固：《前汉书》，中华书局，1998 年。

32．孔鲋：《孔从子曾子丛书子思子全书》，上海古籍出版社，1990 年。

33．王充：《论衡》，《论衡集解》，中华书局，1957 年。

34．《白虎通义》，《白虎通疏证》，中华书局，1994 年。

35．班固：《汉书》，中华书局，1962 年。

36．葛洪：《抱朴子》，上海古籍出版社，1990 年。

37．令狐德棻：《周书》，中华书局，1997 年。

38．郗超：《奉法要》，《中国佛教思想资料选编》第 1 卷，石峻等编，中华书局，1981 年。

39．［印］弥勒菩萨：《瑜珈师地论》，玄装法师译，宗教文化出版社，2008 年。

40．契嵩：《辅教编》，冠注本，（台北）新文丰出版公司，1979 年。

41．《文昌帝君阴骘文》，巴蜀书社，1992 年。

42．《张载集》，中华书局，1978 年。

43．朱熹：《朱子语类》，中华书局，1986 年。

44．朱熹：《四书章句集注》，中华书局，1983 年。

45．《陆九渊集》，中华书局，1980 年。

46．陈淳：《北溪字义》，中华书局，1983 年。

47．袁采：《袁氏世范》，《丛书集成（初编）》，中华书局，1985 年。

48．王廷相：《王氏家藏集》，《王廷相集》，中华书局，1989 年。

49．《太上感应篇》,《道藏》,北京文物出版社,1988 年。

50．王守仁:《王阳明全集》,上海古籍出版社,1992 年。

51．颜元:《习斋记余》,《颜元集》,中华书局,1987 年。

52．颜元:《存学篇》,《颜元集》,中华书局,1987 年。

53．王夫之:《张子正蒙注》,中华书局,1956 年。

54．《明鉴》,印鸾章校订,上海书店,1984 年。

55．《南朝梁会要》,上海古籍出版社,1984 年。

56．释德清:《憨山老人梦游集》,上海古籍出版社,1995 年。

57．康有为:《大同书》,中华书局,1959 年。

58．《吕祖全书》,(清)刘体恕辑,清同治七年(1868)刻本。

59．《蒲松龄集》,上海古籍出版社,1986 年。

60．《张謇全集》,江苏古籍出版社,1994 年。

C. 学术著作类

61．周辅成:《西方伦理学名著选辑》(上卷),商务印书馆,1964 年。

62．罗国杰:《伦理学》,人民出版社,1989 年。

63．唐凯麟:《伦理学》,高等教育出版社,2001 年。

64．陈瑛:《中国伦理思想史》,湖南教育出版社,2004 年。

65．朱贻庭:《当代中国道德价值导向》,华东师范大学出版社,1994 年。

66．宋希仁:《西方伦理思想史》,中国人民大学出版社,2004 年。

67．张锡勤:《中国传统道德举要》,黑龙江人民出版社,1996 年。

68．万俊人:《现代西方伦理学史》(上),北京大学出版社,1990 年。

69．甘绍平:《人权伦理学》,中国发展出版社,2009 年。

70．甘绍平、余涌:《应用伦理学教程》,中国社会科学出版社,2008 年。

71．何怀宏:《底线伦理》,辽宁人民出版社,1998 年。

72．余涌:《道德权利研究》,中央编译出版社,2001 年。

73．张彦、陈红霞:《社会保障概论》,南京大学出版社,1999 年。

74．陈新民:《德国公法学基础理论》,山东人民出版社,2001 年。

75．城仲模:《行政法之一般法律原则》(二),(台北)三民书局,

1997 年。

76．叶必丰：《行政法的人文精神》，湖北人民出版社，1999 年。

77．胡康生：《中华人民共和国合同法释义》，中国法制出版社，1999 年。

78．吴锦良：《政府改革与第三部门发展》，中国社会科学出版社，2001 年。

79．陈瑛：《中国伦理思想史》，湖南教育出版社，2004 年。

80．郑功成、张奇林、许飞琼：《中华慈善事业》，广东经济出版社，1999 年。

81．肖雪慧、兰秀良、魏磊：《守望良知——新伦理的文化视野》，辽宁人民出版社，1998 年。

82．吴忠民：《社会公正论》，山东人民出版社，2004 年。

83．齐延平：《社会弱势群体的权利保护》，山东人民出版社，2006 年。

84．夏勇：《人权概念起源》，中国政法大学出版社，1992 年。

85．唐能赋：《道德范畴论》，重庆出版社，1994 年。

86．郑杭生：《走向更加公正的社会——中国人民大学社会发展研究报告 2002—2003》，中国人民大学出版社，2003 年。

87．李银河：《穷人和富人》，华东师范大学出版社，2004 年。

88．董云虎、刘武萍：　《世界人权约法总览》，四川人民出版社，1990 年。

89．胡鞍钢：《影响决策的国情报告》，清华大学出版社，2002 年。

90．吴锦良：《政府改革与第三部门发展》，中国社会科学出版社，2001 年。

91．陈成文：《社会弱者论》，时事出版社，2000 年。

92．时正新、廖鸿：《中国社会救助体系研究》，中国社会科学出版社，2002 年。

93．马伊里、杨团：《公司与社会公益》，华夏出版社，2002 年。

94．丁元竹、江讯清：《志愿活动：类型、评价与管理》，天津人民出版社，2001 年。

95．江明修：《第三部门——经营策略与社会参与》，（台北）智胜文化事业有限公司，1999 年。

　　96．李亚平、于海：《第三域的兴起》，复旦大学出版社，1998 年。

　　97．厉以宁：《经济学的伦理问题》，三联书店，1995 年。

　　98．厉以宁：《超越市场与超越政府——论道德力量在经济中的作用》，经济科学出版社，1999 年。

　　99．邹建平：《诚信论》，天津人民出版社，2005 年。

　　100．程立显：《伦理学与社会公正》，北京大学出版社，2002 年。

　　101．王正平、周中之：《现代伦理学》，中国社会科学出版社，2001 年。

　　102．费孝通：《乡土中国》，北京出版社，2005 年。

　　103．梁漱溟：《中国现代学术经典》（梁漱溟卷），河北教育出版社，1996 年。

　　104．翟学伟：《中国人的行动逻辑》，社会科学文献出版社，2000 年。

　　105．郑功成：《社会保障学——理念、制度、实践与思辨》，商务印书馆，2000 年。

　　106．张怀承：《天人之变——中国传统伦理道德的近代转型》，湖南教育出版社，1998 年。

　　107．钟叔河：《走向世界丛书：出使英法意比四国日记》，岳麓书社，1985 年。

　　108．虞和平：《经元善集》，华中师范大学出版社，1988 年。

　　109．鲁式谷等：《当涂县志》，江苏古籍出版社，1991 年。

　　110．柯象峰：《社会救济》，重庆正中书局，1944 年。

　　111．柯象峰：《中国贫穷问题》，重庆正中书局，1935 年。

　　112．孙中山：《孙中山全集》第 6 卷，中华书局，1985 年。

　　113．孙中山：《孙中山选集》下卷，人民出版社，1956 年。

　　114．夏东元：《郑观应集》上册，上海人民出版社，1982 年。

　　115．周秋光：《熊希龄集》（下），湖南出版社，1996 年。

　　116．秦晖：《政府与企业以外的现代化》，浙江人民出版社，1999 年。

　　117．梁其姿：《施善与教化——明清的慈善组织》，河北教育出版社，2001 年。

118. 黄稚荃：《尹昌龄传》，收入周开庆编著：《民国四川人物传记》，台湾商务印书馆，1966 年。

119. 周弘：《福利的解析》，上海远东出版社，1999 年。

120. 刘清平：《上帝没有激情（托马斯·阿奎那论宗教与人生）》，湖北人民出版社，2001 年。

121. 牧邝：《欧洲历史上的空想社会主义者》，黑龙江人民出版社，1984 年。

122. 杨方：《第四条思路——西方伦理学若干问题宏观综合研究》，湖南大学出版社，2003 年。

D. 辞典类

123. 于子明：《新编古汉语词典》，人民日报出版社，1998 年。

124. 《元照英美法词典》，法律出版社，2003 年。

125. 朱贻庭：《伦理学大辞典》，上海辞书出版社，2002 年。

E. 学术论文

126. 万俊人：《人为什么要有道德》，《现代哲学》2003 年第 1 期。

127. 宋希仁：《保护弱势群体是"德治"的应有之义》，《前线》2001 年第 5 期。

128. 甘绍平：《人权平等与社会公正》，《哲学动态》2008 年第 1 期。

129. 余涌：《布兰特的道德权利理论》，《现代哲学》2000 年第 10 期。

130. 周秋光：《民国时期社会慈善事业研究刍议》，《湖南师范大学社会科学学报》1994 年第 3 期。

131. 何增科：《公民社会与第三部门研究导论》，《马克思主义与现实》2000 年第 1 期。

132. 康健：《从权利伦理到公益伦理》，《学习时报》2000 年 10 月 16 日。

133. 刘世军：《为社会主义和谐观一辩》，《社会科学报》2005 年 10 月 20 日。

134. 周良沱、章剑：《论社会弱势群体与社会稳定》，《江西公安专科学校学报》2001 年第 1 期。

135. 马德普：《公共利益、政治制度与政治文明》，《教学与研究》

2004 年第 8 期。

　　136．龚群：《公益 "浅说"》，《探索与争鸣》2006 年第 3 期。

　　137．郑杭生、李迎生：《什么是弱势群体》，中国网，2005 年 7 月 11 日。

　　138．郑功成：《慈善事业的理论剖析》，《慈善》1998 年第 2 期。

　　139．郑功成：《论慈善事业的本质规律》，《中国社会报》1996 年 9 月 26 日。

　　140．叶蓬：《道德权利和道德义务问题新论》，《开放时代》1997 年第 3 期。

　　141．彭茹静：《利他主义行为的理论发展研究》，《江西社会科学》2003 年第 7 期。

　　142．胡发贵：《论慈善的道德精神》，《学海》2006 年第 3 期。

　　143．程立显：《试论道德权利》，《哲学研究》1984 年第 8 期。

　　144．韩作珍：《论道德权利与道德义务及其相互关系》，《宝鸡文理学院学报》（社会科学版）2003 年第 4 期。

　　145．刘国翰：《非营利部门的界定》，《南京社会科学》2001 年第 5 期。

　　146．李迎生：《志愿服务与弱势群体的权利保障——以青年志愿者行动为例》，《教学与研究》2005 年第 3 期。

　　147．施教裕：《各县市志愿服务业务评监观感》，（台湾）《社区发展季刊》2002 年第 1 期。

　　148．李迎生：《志愿服务与弱势群体的权利保障——以青年志愿者行动为例》，《教学与研究》2005 年第 3 期。

　　149．张仲涛：《社会公正：弘扬集体主义价值观的前提》，《学海》2005 年第 6 期。

　　150．郑立新：《理解公平的三种伦理维度》，《哲学动态》2006 年第 5 期。

　　151．李芹：《发展中国慈善事业，构建健康和谐社会》，载何中华：《当代社会发展研究》（第 1 辑），山东人民出版社，2006 年。

　　152．胡发贵：《论慈善的道德精神》，《学海》2006 年第 3 期。

　　153．齐春燕：《诚信及诚信教育概念初探》，《内蒙古农业大学学报》

（社会科学版）2008 年第 1 期。

154．郑俊田、本洪波：《公共利益研究论纲——社会公正的本体考察》，《理论探讨》2003 年第 2 期。

155．吴鹏森、吴海红：《在兼顾各阶层利益的基础上突出弱势关怀》，《毛泽东邓小平理论研究》2004 年第 7 期。

156．王旭丽：《人的全面发展与人的幸福》，《中州学刊》2004 年第 5 期。

157．程立涛：《爱心实现与慈善救助的现代意义》，《河南师范大学学报》（哲学社会科学版）2006 年第 3 期。

158．何建华：《公平正义：社会主义的核心价值观》，《中央社会主义学院学报》2007 年第 3 期。

159．孟凡平：《伦理关怀：弱势群体问题的现代视角》，《齐鲁学刊》2006 年第 6 期。

160．李楯：《公益心是社会发展不可或缺的资源》，《中国城市经济》2006 年第 10 期。

161．孟兰芬：《倡导贫民慈善的意义及其实现途径》，《吉首大学学报》（社会科学版）2007 年第 4 期。

162．陈宇廷、潘临峰、吴海：《企业应与民间组织紧密结合》，《中国青基会通讯》2007 年第 2 期。

163．戚小村：《"仁"以"诚"立"：社会公益组织的诚信》，《湖南师范大学社会科学学报》2006 年第 2 期。

164．翟学伟：《报的运作方式》，《社会学研究》2007 年第 1 期。

165．刘美萍：《当前我国慈善捐赠不足的原因及对策研究》，《行政与法》2007 年第 3 期。

166．任振兴、江治强：《中外慈善事业发展比较分析》，《学习与实践》2007 年第 3 期。

167．周丽萍：《中国的慈善事业：问题与对策》，《北京观察》2006 年第 11 期。

168．周从标、贾廷秀：《全球化的含义及其本质特征刍议》，《湖北社会科学》2001 年第 12 期。

169．罗国杰：《我们应怎样对待传统》，《道德与文明》1998 年第 1 期。

170．王卫平：《论中国古代慈善事业的思想基础》，《江苏社会科学》1999 年第 2 期。

171．朱英：《戊戌时期民间慈善公益事业的发展》，《江汉论坛》1999 年第 11 期。

172．唐娟：《公民公益行为的理论分析》，《河南大学学报》（社会科学版）2004 第 5 期。

173．杨桂宏：《中国与欧洲社会保障的起源研究》，中国社会学网，2006 年 10 月 8 日。

174．李华：《西方社会工作与慈善事业》，互联网，2007 年 5 月 27 日。

175．陆镜生：《中西方慈善思想异同刍议》，《慈善》2001 年第 2 期。

176．徐丙奎：《西方社会保障三大理论流派述评》，《华东理工大学学报》（社会科学版）2006 年第 3 期。

177．王坚红：《托马斯·迈尔谈第三条道路》，《当代世界与社会主义》2000 年第 1 期。

178．彭柏林、戴木才：《论传统家庭美德的现代价值》，《湖南大学学报》2001 年第 1 期。

179．刘波、周敏凯：《战后英国社会保障思想的变迁》，《当代世界社会主义问题》2005 年第 1 期。

180．任海霞：《中美慈善事业比较中的反思》，《理论界》2007 年第 3 期。

181．仲鑫：《中国公益慈善事业发展的宏观环境及微观环境》，《理论界》2008 年第 5 期。

182．俞可平：《从权利政治学到公益政治学：新自由主义之后的社群主义》，载刘军宁等编：《自由与社群》，三联书店 1998 年版。

183．刘晓林：《贫富差距　缩小在即》，《刊授党校》（学习特刊）2006 年第 1 期。

184．陈成文：《论社会弱者的社会学意义》，《电子科技大学学报（社科版)》2000 年（第Ⅱ卷）第 2 期。

185．徐道稳：《论我国社会救助制度的价值转变和价值建设》，《社会科学辑刊》2001 年第 4 期。

186．夏澍耘：《中国古代诚信源流考》，《光明日报》2002 年 4 月 10 日。

F．其他类

187．胡锦涛：《高举中国特色社会主义伟大旗帜　为夺取全面建设小康社会新胜利而奋斗——在中国共产党第十七次全国代表大会上的报告》，人民出版社，2007 年。

188．胡锦涛：《全面建设小康社会，开创中国特色社会主义事业新局面——在中国共产党第十六次全国代表大会上的报告》，新华网，2002 年 11 月 8 日。

189．《中共中央关于加强党的执政能力建设的决定》，中国共产党十六届四中全会 2004 年 9 月 19 日表决通过。

190．人民日报特约评论员：《全力以赴维护社会政治稳定》，《人民日报》1999 年 6 月 2 日。

191．《中国慈善现象调查》，《法制日报》2007 年 4 月 29 日。

192．《告办赈者》（杂评），《申报》1920 年 10 月 3 日。

193．《设会阅报》，《申报》1898 年 9 月 26 日。

二、国外部分

A．译著类

194．［古希腊］亚里士多德：《尼各马科伦理学》，苗力田译，中国社会科学出版社，1999 年。

195．［古希腊］亚里士多德：《政治学》，吴寿彭译，商务印书馆，1997 年。

196．［古希腊］克莱门：《劝勉希腊人》，王来法译，三联书店，2002 年。

197．［古罗马］西塞罗：《西塞罗三论》，徐奕春译，商务印书馆，1987 年。

198．［美］彼特·布劳：《不平等和异质性》，王春光等译，中国社会学科学出版社，1991 年。

199．［美］乔治·赫伯特·米德：《心灵、自我与社会》，赵月瑟译，上海译文出版社，2005 年。

200．〔美〕刘易斯：《发展计划》，何宝玉译，北京经济学院出版社，1988 年。

201．〔美〕威尔逊，E. O.：《论人的天性》，林和生等译，贵州人民出版社，1986 年。

202．〔美〕范伯格：《自由、权利和社会正义——现代社会哲学》，王守昌等译，贵州人民出版社，1998 年。

203．〔美〕J. P. 蒂洛：《伦理学：理论与实践》，孟庆时等译，北京大学出版社，1985 年。

204．〔美〕庞德：《通过法律的社会控制法律的任务》，沈宗灵等译，商务印书馆，1984 年。

205．〔美〕托马斯·雅诺斯基：《公民与文明社会》，柯雄译，辽宁教育出版社，2000 年。

206．〔美〕彼得·辛格：《实践伦理学》，刘莘译，东方出版社，2005 年。

207．〔美〕汤姆. L. 彼彻姆：《哲学的伦理学》，雷克勒等译，中国社会科学出版社，1990 年。

208．〔美〕约翰·罗尔斯：《正义论》，何怀宏等译，中国社会科学出版社，1988 年。

209．〔美〕P. F. 德鲁克：《巨变时代的管理》，朱雁斌译，机械工业出版社，2006 年。

210．〔美〕米尔顿·弗里德曼、罗斯·弗里德曼：《自由选择》，胡骑等译，商务印书馆，1982 年。

211．〔美〕博登海默：《法理学：法律哲学与法律方法》，邓正来译，中国政法大学出版社，1999 年。

212．〔美〕艾德勒：《六大观念》，郗庆华等译，三联书店，1998 年。

213．〔美〕夏洛特·托尔：《社会救助学》，郗庆华、王慧荣译，北京三联书店，1992 年。

214．〔美〕J. 萨托利：《民主新论》，冯克利等译，东方出版社，1993 年。

215．［美］米尔顿·弗里德曼：《资本主义与自由》，张玉瑞译，商务印书馆，2001 年。

216．［美］迈克尔·沃尔泽：《正义诸领域：为多元主义与平等一辩》，褚松燕译，译林出版社，2002 年。

217．［英］安东尼·吉登斯：《社会的构成——结构化理论大纲》，李康、李猛译，三联书店，1998 年。

218．［英］哈耶克：《自由秩序原理》，邓正来译，三联书店，1997 年。

219．［英］戴维·米勒：《社会正义原则》，应奇译，江苏人民出版社，2001 年。

220．［英］A. 斯密：《国民财富的性质和原因的研究》上卷，郭大力译，商务印书馆，1972 年。

221．［英］J. 穆勒：《政治经济学原理》上卷，赵荣潜译，商务印书馆，1991 年。

222．［英］齐格蒙特·鲍曼：《现代性与矛盾性》，邵迎生译，商务印书馆，2003 年。

223．［英］齐格蒙·鲍曼：《后现代性及其缺憾》，郇建立等译，学林出版社，2002 年。

224．［英］休谟：《道德原则研究》，曾晓平译，商务印书馆，2001 年。

225．［英］休谟：《人性论》下册，关文运译，商务印书馆，1980 年。

226．［英］亚当·斯密：《道德情操论》，蒋自强等译，商务印书馆，1997 年。

227．［英］边沁：《道德与立法原理导论》，商务印书馆，1987 年。

228．［英］约翰·穆勒：《功用主义》，唐钺译，商务印书馆，1957 年。

229．［英］肖伯纳等：《费边论丛》，袁绩藩等译，三联书店，1958 年。

230．［英］托马斯·莫尔：《乌托邦》，戴镏龄译，上海三联书店，1956 年。

231．［英］安东尼·吉登斯：《第三条道路——社会民主主义的复兴》，郑戈等译，北京大学出版社，2000 年。

232．［法］卢梭：《论人类不平等的起源和基础》，李常山译，红旗出版社，1997 年。

233．［法］阿尔贝特·史怀泽：《敬畏生命》，陈泽环译，上海社会科学院出版社，1995 年。

234．［法］亨利·柏格森：《道德与宗教的两个来源》，王作虹等译，贵州人民出版社，2000 年。

235．［法］拉法格：《思想起源论》，王子野译，三联书店，1963 年。

236．［法］亨利·柏格森：《道德与宗教的两个来源》，王作虹等译，贵州人民出版社，2000 年。

237．［法］加尔文：《基督教要义》上册，香港基督教辅侨出版社，1955 年。

238．［法］圣西门：《圣西门选集》第 1 卷，王燕生等译，商务印书馆，1979 年。

239．［法］圣西门：《圣西门选集》下卷，王燕生等译，商务印书馆，1962 年。

240．［德］黑格尔：《历史哲学》，王造时译，商务印书馆，1963 年。

241．［德］康德：《道德形而上学原理》，苗力田译，上海人民出版社，2005 年。

242．［德］康德：《实践理性批判》，邓晓芒译，人民出版社，2003 年。

243．［意］康帕内拉：《太阳城》，陈大维等译，商务印书馆，1960 年。

244．［日］一番ク濑康子：《社会福利基础理论》，沈洁、赵军译，华中师范大学出版社，1998 年。

245．［俄］克鲁泡特金：《互助论》，李平沤译，商务印书馆，1963 年。

B. 原著类

246．Stuart Hampshire, *Morality and Conflict*, Mass. Cambridge, Harvard

University Press, 1983.

247 . Cooper, Terry L. , *The Responsible Administrator* (3rd ed), San Francisco: Jossey-Bass publishers, 1990.

248 . Trivers. R. L. , "The Evolution of Reciprocal Altrter", *Review of Biology*, 1971, 46.

249 . Wilson E. O. , "The War Between the Words: Biological Versus Social Evolution and Some Related Issues: Section 2. Genetic Basic of Behavior—Especially of Altruism", *American Psychologist*, 1975, 46.

250 . Liebrand, WBG, *The Ubiquity of Social Valuea In Social Dilemmas*, See Wilke Etal, 1986.

251 . Richard B. Brandt, *Ethical Theory*, New Jersey: Prentice-hall, Inc. Englewood Cliffs, 1956.

252 . Stefan Gosep, *Verteidigung egalitaerer Gerechtigkeit*, in: Deutschrift fuer Philosophie, 51 (2003) 2.

253 . See H. J. Pation, *The Moral Law (Kant's Groundwork of the metaphysic of morals*: first published, 1785), London: Hutchinson, 1948.

254 . Vgl. Christoph Menke/Arnd Pollmann: *Philosophie der Menschenrechte zur Einfuehrung*, Hamburg 2007.

255 . Peter Schaber: "Menschenwuerde als Recht, nicht erniedrigt zu warden," in: Ralf Stoecker (Hg.): *Menschenwuerde, Annaeherung an einen Begriff*, Wien 2003.

256 . M. Wulfson, *The Ethics of Corporate Responsibility and Philanthropic Ventures*, Journal of Business Ethics, 2001 (29) .

257 . S. J. Ellis, K. K. Noyes, By the People: *A History of American as Volunteers*, San Francisco, C. A. : Jossey-Bass, 1990.

258 . B. O. Connell, *Volunteerism in America*, Exchange, 1999.

259 . Peter F. Drucker, *Managing the Nonprofit Organization: Principles and Practices*, Oxford: Butterworth-Heinemann Ltd. 1990.

260 . Norbert Hoerster: *Ethik des Embryonenschutzes*, Stuttgart 2002.

261 . Julian Nida-Ruemelin: "Wo die Menschenwuerde beginnt", in: *Tages-*

spiegel, 02. 01. 2001.

262 . Hill Haker："Ein in jeder Hinsicht gafaehrliches Verfahren"，in：Christian Geyer（Hg.）：*Biopolitik*，Frankfurt am Main 2001.

263 . Berthin, G. et al. , *Civil Society and Democratic Development*：A CDIE Evaluation Design Paper，US-AID，Center for Development Information Evaluation，February，1994.

264 . Robert H. Bremmer，*American Philanthropy*，University of Chicago Press，1988.

265 . Herbert Spencer，*Principles of Ethics*，Volume（2），Newyork，1896.

266 . J. M. Winter & D. M. Teslin，*R. H. Talwney's Commonplace Book*，Cambridge University Press，1972.

267 . V. George，P. Wilding，*Ideology and Social Welfare*，London，1985.

268 . R. Boyson，*Down with the Poor*，London，1971.

269 . R. Mishra，*The Welfare State in Crisis*，Hemel Hempstead，1984.

270 . T. H. Marshall，*Citizen Ship and Social Class*，*Sociology at the Crossrod*，London，1963.

271 . Taylor, Charles，*Philosophy and the Human Science*：*Philosophical papers II*. Cambridge：Cambridge University Press，1985.

272 . Eric Hopkins，*Asocial History of the English Working Class 1815 – 1945*，London，1979.

后　记

　　本书系 2007 年国家社会科学基金项目的最终成果。这一项目虽由我主持，但本成果却是全体课题组成员——彭柏林、卢先明、李彬、戚小村、范虹、许冬玲、刘霞和郑立新——集体智慧的结晶。正是本课题组全体成员的同心同德、铢积寸累和殚精竭虑，才保障了本项目的如期完成。

　　在本成果中，我们既参考并吸收了有关专家和同人已经取得的若干相关研究成果，这是我们需要深表谢忱的。同时，我们又本着实事求是、求索攻坚、开拓创新的学术态度，在批判已有研究成果的基础上提出了自己的一些见解。当然，这并不是说我们在当代中国公益伦理方面比前人了解得更多、研究得更深刻、掌握得更全面，反而，我们的这些见解仍可能是肤浅的、不完善的甚或是错误的。书中定有不少博士买驴、附赘悬疣和以管窥天之处。故作罢上述研究，我们并无一丝满足之感、欣喜雀跃之情，更多的是诚惶诚恐和忐忑不安，唯以同行专家不吝珠玉为盼，尤企望更多学人重视此方面之研究，将此方面之研究推向一个更加深入的阶段。

　　本项目得以完成，是与学界众多良师益友的守望相助分不开的。德高望重、博洽多闻的两位学术大师万俊人教授和甘绍平研究员在整个研究过程中不仅给予了我们诸多的鼓励和鞭策，更给予了我们醍醐灌顶、指点迷津般的教导和点拨。唐凯麟教授、李建华教授、杨义芹教授、孙春晨博士、杨通进博士、曾建平博士以及湖南省社科规划办和湖南理工学院的诸位领导、同事及学友在诸多方面给予了我们无微不至的关怀和帮助。同时，人民出版社的领导和本书的责任编辑洪琼博士对本书的出版给予了大力支持，正是他们的关怀、帮助和辛劳，使本书得以顺利出版和增色不少。另外，研究期间，我的岳母余志坚女士、爱人毛珊珊女士和女儿彭无瑕给予了我体贴入微的生活照料和精神抚慰。谨此致以深深的敬意和诚挚的谢意！

彭柏林
2010 年 7 月 19 日写于岳阳

责任编辑:洪 琼

图书在版编目(CIP)数据

当代中国公益伦理/ 彭柏林 等著. −北京:人民出版社,2010.8
ISBN 978 − 7 − 01 − 009201 − 0

Ⅰ.①当⋯ Ⅱ.①彭⋯ Ⅲ.①公用事业−伦理学−研究−中国
  Ⅳ.①B82−052

中国版本图书馆 CIP 数据核字(2010)第 162539 号

当代中国公益伦理
DANGDAI ZHONGGUO GONGYI LUNLI

彭柏林 卢先明 李彬 等著

人民出版社 出版发行
(100706 北京朝阳门内大街 166 号)

北京市文林印务有限公司印刷 新华书店经销

2010 年 8 月第 1 版 2010 年 8 月北京第 1 次印刷
开本:710 毫米×1000 毫米 1/16 印张:16
字数:250 千字 印数:0,001−3,000 册

ISBN 978 − 7 − 01 − 009201 − 0 定价:39.00 元

邮购地址 100706 北京朝阳门内大街 166 号
人民东方图书销售中心 电话 (010)65250042 65289539